Java Deep Learning Cookbook

基于Java的深度学习

[印] Rahul Raj（拉胡尔 · 拉吉） 著
夏宏 李喆 王竹晓 华钧 译

内 容 提 要

本书首先展示如何在系统上安装和配置Java和DL4J，然后深入讲解了深度学习基础知识，并创建了一个深度神经网络进行二元分类。其次，本书介绍了如何在DL4J中构建卷积神经网络（CNN），以及如何用文本构建数字向量，还介绍了对非监督数据的异常检测，以及如何有效地在分布式系统中建立神经网络。除此之外，讲解了如何从Keras导入模型以及如何在预训练的DL4J模型中更改配置。最后，介绍了DL4J中的基准测试并优化神经网络以获得最佳结果。

本书适合想要在Java中使用DL4J构建健壮的深度学习应用程序的读者，阅读本书需要具备深度学习基础知识和一定的编程基础。

图书在版编目（CIP）数据

基于Java的深度学习/（印）拉胡尔·拉吉（Rahul Raj）著；夏宏等译．—北京：中国电力出版社，2021.6

书名原文：Java Deep Learning Cookbook

ISBN 978-7-5198-5429-4

Ⅰ．①基…　Ⅱ．①拉…②夏…　Ⅲ．①JAVA语言—程序设计 Ⅳ．①TP312.8

中国版本图书馆CIP数据核字（2021）第037628号

北京市版权局著作权合同登记 图字：01-2020-2458号

出版发行：中国电力出版社
地　　址：北京市东城区北京站西街19号（邮政编码100005）
网　　址：http://www.cepp.sgcc.com.cn
责任编辑：刘　炽　何佳煜（010-63412758）
责任校对：黄　蓓　朱丽芳
装帧设计：王红柳
责任印制：杨晓东

印　　刷：北京天宇星印刷厂
版　　次：2021年6月第一版
印　　次：2021年6月北京第一次印刷
开　　本：787毫米×1092毫米　16开本
印　　张：15
字　　数：304千字
定　　价：59.00元

感谢我的妻子莎兰雅，在我们共同的人生旅途中，她是我的挚爱伴侣。

感谢我的母亲苏巴吉亚列克什米和我的父亲拉贾塞哈兰，感谢他们的爱以及一如既往的支持、牺牲和激励。

——拉胡尔·拉吉

前　　言

深度学习可以帮助许多行业和公司解决重大挑战、提升产品质量、加强基础设施建设。深度学习的优势在于，你既不必设计决策算法，也不必就重要的数据集特性做出决策，神经网络可以同时做这两件事。我们看到的很多理论书籍中都解释了复杂的概念，但却使读者更加茫然。了解如何或者何时应用所学知识很重要，尤其在企业方面，这也是深度学习等先进技术所关注的。你可能已经承担了一些企业核心项目，但你希望你的知识能再提高一个层次，那你可以从本书中有所收获。

本书不会介绍企业开发中的一些最佳实践。在生产环境中部署应用程序过于烦琐时，我们不希望读者质疑开发应用程序目的。我们想要的东西非常直接，目标是世界上最大的开发社区。在本书中，出于同样的原因，我们使用了 DL4J（Deeplearning4j 的缩写）来演示示例。它拥有用于 ETL（extract、transform、load 的缩写）的 DataVec、作为科学计算库的 ND4J 和在生产中开发和部署神经网络模型的 DL4J 核心库。一些情况下，DL4J 的性能优于市场上一些主要的深度学习库。我们没有贬低其他库，因为这取决于你想用它们做什么。如果不想费心切换到多个技术堆栈，也可以尝试在不同阶段容纳多个库。

这本书是给谁看的

为了充分利用这本书，我们建议读者具备深度学习和数据分析的基本知识，最好掌握 MLP（多层感知器）或前馈网络、递归神经网络、LSTM、词向量表示的基本知识，并具备一定程度的调试技能来解释错误堆栈中的错误。由于本书以 Java 和 DL4J 库为目标，读者还应具备 Java 和 DL4J 方面的良好知识。本书不适合刚接触编程或不具备深度学习基础知识的读者。

这本书的内容

第 1 章　*Java 深度学习简介*，简要介绍了使用 DL4J 进行深度学习的方法。

第 2 章　*数据提取、转换和加载*，结合实例讨论了神经网络数据处理的 ETL 过程。

第 3 章　*二元分类的深层神经网络构建*，说明如何在 DL4J 中开发深层神经网络来解决二元分类问题。

第 4 章　*建立卷积神经网络*，说明如何在 DL4J 中建立卷积神经网络来解决图像分类问题。

第 5 章　*实现自然语言处理*，讨论如何使用 DL4J 开发 NLP 应用程序。

第 6 章 *构建时间序列的 LSTM 神经网络*，利用 DL4J 语言在单类输出的物理网络数据集上进行时间序列的应用。

第 7 章 *构建 LSTM 神经网络序列分类*，利用 DL4J 语言在 UCI 多类输出综合控制数据集上进行时间序列的应用。

第 8 章 *对非监督数据执行异常检测*，说明如何使用 DL4J 开发无监督异常检测应用程序。

第 9 章 *使用 RL4J 进行强化学习*，说明如何开发一个强化学习智能体，可以学习使用 RL4J 玩 Malmo 游戏。

第 10 章 *在分布式环境中开发应用程序*，介绍如何使用 DL4J 开发分布式深度学习应用程序。

第 11 章 *迁移学习在网络模型中的应用*，演示如何将转移学习应用于 DL4J 应用。

第 12 章 *基准测试和神经网络优化*，讨论各种基准测试方法和神经网络优化技术，可进行深度学习应用。

充分利用这本书

读者应具备深度学习、强化学习和数据分析的基础知识。深度学习的基础知识将有助于读者理解神经网络设计和案例中使用的各种超参数。基础的数据分析技能和对数据需求的理解将帮助读者更好地探索 DataVec，而一些关于强化学习基础先验知识将帮助读者完成第 9 章“使用 RL4J 进行强化学习”。我们还将在第 10 章“在分布式环境中开发应用程序”中讨论分布式神经网络，其中优先考虑 Apache Spark 的基础知识。

下载示例代码文件

你可以从 www. packt. com 上的账户下载本书的示例代码文件。如果你在别处购买了这本书，你可以访问 www. packtpub. com/support 并注册，以便将文件直接通过电子邮件发送给你。

你可以通过以下步骤下载代码文件：

（1）登录或注册 www. packt. com。

（2）选择“**Support**”选项卡。

（3）点击“**Code Downloads**”。

（4）在**搜索**框中输入书的名称，然后按照屏幕上的说明进行操作。

下载文件后，请确保使用最新版本的解压缩或解压缩文件夹：

- WinRAR/7 - Zip forWindows。
- Zipeg/iZip/UnRarX for Mac。
- 7 - Zip/PeaZip for Linux。

该书的代码包也托管在 GitHub 上，网址是 https://GitHub. com/PacktPublishing/Java Deep Learning Cookbook。如果对代码进行了更新，它将在现有的 GITHUB 资源库上进行更新。

我们还有其他的代码包，可以从 https://github. com/PacktPublishing/上的丰富图书和视频目录中获得。

下载彩色图像

我们还提供了一个 PDF 文件，其中包含本书中使用的截屏/图表的彩色图像。你可以在这里下载：https://static. packt - cdn. com/downloads/9781788995207 _ ColorImages. pdf。

使用的约定

这本书中使用了许多文本约定。

CodeInText：指示文本中的代码字、数据库表名、文件夹名、文件名、文件扩展名、路径名、虚拟网址 URL、用户输入和 Twitter 句柄。下面是一个例子："创建一个 CSVRecordReader 来保存客户流失数据。"

代码块设置如下：

```
File file = new File("Churn_Modelling. csv");
recordReader. initialize(new FileSplit(file));
```

任何命令行输入或输出如下：

```
mvn clean install
```

粗体（Bold）：表示新术语、重要单词或屏幕上显示的单词。例如，菜单或对话框中的单词会以这样的格式出现在文本中。下面是一个例子："我们只需要点击左侧边栏上的 **Model** 选项卡。"

表示警告或重要提醒。

表示提示和技巧。

小节

在这本书中，你将发现几个经常出现的标题（准备工作、实现过程、工作原理、相关内容和参考资料）。

为了清楚地说明如何完成一个技巧，我们会使用如下小节：

准备工作

本节将告诉你方法中的预期内容，并描述如何建立所需的软件或完成初步设置。

实现过程

本节包含完成这个方法所需的步骤。

工作原理

本节通常包括对上一节中发生事情的详细解释。

相关内容

本节包含有关方法的更多相关信息，以加深你对这些方法的了解。

参考资料

本节会提供一些有帮助的链接，可以从中查阅这个方法的其他有用信息。

联系我们

我们欢迎读者的反馈。

一般反馈：如果你对本书的任何方面有疑问，请在邮件主题中提及书名，并发送电子邮件至 customercare@packtpub. com。

勘误：虽然我们已尽一切努力确保内容的准确性，但错误仍不可避免。如果你在这本书中发现了错误，请向我们报告，我们将不胜感激。请访问 www. packtpub. com/support/errata，选择你的书籍，单击 errata 提交表单链接，然后输入详细信息。

侵权：如果你在互联网上发现任何形式的我们作品的非法拷贝，请向我们提供地址或网站名称。请通过 copyright@packt. com 与我们联系，并提供该材料的链接。

如果你有兴趣成为一名作家，你对某个主题有专长，并且你对写作感兴趣或希望做些贡献，请访问 authors. packtpub. com。

评论

请留下评论。一旦你阅读并使用了这本书，可以在你购买它的网站上留下一篇评论。潜在的读者可以看到并通过你公正的意见做出购买决定；作为出版社，Packt 可以了解你对我们产品的看法；我们的作者也可以看到你对他们作品的反馈。非常感谢！

有关 Packt 的更多信息，请访问 packt. com。

目　　录

第 1 章　Java 深度学习简介

让我们来讨论一下各种各样的深度学习库，以便根据当前的目标挑选最好的库。这是一个视情况而定的决策，并且会根据情况而变化。在本章中，我们将首先简要介绍深度学习，并探讨 DL4J 如何成为解决深度学习难题的最佳选择。我们还将讨论如何在你的工作区中设置 DL4J。

在本章中，我们将介绍以下方法：

- 初步了解深度学习。
- 确定正确的网络类型来解决深度学习问题。
- 确定正确的激活函数。
- 应对过度拟合问题。
- 确定正确的批次大小和学习速率。
- 为 DL4J 配置 GPU 加速环境。
- 解决安装疑难问题。

1.1　技术要求

你需要完成以下内容才能充分利用本书：

- 已安装 Java SE 7 或更高版本。
- 了解 Java 基本核心知识。
- 了解 DL4J 基础知识。
- 了解 Maven 基础知识。
- 具备基本数据分析技能。
- 具备深度学习/机器学习基础。
- 了解操作系统命令基础知识（Linux/Windows）。
- 了解 IntelliJ IDEA IDE（这是一种非常简单且轻松的代码管理方式，但你可以尝试使用其他 IDE，例如 Eclipse）。
- 了解 Spring Boot 基础知识（将 DL4J 与 Spring Boot 集成以用于 Web 应用程序）。

除了第 7 章“构建用于序列分类的 LSTM 神经网络”，在这里我们使用了最新版本 1.0.0 - beta4 来避免错误。我们在本书中其他部分使用了 DL4J 1.0.0 - beta3 版本。

1.2 初识深度学习

如果你是深度学习的新手，你可能想知道它与机器学习有何不同？或有什么相同之处？深度学习是机器学习领域的一个子集。让我们以一个汽车图像分类问题（见图 1 - 1）为背景来考虑这个问题。

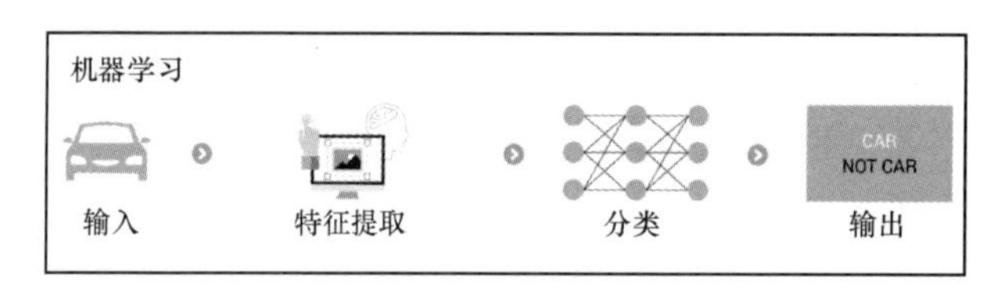

图 1 - 1 汽车图像分类机器学习过程

如图 1 - 1 所示，我们需要自己完成特征提取，因为传统的机器学习算法无法自行独立完成这项工作。它们可能是超级高效和正确的结果，但是它们无法从数据中学习信号。实际上，它们不是靠自己学习，而是依靠人类的努力。汽车图像分类深度学习过程如图 1 - 2 所示。

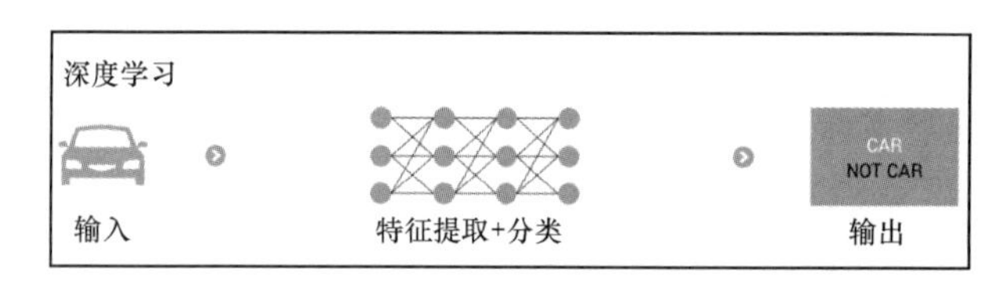

图 1 - 2 汽车图像分类深度学习过程

另外，深度学习算法会学习自己执行任务。底层的神经网络是基于深度学习的概念，它会自行训练以优化结果。但是，最终的决策过程是隐藏且无法跟踪的。深度学习的目的是模仿人脑的功能。

1.2.1 反向传播

神经网络的主干是反向传播算法。参考如图 1 - 3 所示的神经网络结构样本。

对于任何神经网络，在正向传递过程中，数据从输入层流到输出层。图 1 - 3 中的每个圆圈代表一个神经元。每层都有许多神经元。我们的数据将穿过各层的神经元。输入必须为数字格式，以支持神经元中的计算操作。神经网络中的每个神经元都被赋予一个权重（矩阵）和一个激活函数。利用输入数据、权重矩阵和激活函数，在每个神经元上生成一个概率值。使用损失函数在输出层计算误差（即与实际值的偏差）。通过向神经元重新分配权重以减少损失得分，我们在反向传递（即从输出层到输入层）期间利用了损失得分。在此阶段，将根据损失得分结果为某些输出层神经元分配高权重，反之亦然。通过更新神经元的权重，该过程将继续向后延伸到输入层。简而言之，我们追踪的是所有神经元中相对于权重变化的损失率。这整个循环（前进和后退）称为一期。我们在一次训练中执行多期。神经网络在每一期训练后都会趋向于优化结果。

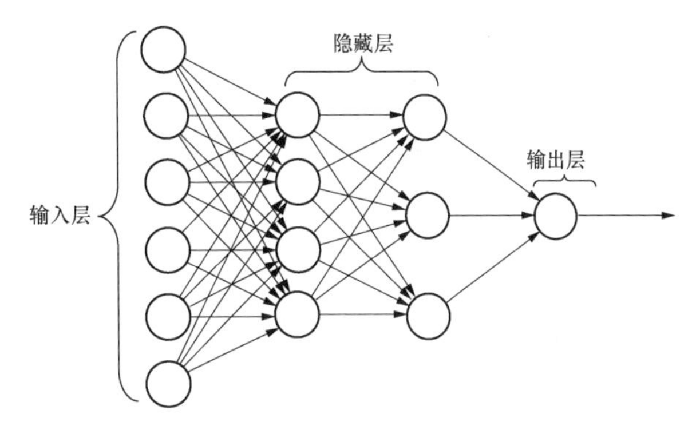

图 1-3　神经网络结构样本

1.2.2　多层感知器

多层感知器（multilayer perceptron，MLP）是一个标准的前馈神经网络，至少有三层：输入层、隐藏层和输出层。隐藏层位于结构中的输入层之后。深层神经网络在结构中有两个或多个隐藏层，而 MLP 只有一个。

1.2.3　卷积神经网络

卷积神经网络（convolutional neural network，CNN）通常用于图像分类问题，但也可以在自然语言处理（natural language processing，NLP）中与单词向量一起使用，因为它们的结果已得到证实。与常规的神经网络不同，CNN 有额外的层，如卷积层和子采样层。卷积层获取输入数据（如图像）并在其上应用卷积操作。你可以将其视为将函数应用于输入。卷积层充当将感兴趣的特征传递给即将到来的子采样层的滤波器。感兴趣的特征可以是任何可用于识别图像的内容（例如，图像中的毛发、阴影等）。在子采样层中，进一步平滑来自卷积层的输入。因此，我们最终得到的是更小的图像分辨率和更低的颜色对比度，只保留了重要的信息。然后将输入传递给完全连接的层。完全连接的层类似于常规的前馈神经网络。

1.2.4　递归神经网络

递归神经网络（recurrent neural network，RNN）是一种能够处理顺序数据的神经网络。在常规的前馈神经网络中，考虑下一层神经元的当前输入。另外，RNN 也可以接受先前接收到的输入。它还可以使用内存来存储以前的输入。因此，它能够在整个训练过程中保留长期的依赖性。RNN 是语音识别等 NLP 任务的常用选择。实际上，一种稍做变化的结构，被称为长短期记忆（long short-term memory，LSTM），常作为替代 RNN 的更好方案。

1.2.5 为什么 DL4J 对深度学习很重要？

以下几点将帮助你理解 DL4J 对于深度学习的重要性：

- DL4J 提供商业支持。它是 Java 中第一个商业级、开源的深度学习库。
- 编写训练代码简单而精确。DL4J 支持即插即用模式，这意味着在硬件(CPU 到 GPU)之间切换只是改变 Maven 依赖关系的问题，而不需要对代码进行修改。
- DL4J 使用 ND4J 作为它的后端。ND4J 是一个计算库，在大型矩阵操作中，它的运行速度是 NumPy（Python 中的一个计算库）的两倍。与其他 Python 环境相比，DL4J 在 GPU 环境中显示出更快的训练时间。
- DL4J 支持使用 Apache Spark 在 CPU/GPU 上运行的计算机集群上进行训练。DL4J 在分布式训练中引入了自动化并行。这意味着 DL4J 通过设置工作节点和连接来绕过对额外库的需求。
- DL4J 是一个很好的面向产品的深度学习库。作为一个基于 JVM 的库，DL4J 应用程序可以轻松地与在 Java/Scala 中运行的现有公司应用程序集成/部署。

1.3 确定正确的网络类型来解决深度学习问题

识别正确的神经网络类型对于有效地解决业务问题是至关重要的。一个标准的神经网络可以是最适合大多数用例的，并且可以产生近似的结果。然而，在某些场景中，需要更改核心神经网络结构以适应特征（输入）并产生期望的结果。在下面的方法中，我们将通过一些关键步骤，在已知用例的帮助下，为深度学习问题确定最佳的网络架构。

1.3.1 实现过程

（1）确定问题类型。

（2）确定系统中使用的数据类型。

1.3.2 工作原理

为了有效地解决用例，我们需要通过确定问题类型来使用正确的神经网络架构。以下是步骤（1）要考虑的一些全局用例和相应的问题类型：

- **欺诈检测问题：**我们希望区分合法事务和可疑事务，以便将异常活动从整个活动列表中分离出来。其目的是减少误报（即错误地将合法交易标记为欺诈）案例。因此，这是一个异常检测问题。

• **预测问题：** 预测问题可以是分类或回归问题。对于有标签的分类数据，我们可以使用离散的标签。我们需要根据那些离散的标签建立数据模型。另外，回归模型没有离散的标签。

• **推荐问题：** 你需要构建一个推荐系统（推荐引擎）来向客户推荐产品或内容。推荐引擎也可以应用于执行游戏、自动驾驶、机器人运动等任务的智能体。推荐引擎实现了强化学习，并可以通过引入深度学习来进一步增强。

我们还需要知道神经网络使用的数据类型。以下是步骤（2）的一些用例和相应的数据类型：

• **欺诈检测问题：** 事务通常发生在多个时间步上。因此，我们需要随时间不断地收集事务数据。这是一个时间序列数据的例子。每个时间序列表示一个新的事务序列。这些时间序列可以是规则的或不规则的。例如，如果你有信用卡交易数据要分析，那么你已经标记了数据。对于工作日志中的用户元数据，你也可以有未标记的数据。例如，我们可以拥有用于欺诈检测分析的监督/非监督数据集。如图 1 - 4 所示的 CSV 监督数据集。

A	B	C	D	E	F	G	H	I	J	K	L	M
step	type	amount	nameOrig	oldbalanceOrg	newbalanceOrig	nameDest	oldbalanceDest	newbalanceDest	isFraud	isFlaggedFraud		
1	PAYMENT	9839.64	C1231006815	170136	160296.36	M1979787155	0	0	0	0		
1	PAYMENT	1864.28	C1666544295	21249	19384.72	M2044282225	0	0	0	0		
1	TRANSFER	181	C1305486145	181	0	C553264065	0	0	1	0		
1	CASH_OUT	181	C840083671	181	0	C38997010	21182	0	1	0		
1	PAYMENT	11668.14	C2048537720	41554	29885.86	M1230701703	0	0	0	0		
1	PAYMENT	7817.71	C90045638	53860	46042.29	M573487274	0	0	0	0		
1	PAYMENT	7107.77	C154988899	183195	176087.23	M408069119	0	0	0	0		
1	PAYMENT	7861.64	C1912850431	176087.23	168225.59	M633326333	0	0	0	0		
1	PAYMENT	4024.36	C1265012928	2671	0	M1176932104	0	0	0	0		
1	DEBIT	5337.77	C712410124	41720	36382.23	C195600860	41898	40348.79	0	0		
1	DEBIT	9644.94	C1900366749	4465	0	C997608398	10845	157982.12	0	0		
1	PAYMENT	3099.97	C249177573	20771	17671.03	M2096539129	0	0	0	0		
1	PAYMENT	2560.74	C1648232591	5070	2509.26	M972865270	0	0	0	0		
1	PAYMENT	11633.76	C1716932897	10127	0	M801569151	0	0	0	0		

图 1 - 4　CSV 监督数据集

在图 1 - 4 中，amount、oldbalanceOrg 等特征是有意义的，并且每个记录都有一个标签，指示特定的观察结果是否是欺诈的。

另外，一个非监督的数据集不会给你任何关于输入特征的线索，它也没有任何标签，如图 1 - 5 中 CSV 数据所示。

	Time	V1	V2	V3	V4	V5	V6	V7	V8	V9	V10	V11	V12	V13	V14	V15	V16	V17	V18
1	0	-1.35981	-0.07278	2.536347	1.378155	-0.33832	0.462388	0.239599	0.098698	0.363787	0.090794	-0.5516	-0.6178	-0.99139	-0.31117	1.468177	-0.4704	0.207971	0.025791
2	0	1.191857	0.266151	0.16648	0.448154	0.060018	-0.08236	-0.0788	0.085102	-0.25543	-0.16697	1.612727	1.065235	0.489095	-0.14377	0.635558	0.463917	-0.1148	-0.18336
3	1	-1.35835	-1.34016	1.773209	0.37978	-0.5032	1.800499	0.791461	0.247676	-1.51465	0.207643	0.624501	0.066084	0.717293	-0.16595	2.345865	-2.89008	1.109969	-0.12136
4	1	-0.96627	-0.18523	1.792993	-0.86329	-0.01031	1.247203	0.237609	0.377436	-1.38702	-0.05495	-0.22649	0.178228	0.507757	-0.28792	-0.63142	-1.05965	-0.68409	1.965775
5	2	-1.15823	0.877737	1.548718	0.403034	-0.40719	0.095921	0.592941	-0.27053	0.817739	0.753074	-0.82284	0.538196	1.345852	-1.11967	0.175121	-0.45145	-0.23703	-0.03819
6	2	-0.42597	0.960523	1.141109	-0.16825	0.420987	-0.02973	0.476201	0.260314	-0.56867	-0.37141	1.341262	0.359894	-0.35809	-0.13713	0.517617	0.401726	-0.05813	0.068653
7	4	1.229658	0.141004	0.045371	1.202613	0.191881	0.272708	-0.00516	0.081213	0.46496	-0.09925	-1.41691	-0.15383	-0.75106	0.167372	0.050144	-0.44359	0.002821	-0.61199
8	7	-0.64427	1.417964	1.07438	-0.4922	0.948934	0.428118	1.120631	-3.80786	0.615375	1.249376	-0.61947	0.291474	1.757964	-1.32387	0.686133	-0.07613	-1.22213	-0.35822
9	7	-0.89429	0.286157	-0.11319	-0.27153	2.669599	3.721818	0.370145	0.851084	-0.39205	-0.41043	-0.70512	-0.11045	-0.28625	0.074355	-0.32878	-0.21008	-0.49977	0.118765
10	9	-0.33826	1.119593	1.044367	-0.22219	0.499361	-0.24676	0.651583	0.069539	-0.73673	-0.36685	1.017614	0.83639	1.006844	-0.44352	0.150219	0.739453	-0.54098	0.476677
11	10	1.449044	-1.17634	0.91386	-1.37567	-1.97138	-0.62915	-1.42324	0.048456	-1.72041	1.626659	1.199644	-0.67144	-0.51395	-0.09505	0.23093	0.031967	0.253415	0.854344
12	10	0.384978	0.616109	-0.8743	-0.09402	2.924584	3.317027	0.470455	0.538247	-0.55889	0.309755	-0.25912	-0.32614	-0.09005	0.362832	0.928904	-0.12949	-0.80998	0.359985
13	10	1.249999	-1.22164	0.38393	-1.2349	-1.48542	-0.75323	-0.6894	-0.22749	-2.09401	1.323729	0.227666	-0.24268	1.205417	-0.31763	0.725675	-0.81561	0.873936	-0.84779
14	11	1.069374	0.287722	0.828613	2.71252	-0.1784	0.337544	-0.09672	0.115982	-0.22108	0.46023	-0.77366	0.323387	-0.01108	-0.17849	-0.65556	-0.19993	0.124005	-0.9805
15	12	-2.79185	-0.32777	1.64175	1.767473	-0.13659	0.807596	-0.42291	-1.90711	0.755713	1.151087	0.844555	0.792944	0.370448	-0.73498	0.406796	-0.30306	-0.15587	0.778265
16	12	-0.75242	0.345485	2.057323	-1.46864	-1.15839	-0.07785	-0.60858	0.003603	-0.43617	0.747731	-0.79398	-0.77041	1.047627	-1.0666	1.106953	1.660114	-0.27927	-0.41999
17	12	1.103215	-0.0403	1.267332	1.289091	-0.736	0.288069	-0.58606	0.18938	0.782333	-0.26798	-0.45031	0.936708	0.70838	-0.46865	0.354574	-0.24663	-0.00921	-0.59591

图 1 - 5　CSV 数据

如图 1-5 所示，特征标签（顶行）遵循编号命名约定，而没有任何关于其对欺诈检测结果重要性的线索。我们还可以有在一系列时间步长上记录了事务的时间序列数据。

• **预测问题**：从组织收集的历史数据可用来训练神经网络。这些通常是简单的文件类型，如 CSV/文本文件。数据可以作为记录获得。对于股市预测问题，数据类型应该是一个时间序列。狗的品种预测问题需要输入狗的图像进行网络训练。股票价格预测是回归问题的一个示例。股票价格数据集通常是时间序列数据，其中股票价格按图 1-6 所示顺序进行测量。

A_data.csv	20-Sep-2019 at 9:56 PM	56 KB	Comm...
AAL_data.csv	20-Sep-2019 at 9:56 PM	59 KB	Comm...
AAP_data.csv	20-Sep-2019 at 9:56 PM	62 KB	Comm...
AAPL_data.csv	20-Sep-2019 at 9:56 PM	67 KB	Comm...
ABBV_data.csv	20-Sep-2019 at 9:56 PM	61 KB	Comm...
ABC_data.csv	20-Sep-2019 at 9:56 PM	60 KB	Comm...
ABT_data.csv	20-Sep-2019 at 9:56 PM	59 KB	Comm...
ACN_data.csv	20-Sep-2019 at 9:56 PM	61 KB	Comm...
ADBE_data.csv	20-Sep-2019 at 9:56 PM	62 KB	Comm...
ADI_data.csv	20-Sep-2019 at 9:56 PM	59 KB	Comm...
ADM_data.csv	20-Sep-2019 at 9:56 PM	59 KB	Comm...
ADP_data.csv	20-Sep-2019 at 9:56 PM	60 KB	Comm...
ADS_data.csv	20-Sep-2019 at 9:56 PM	63 KB	Comm...
ADSK_data.csv	20-Sep-2019 at 9:56 PM	61 KB	Comm...
AEE_data.csv	20-Sep-2019 at 9:56 PM	59 KB	Comm...
AEP_data.csv	20-Sep-2019 at 9:56 PM	59 KB	Comm...
AES_data.csv	20-Sep-2019 at 9:56 PM	59 KB	Comm...

图 1-6　股票价格数据集文件

在大多数股票价格数据集中有多个文件。每一个代表一个公司的股票市场。每个文件都会记录一系列时间点上的股票价格，如图 1-7 所示。

Name
individual_stocks_5yr
A_data.csv
AAL_data.csv
AAP_data.csv
AAPL_data.csv
ABBV_data.csv
ABC_data.csv
ABT_data.csv
ACN_data.csv
ADBE_data.csv
ADI_data.csv
ADM_data.csv
ADP_data.csv
ADS_data.csv
ADSK_data.csv
AEE_data.csv
AEP_data.csv
AES_data.csv
AET_data.csv

	A	B	C	D	E	F	G
1	date	open	high	low	close	volume	Name
2	08/02/13	45.07	45.35	45	45.08	1824755	A
3	11/02/13	45.17	45.18	44.45	44.6	2915405	A
4	12/02/13	44.81	44.95	44.5	44.62	2373731	A
5	13/02/13	44.81	45.24	44.68	44.75	2052338	A
6	14/02/13	44.72	44.78	44.36	44.58	3826245	A
7	15/02/13	43.48	44.24	42.21	42.25	14657315	A
8	19/02/13	42.21	43.12	42.21	43.01	4116141	A
9	20/02/13	42.84	42.85	42.225	42.24	3873183	A
10	21/02/13	42.14	42.14	41.47	41.63	3415149	A
11	22/02/13	41.83	42.07	41.58	41.8	3354862	A
12	25/02/13	42.09	42.22	41.29	41.29	3622460	A
13	26/02/13	40.62	41.29	40.19	40.97	6185811	A
14	27/02/13	40.99	41.905	40.83	41.73	3564385	A
15	28/02/13	41.78	42.06	41.45	41.48	3464202	A
16	01/03/13	41.18	41.98	40.73	41.93	3089323	A
17	04/03/13	41.75	42.18	41.52	42.03	2435306	A
18	05/03/13	42.35	43.19	42.34	42.66	3289188	A
19	06/03/13	43	43.52	42.9	43.24	2996908	A
20	07/03/13	43.3	43.48	42.81	43.25	2414186	A
21	08/03/13	43.5	43.52	43.02	43.03	3256301	A
22	11/03/13	42.99	43.01	41.73	42.81	5472837	A

图 1-7　文件中每个时间点的股票价格

• **推荐问题**：对于产品推荐系统，显式数据可能是发布在网站上的客户评论，隐式数据可能是客户活动历史记录，例如产品搜索或购买历史记录。我们将使用未标记的数据来输入神经网络。推荐系统还可以解决博弈问题或学习需要技能的工作。智能体（在强化学习过程中训练执行任务）可以获取图像帧或任何文本数据（无监督）形式的实时数据，以了解其根据状态要执行的操作。

1.3.3　相关内容

以下是针对前面讨论的问题类型提出的可能的深度学习解决方案。

• **欺诈检测问题**：根据数据的不同，最优的解决方案也不同。我们之前提到过两个数据源，一个是信用卡交易，另一个是基于用户登录/注销活动的用户元数据。在第一种情况下，我们标记了数据并有一个要分析的事务序列。

递归网络可能最适合对数据进行排序。你可以添加 LSTM（https://deeplearning4j.org/api/latest/org/deeplearning4j/nn/layers/recurrent/LSTM.html）递归层，DL4J 有一个实现。对于第二种情况，我们有未标记的数据，最好的选择是使用变体（https://deeplearning4j.org/api/latest/org/deeplearning4j/nn/layers/variational/variational autoencoder.html）自动编码器来压缩未标记的数据。

• **预测问题**：对于使用 CSV 记录的分类问题，可以使用前馈神经网络。对于时间序列数据，由于序列数据的性质，最好的选择是递归网络。对于图像分类问题，你需要一个 CNN（https://deeplearning4j.org/api/latest/org/deeplearning4j/nn/conf/layers/compolutionlayer.Builder.html）。

• **推荐问题**：我们可以使用强化学习（reinforcement learning；RL）来解决推荐问题。RL 经常用于此类用例，可能是此类用例更好的选择。RL4J 是专门为此目的而开发的。我们将在第 9 章中介绍 RL4J，使用 RL4J 进行强化学习将是目前的一个高级主题。我们也可以用不同的方法选择更简单的方法，例如前馈网络 RNNs。我们可以根据数据类型（图像/文本/视频）将未标记的数据序列馈送到递归层或卷积层。一旦对推荐的内容/产品进行了分类，你就可以应用进一步的逻辑从列表中基于客户的偏好推送随机产品。

为了选择正确的网络类型，你需要了解数据的类型及其试图解决的问题。你能构建的最基本的神经网络是前馈网络或多层感知器。你可以使用 DL4J 中的 NeuralNetConfiguration 创建多层网络架构。

请参考 DL4J 中的以下神经网络配置示例：

```
MultiLayerConfiguration configuration = new
NeuralNetConfiguration.Builder()
   .weightInit(WeightInit.RELU_UNIFORM)
   .updater(new Nesterovs(0.008,0.9))
```

```
  .list()
  .layer(new
DenseLayer.Builder().nIn(layerOneInputNeurons).nOut(layerOneOutputNeurons).
activation(Activation.RELU).dropOut(dropOutRatio).build())
  .layer(new
DenseLayer.Builder().nIn(layerTwoInputNeurons).nOut(layerTwoOutputNeurons).
activation(Activation.RELU).dropOut(0.9).build())
  .layer(new OutputLayer.Builder(new LossMCXENT(weightsArray))
  .nIn(layerThreeInputNeurons).nOut(numberOfLabels).activation(Activation.SOF TMAX).build())
   .backprop(true).pretrain(false)
   .build();
```

我们为神经网络中的每一层指定激活函数，nIn()和 nOut()表示神经元层内外的连接数。dropOut()函数的作用是处理网络性能优化。我们在第 3 章“二元分类的深层神经网络构建”中提到了它。本质上，我们随机忽略一些神经元，以避免在训练过程中盲目记忆模式。激活函数将在本章“确定正确的激活函数”一节中讨论。其他属性控制权值如何在神经元之间分配以及如何处理每一期计算的误差。

让我们关注一个特定的决策过程：选择正确的网络类型。有时，最好使用自定义架构以获得更好的结果。例如，你可以使用与 CNN 相结合的单词向量来执行句子分类。DL4J 提供了 ComputationGraph（https://deeplearning4j.org/api/latest/org/deeplearning4j/nn/graph/ComputationGraph.html）实现，以适应 CNN 架构。

ComputationGraph 允许任意（自定义）神经网络的体系结构。以下是它在 DL4J 中的定义：

```
public ComputationGraph(ComputationGraphConfiguration configuration) {
 this.configuration = configuration;
 this.numInputArrays = configuration.getNetworkInputs().size();
 this.numOutputArrays = configuration.getNetworkOutputs().size();
 this.inputs = new INDArray[numInputArrays];
 this.labels = new INDArray[numOutputArrays];
 this.defaultConfiguration = configuration.getDefaultConfiguration();
//Additional source is omitted from here. Refer to
https://github.com/deeplearning4j/deeplearning4j
}
```

实施 CNN 就像为前馈网络构建网络层一样：

```
public class ConvolutionLayer extends FeedForwardLayer
```

除了 DenseLayer 和 OutputLayer 外，CNN 的 ConvolutionalLayer 和 SubsamplingLayer 也是如此。

1.4　确定正确的激活函数

激活函数的作用是将非线性引入神经网络。非线性有助于神经网络学习更复杂的模式。我们将讨论一些重要的激活函数，以及它们各自的 DL4J 实现。

下面是我们将要考虑的激活函数：

- Tanh。
- Sigmoid。
- ReLU [rectified linear unit（整流线性单元）的缩写]。
- Leaky ReLU。
- Softmax。

在这些方法中，我们将通过关键步骤来确定神经网络的正确激活函数。

1.4.1　实现过程

（1）**根据网络层选择激活函数：**我们需要知道用于输入/隐藏层和输出层的激活函数。最好使用 ReLU 作为输入/隐藏层。

（2）**选择正确的激活函数来处理数据杂质：**检查输入到神经网络的数据。是否你输入的大多数负值都可以观察到死亡的神经元？相应地选择适当的激活函数。如果在训练过程中观察到死亡的神经元，则使用 Leaky ReLU。

（3）**选择正确的激活函数来处理过度拟合：**观察每个训练周期的评估指标及其变化。了解渐变行为以及模型在新的未显示数据上的性能。

（4）**根据用例的预期输出选择正确的激活函数：**首先检查网络的预期结果。例如，当需要测量输出类出现的概率时，可以使用 SOFTMAX 函数。它用于输出层。对于所有输入/隐藏层，ReLU 是大多数情况下所需的。如果你不确定该用什么，那就尝试用 ReLU 进行实验。如果它不能提高你的期望，那就试试其他的激活函数。

1.4.2　工作原理

对于步骤（1），ReLU 由于其非线性行为而最常用。输出层激活函数取决于预期的输出行为。步骤（4）也如此。

对于步骤（2），Leaky ReLU 是 ReLU 的改进版本，用于避免零梯度问题。但是，你可能会看到性能下降。如果在训练过程中观察到死亡的神经元，我们就使用 Leaky ReLU。

对于所有可能的输入，死亡神经元被称为梯度为零的神经元，这使得它们对训练毫无用处。

对于步骤（3），tanh（双曲正切）和 sigmoid（S 形）激活函数相似，并用于前馈网络。如果使用这些激活函数，请确保向网络层添加正则化以避免消失梯度问题。这些通常用于分类器问题。

1.4.3 相关内容

ReLU 激活函数是非线性的，因此可以很容易地进行误差的反向传播。反向传播是神经网络的主干。这是一种学习算法，它用于计算神经元之间相对于权重的梯度下降。以下是当前 DL4J 支持的 ReLU 变体：

- ReLU。标准 ReLU 激活函数：

```
public static final Activation RELU
```

- ReLU6。ReLU 激活，上限为 6，其中 6 是任意选择：

```
public static final Activation RELU6
```

- RReLU。随机 ReLU 激活函数：

```
public static final Activation RRELU
```

- ThresholdedReLU。阈值 ReLU 激活函数：

```
public static final Activation THRESHOLDEDRELU
```

还有一些其他实现方法，比如 SeLU [scaled exponential linear unit（扩展的指数线性单元）的缩写]，它类似于 ReLU 激活函数，但其斜率为负值。

1.5 解决过度拟合问题

众所周知，过度拟合是机器学习开发人员面临的一个主要挑战。当神经网络结构复杂、训练数据量巨大时，它就成为一个巨大的挑战。在提到过度拟合时，我们并没有完全忽略过度拟合的可能性。我们将在同一类别中保持过度拟合和不足拟合。让我们来讨论一下如何解决过度拟合的问题。

以下是过度拟合的可能原因，包括但不限于：

- 与数据记录数量相比，特征变量太多。
- 复杂的神经网络模型。

不言而喻，过度拟合降低了网络的泛化能力，当这种情况发生时，网络将拟合噪声而不是信号。在本书中，我们将介绍防止过度拟合问题的关键步骤。

1.5.1　实现过程

（1）使用 KFoldIterator 执行基于 k 倍交叉验证的重采样：

KFoldIterator kFoldIterator = new KFoldIterator（k，dataSet）；

（2）构造一个简单的神经网络结构。

（3）使用足够的训练数据来训练神经网络。

1.5.2　工作原理

在步骤（1）中，k 是任意数量的选择，dataSet 是表示训练数据的数据集对象。我们执行 k 倍交叉验证来优化模型评估过程。

复杂的神经网络架构会导致网络倾向于记忆模式。因此，你的神经网络将很难泛化不可见的数据。例如，有几个隐藏层比有几百个隐藏层更有效。这就是步骤（2）的意义所在。

相对大的训练数据将使网络能更好地学习，并且对测试数据进行分批评估将提高网络的泛化能力。这就是步骤（3）的作用。尽管在 DL4J 中有多种类型的数据迭代器和在批处理器中引入批次大小的各种方法，但以下是 RecordReaderDataSetIterator 的更常规定义：

```
public RecordReaderDataSetIterator(RecordReader recordReader,
 WritableConverter converter,
 int batchSize,
 int labelIndexFrom,
 int labelIndexTo,
 int numPossibleLabels,
 int maxNumBatches,
 boolean regression)
```

1.5.3　相关内容

当执行 k 倍交叉验证时，数据将分为 k 个子集。对于每个子集，我们通过保留其中一个子集进行测试并训练其余 $k-1$ 个子集来进行评估，将此重复 k 次。我们将全部数据用于训练而没有数据丢失，这与浪费一些数据进行测试相反。

拟合不足这样处理。但是，请注意，我们仅执行 k 次评估。

当你执行批次训练时，整个数据集将按照批次大小进行划分。如果你的数据集有 1，000 条记录，并且批次大小为 8，则你有 125 个训练批次。

请注意此处严格的评估模式，这将有助于提高泛化能力，同时增加出现欠拟合的机会。

1.6 确定正确的批次大小和学习速率

尽管没有适用于所有模型的特定批次大小或学习速率，但我们可以通过尝试多个训练实例来找到最佳值。第一步是使用模型对一组批次大小值和学习速率进行实验。通过评估其他参数（例如 Precision、Recall 和 F1 Score）来观察模型的效率。仅测试成绩并不能确认模型的性能。同样，诸如 Precision、Recall 和 F1 Score 之类的参数会根据使用情况而变化。你需要分析问题陈述来增加对它的了解。在本节中，我们将逐步完成关键步骤以确定正确的批次大小和学习速率。

1.6.1 实现过程

（1）多次运行训练实例并跟踪评估指标。

（2）通过提高学习速率进行实验并跟踪结果。

1.6.2 工作原理

考虑以下实验以说明步骤（1）。

对 10，000 条记录进行了如图 1-8 所示的训练，批次大小为 8，学习速率为 0.008。

```
15:47:10.115 [ADSI prefetch thread] DEBUG o.n.l.memory.abstracts.Nd4jWorkspace - Steps: 5
15:47:10.228 [main] DEBUG o.d.d.iterator.AsyncDataSetIterator - Manually destroying ADSI workspace
args =

========================Evaluation Metrics========================
 # of classes:    2
 Accuracy:        0.8505
 Precision:       0.7785
 Recall:          0.6934
 F1 Score:        0.5321
Precision, recall & F1: reported for positive class (class 1 - "1") only
```

图 1-8 训练数据

图 1-9 是对同一数据集进行的评估，批次大小为 50，学习速率为 0.008。

为了执行步骤（2），如图 1-10 所示，我们将学习速率提高到 0.6，观察结果。请注意，学习速率超过一定限制将无济于事。我们的工作是找到该限制。

```
========================Evaluation Metrics========================
 # of classes:    2
 Accuracy:        0.8565
 Precision:       0.8069
 Recall:          0.6845
 F1 Score:        0.5225
Precision, recall & F1: reported for positive class (class 1 - "1") only


========================Confusion Matrix========================
    0    1
```

图 1-9　评估数据

```
========================Evaluation Metrics========================
 # of classes:    2
 Accuracy:        0.8240
 Precision:       0.8375
 Recall:          0.5565
 F1 Score:        0.2072
Precision, recall & F1: reported for positive class (class 1 - "1") only
```

图 1-10　提高学习速率

你可以观察到准确性降低到 82.40%，F1 得分降低到 20.7%。这表明 F1 得分可能是此模型中要考虑的评估参数。并非所有模型都如此，我们在尝试了几个批次大小和学习速率之后得出了这个结论。简而言之，你必须对模型的训练重复相同的过程，并选择产生最佳结果的任意值。

1.6.3　相关内容

当我们增加批次大小时，迭代次数最终将减少，因此评估次数也将减少。对于较大的批处理，这可能会过度拟合数据。批次大小为 1 与将整个数据集作为一个批次一样无用，因此你需要从安全的任意点的值开始尝试。

学习的速率太慢将导致目标的收敛速度太慢，这也会影响训练时间。如果学习速率太快，将导致模型不收敛。在观察评估指标变得更好之前，我们需要提高学习速率。在 fast.ai 和 Keras 库中实现了循环学习速率，但是，在 DL4J 中未实现循环学习速率。

1.7 为 DL4J 配置 Maven

我们需要添加 DL4J / ND4J Maven 依赖项来使用 DL4J 功能。ND4J 是专门用于 DL4J 的科学计算库。有必要在 pom.xml 文件中提及 ND4J 后端依赖项。在本节中，我们将在 pom.xml 中添加特定于 CPU 的 Maven 配置。

1.7.1 准备工作

让我们讨论所需的 Maven 依赖项。我们假设你已经完成以下操作：

- 已安装 JDK 1.7 或更高版本，并设置了 PATH 变量。
- 已安装 Maven 并设置了 PATH 变量。

运行 DL4J 需要 64 位 JVM。

为 JDK 和 Maven 设置 PATH 变量：

- 在 Linux 上：使用 export 命令将 Maven 和 JDK 添加到 PATH 变量中：

```
export PATH=/opt/apache-maven-3.x.x/bin:$PATH
export PATH=${PATH}:/usr/java/jdk1.x.x/bin
```

根据安装替换版本号。

- 在 Windows 上：从系统属性设置系统环境变量：

```
set PATH="C:/Program Files/ApacheSoftwareFoundation/apache-
maven-3.x.x/bin:%PATH%"
  set PATH="C:/Program Files/Java/jdk1.x.x/bin:%PATH%"
```

根据安装替换 JDK 版本号。

1.7.2 实现过程

（1）添加 DL4J 核心依赖项：

```
<dependency>
 <groupId>org.deeplearning4j</groupId>
 <artifactId>deeplearning4j-core</artifactId>
```

```
  <version>1.0.0-beta3</version>
  </dependency>
```

（2）添加ND4J本机依赖项：

```
<dependency>
  <groupId>org.nd4j</groupId>
  <artifactId>nd4j-native-platform</artifactId>
  <version>1.0.0-beta3</version>
  </dependency>
```

（3）添加DataVec依赖关系以执行ETL［Extract（提取）、Transform（转换）和Load（加载）的缩写］操作：

```
<dependency>
  <groupId>org.datavec</groupId>
  <artifactId>datavec-api</artifactId>
  <version>1.0.0-beta3</version>
  </dependency>
```

（4）启用日志记录进行调试：

```
<dependency>
  <groupId>org.slf4j</groupId>
  <artifactId>slf4j-simple</artifactId>
  <version>1.7.25</version> //change to latest version
  </dependency>
```

请注意，编写本书时DL4J的发行版本为1.0.0-beta 3，这同时也是本书使用的官方版本。另外请注意，DL4J依赖于ND4J后端来实现特定的硬件功能。

1.7.3 工作原理

在添加了DL4J核心依赖项和ND4J依赖项之后，如步骤（1）和步骤（2）所述，我们能够创建出神经网络。在步骤（2）中，提到了配置ND4J maven是Deeplearningn4j必需的后端依赖项。ND4J是Deeplearning4j的科学计算库。

ND4J是一个为Java编写的科学计算库，就像NumPy为Python编写一样。

步骤（3）对于ETL过程非常关键，即数据提取、转换和加载。因此，为了使用数据训练神经网络，我们同样需要这样做。

步骤（4）是可选的，但建议进行，因为日志记录将减少调试所需的工作量。

1.8 为 DL4J 配置 GPU 加速环境

对于 GPU 驱动的硬件，DL4J 提供了不同的 API 实现。这是为了确保 GPU 硬件得到有效利用而不浪费硬件资源。资源优化是开发昂贵 GPU 驱动应用程序的一个主要关注点。在本方法中，我们将在 pom. xml 中添加一个针对 GPU 的 Maven 配置。

1.8.1 准备工作

为完成此方法，你将需要进行以下内容：

• JDK 1.7 或更高版本，安装并添加到 PATH 变量。

• Maven 安装并添加到 PATH 变量。

• NVIDIA 兼容硬件。

• CUDA 9.2+版本安装并配置。

• cuDNN［CUDADeep Neural Network，即 CUDA（深度神经网络）的缩写］安装并配置。

1.8.2 实现过程

（1）从 NVIDIA 开发者网站下载并安装 CUDA v9.2+。

URL：https://developer.NVIDIA.com/CUDA-downloads。

（2）配置 CUDA 依赖项。对于 Linux，打开终端并编辑 .bashrc 文件。运行以下命令，并确保根据下载的版本替换用户名和 CUDA 版本号：

```
nano/home/username/.bashrc
  export PATH=/usr/local/cuda-9.2/bin${PATH:+:${PATH}}$

   export
LD_LIBRARY_PATH=/usr/local/cuda-9.2/lib64${LD_LIBRARY_PATH:+:${LD_L IBRARY_PATH}}

source .bashrc
```

（3）将 lib64 目录添加到旧版本的 DL4J 路径。

（4）运行 nvcc --version 命令以验证 CUDA 安装。

（5）为 ND4J CUDA 后端添加 Maven 依赖项：

```
<dependency>
  <groupId>org.nd4j</groupId>
  <artifactId>nd4j-cuda-9.2</artifactId>
  <version>1.0.0-beta3</version>
  </dependency>
```

（6）添加 DL4J CUDA Maven 依赖项：

```
<dependency>
  <groupId>org.deeplearning4j</groupID>
  <artifactId>deeplearning4j-cuda-9.2</artifactId>
  <version>1.0.0-beta3</version>
  </dependency>
```

（7）添加 cuDNN 依赖项以使用捆绑的 CUDA 和 cuDNN：

```
<dependency>
  <groupId>org.bytedeco.javacpp-presets</groupId>
  <artifactId>cuda</artifactId>
  <version>9.2-7.1-1.4.2</version>
  <classifier>linux-x86_64-redist</classifier> //system specific
  </dependency>
```

1.8.3 工作原理

我们使用步骤(1)～(4)配置 NVIDIA CUDA。有关更详细的操作系统特殊说明，请参阅 NVIDIA CUDA 官方网站 https://developer.nvidia.com/cuda-downloads。

根据你的操作系统，安装说明将显示在网站上。DL4J 1.0.0—beta3 版本当前支持 CUDA 安装版本 9.0、9.2 和 10.0。例如，如果需要为 Ubuntu 16.04 安装 CUDA v10.0，则应按如图 1-11 所示浏览 CUDA 网站。

请注意，步骤（3）不适用于较新版本的 DL4J。对于 1.0.0—beta 及更高版本，所需的 CUDA 库与 DL4J 搭配在一起。但是，这不适用于步骤（7）。

此外，在继续执行步骤（5）和（6）之前，请确保 pom.xml 中没有多余的依赖项（例如 CPU 特定的依赖项）。

DL4J 支持 CUDA，但是通过添加 cuDNN 库可以进一步提高性能。cuDNN 在 DL4J 中不显示为捆绑包。因此，请确保从 NVIDIA 开发人员网站下载并安装 NVIDIA cuDNN。一旦安装并配置了 cuDNN，我们可以按照步骤（7）在 DL4J 应用程序中添加对 cuDNN 的支持。

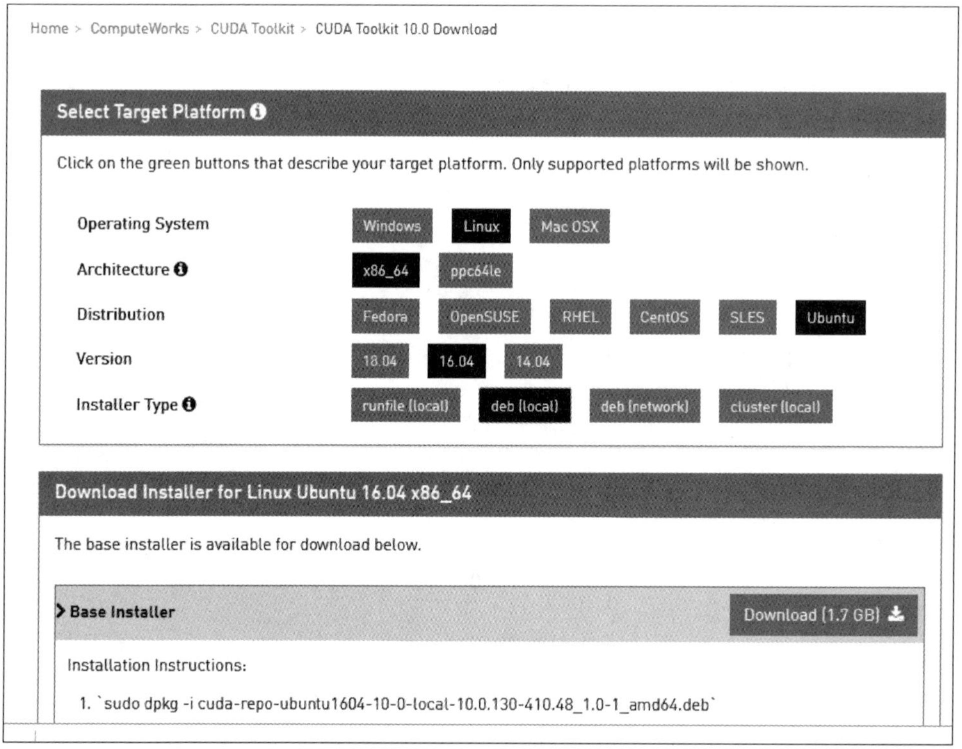

图 1-11 CUDA 网站页面

1.8.4 相关内容

对于多 GPU 系统，可以通过在应用程序的主方法中添加以下代码来使用所有 GPU 资源：

```
CudaEnvironment.getInstance().getConfiguration().allowMultiGPU(true);
```

这是在多 GPU 硬件情况下初始化 ND4J 后端的临时解决方案。通过这种方式，如果有更多可用的 GPU 资源，我们将不会局限于部分 GPU 资源。

1.9 安装问题疑难解答

尽管 DL4J 的安装看起来并不复杂，但由于系统上安装的操作系统或应用程序等不同，仍然可能发生安装问题。CUDA 安装问题不在本书的讨论范围。由于未解决的依赖关系而导致的 Maven 构建问题可能有多个原因。如果你在一个拥有内部资源库和代理的公司工作，那么你需要在 pom.xml 文件中进行相关修改。这些问题也超出了本书的范围。在本书中，我们将逐步解决 DL4J 常见的安装问题。

1.9.1　准备工作

在进行下一步之前必须进行以下检查：

- 验证是否安装了 Java 和 Maven，并配置了路径变量。
- 验证 CUDA 和 cuDNN 的安装。
- 确认 Maven 构建成功并且依赖项已从～/.m2/repository 下载。

1.9.2　实现过程

（1）启用日志记录级别以产生更多关于错误的信息：

```
Logger log = LoggerFactory.getLogger("YourClassFile.class");
log.setLevel(Level.DEBUG);
```

（2）验证 JDK/Maven 的安装和配置。

（3）检查是否在 pom.xml 文件中添加了所有需要的依赖项。

（4）删除 Maven 本地容器的内容，并将 Maven 重新构建为减轻 DL4J 中的 NoClassDefFoundError。对于 Linux 来说，如下所示：

```
rm -rf ~/.m2/repository/org/deeplearning4j
 rm -rf ~/.m2/repository/org/datavec
 mvn clean install
```

（5）减轻 DL4J 中的 ClassNotFoundException。如果步骤（4）没有解决问题，你可以尝试此操作。DL4J/ND4J/DataVec 应该有相同的版本。对于与 CUDA 相关的错误堆栈，也请检查安装。

```
rm -rf ~/.m2/repository/org/deeplearning4j
 rm -rf ~/.m2/repository/org/datavec
 mvn cleaninstall
```

如果添加适当的 DL4J CUDA 版本不能解决这个问题，请检查你的 cuDNN 安装。

1.9.3　工作原理

为了减少诸如 ClassNotFoundException 之类的异常，主要任务是进行验证我们是否正确地安装了 JDK [步骤(2)],并且设置了环境变量指向正确的位置。步骤(3)也很重要,因为缺少依赖项会导致同样的错误。

在步骤(4)中,我们将删除本地资源库中存在的冗余依赖项,并尝试重新构建 Maven。这是尝试运行 DL4J 应用程序时 NoClassDefFoundError 的示例:

```
root@instance-1:/home/Deeplearning4J# java -jar target/dl4j-1.0-
SNAPSHOT.jar
 09:28:22.171[main]INFO org.nd4j.linalg.factory.Nd4jBackend - Loaded
[JCublasBackend] backend
Exception in thread"main"java.lang.NoClassDefFoundError:
org/nd4j/linalg/api/complex/IComplexDouble
 at java.lang.Class.forName0(Native Method)
 at java.lang.Class.forName(Class.java:264)
 at org.nd4j.linalg.factory.Nd4j.initWithBackend(Nd4j.java:5529)
 at org.nd4j.linalg.factory.Nd4j.initContext(Nd4j.java:5477)
 at org.nd4j.linalg.factory.Nd4j.(Nd4j.java:210)
 at
org.datavec.image.transform.PipelineImageTransform.(PipelineImageTransform.
java:93)
 at
org.datavec.image.transform.PipelineImageTransform.(PipelineImageTransform.
java:85)
 at
org.datavec.image.transform.PipelineImageTransform.(PipelineImageTransform.
java:73)
 at examples.AnimalClassifier.main(AnimalClassifier.java:72)
 Caused by: java.lang.ClassNotFoundException:
org.nd4j.linalg.api.complex.IComplexDouble
```

NoClassDefFoundError 的一个可能原因可能是 Maven 本地资源库中缺少必需的依赖项。因此,我们删除了资源库的内容,并重新构建了 Maven 以再次下载依赖项。如果以前由于中断而没有下载任何依赖项,则应该立即进行。

图 1-12 是一个在 DL4J 训练期间 ClassNotFoundException 的例子。

同样,这表明存在版本问题或冗余依赖关系。

1.9.4 相关内容

除了前面讨论的常见运行时问题外,Windows 用户在训练 CNN 时可能还会遇到 cuDNN

```
14:28:37.549 [main] INFO  o.d.i.r.BaseImageRecordReader - ImageRecordReader: 4 label classes inferred using label g
enerator ParentPathLabelGenerator
14:28:37.557 [main] INFO  o.d.nn.multilayer.MultiLayerNetwork - Starting MultiLayerNetwork with WorkspaceModes set
to [training: ENABLED; inference: ENABLED], cacheMode set to [NONE]
14:28:37.595 [main] DEBUG o.n.j.handler.impl.CudaZeroHandler - Creating bucketID: 3
14:28:37.601 [main] DEBUG o.n.j.handler.impl.CudaZeroHandler - Creating bucketID: 4
14:28:37.640 [main] INFO  o.d.n.l.convolution.ConvolutionLayer - cuDNN not found: use cuDNN for better GPU performa
nce by including the deeplearning4j-cuda module. For more information, please refer to: https://deeplearning4j.org/
cudnn
java.lang.ClassNotFoundException: org.deeplearning4j.nn.layers.convolution.CudnnConvolutionHelper
        at java.net.URLClassLoader.findClass(URLClassLoader.java:381) ~[na:1.8.0_171]
        at java.lang.ClassLoader.loadClass(ClassLoader.java:424) ~[na:1.8.0_171]
        at sun.misc.Launcher$AppClassLoader.loadClass(Launcher.java:349) ~[na:1.8.0_171]
        at java.lang.ClassLoader.loadClass(ClassLoader.java:357) ~[na:1.8.0_171]
        at java.lang.Class.forName0(Native Method) ~[na:1.8.0_171]
        at java.lang.Class.forName(Class.java:264) ~[na:1.8.0_171]
        at org.deeplearning4j.nn.layers.convolution.ConvolutionLayer.initializeHelper(ConvolutionLayer.java:81) [dl
4j-1.0-SNAPSHOT.jar:na]
        at org.deeplearning4j.nn.layers.convolution.ConvolutionLayer.<init>(ConvolutionLayer.java:68) [dl4j-1.0-SNA
PSHOT.jar:na]
        at org.deeplearning4j.nn.conf.layers.ConvolutionLayer.instantiate(ConvolutionLayer.java:152) [dl4j-1.0-SNAP
SHOT.jar:na]
        at org.deeplearning4j.nn.multilayer.MultiLayerNetwork.init(MultiLayerNetwork.java:629) [dl4j-1.0-SNAPSHOT.j
ar:na]
        at org.deeplearning4j.nn.multilayer.MultiLayerNetwork.init(MultiLayerNetwork.java:530) [dl4j-1.0-SNAPSHOT.j
ar:na]
        at examples.AnimalClassifier.main(AnimalClassifier.java:121) [dl4j-1.0-SNAPSHOT.jar:na]
14:28:37.641 [main] DEBUG o.n.j.handler.impl.CudaZeroHandler - Creating bucketID: 5
14:28:37.646 [main] DEBUG o.n.j.handler.impl.CudaZeroHandler - Creating bucketID: 0
14:28:37.667 [main] DEBUG o.n.j.handler.impl.CudaZeroHandler - Creating bucketID: 2
14:28:38.040 [ADSI prefetch thread] DEBUG o.n.l.memory.abstracts.Nd4jWorkspace - Steps: 4
14:28:38.487 [main] INFO  o.d.o.l.ScoreIterationListener - Score at iteration 0 is 1.5323769998049381
14:28:42.981 [main] INFO  o.d.o.l.ScoreIterationListener - Score at iteration 100 is 1.4700070363395148
14:28:47.609 [main] INFO  o.d.o.l.ScoreIterationListener - Score at iteration 200 is 1.4696028415172688
14:28:52.409 [main] INFO  o.d.o.l.ScoreIterationListener - Score at iteration 300 is 1.3762216058284946
14:28:56.339 [main] DEBUG o.d.d.iterator.AsyncDataSetIterator - Manually destroying ADSI workspace
14:28:56.342 [ADSI prefetch thread] DEBUG o.n.l.memory.abstracts.Nd4jWorkspace - Steps: 4
14:28:57.108 [main] INFO  o.d.o.l.ScoreIterationListener - Score at iteration 400 is 1.498729275009222
14:29:01.682 [main] INFO  o.d.o.l.ScoreIterationListener - Score at iteration 500 is 1.4075598864086873
```

图 1-12　ClassNotFoundException 的例子

特定的错误。实际的根本原因可能有所不同，并在 UnsatisfiedLinkError 下进行了标记：

```
o.d.n.l.c.ConvolutionLayer - Could not load CudnnConvolutionHelper
 java.lang.UnsatisfiedLinkError: no jnicudnn in java.library.path
 at java.lang.ClassLoader.loadLibrary(ClassLoader.java:1867)
~[na:1.8.0_102]
 at java.lang.Runtime.loadLibrary0(Runtime.java:870) ~[na:1.8.0_102]
 at java.lang.System.loadLibrary(System.java:1122) ~[na:1.8.0_102]
 at org.bytedeco.javacpp.Loader.loadLibrary(Loader.java:945)
~[javacpp-1.3.1.jar:1.3.1]
 at org.bytedeco.javacpp.Loader.load(Loader.java:750)
~[javacpp-1.3.1.jar:1.3.1]
 Caused by: java.lang.UnsatisfiedLinkError:
C:\Users\Jürgen.javacpp\cache\cuda-7.5-1.3-windows
x86_64.jar\org\bytedeco\javacpp\windows-x86_64\jnicudnn.dll: Can't find
```

```
dependent libraries
  at java.lang.ClassLoader$NativeLibrary.load(Native Method) ~[na:1.8.0_102]
```

执行以下步骤来解决此问题：

（1）在此处下载最新的依赖项遍历器：https://github.com/lucasg/Dependencies/。

（2）将以下代码添加到你的 DL4J main（）方法：

```
try {
 Loader.load(<module>.class);
 } catch (UnsatisfiedLinkError e) {
 String path = Loader.cacheResource(<module>.class,"windows
x86_64/jni<module>.dll").getPath();
 new ProcessBuilder("c:/path/to/DependenciesGui.exe",
path).start().waitFor();
 }
```

（3）将<module>替换为遇到问题的 JavaCPP 预设模块的名称，例如 cudnn。对于较新的 DL4J 版本，必需的 CUDA 库与 DL4J 捆绑在一起。因此，你不应该面对这个问题。

如果你觉得你可能已经发现了 DL4J 的一个 bug 或功能错误，那么你可以随时在 https://github.com/eclipse/deeplearning4j 创建一跟踪。

欢迎你在 Deeplearning4j 社区中讨论：https://gitter.im/deeplearning4j/deeplearning4j。

第 2 章　数据提取、转换和加载

让我们来讨论所有机器学习难题中最重要的部分：数据预处理和规范化。“无用输入”和“无用输出”是这种情况下最适合表述。我们发出的噪声越多，我们收到的不良结果就越多。因此，你需要在消除噪声的同时保留信号。

另一个挑战是处理各种类型的数据。我们需要将原始数据集转换成神经网络能够理解和执行科学计算的适当格式。我们需要把数据转换成数字向量，以便神经网络能够理解，并能轻松地进行计算。切记一点，神经网络仅限于一种类型的数据：向量。

必须有一种方法来考虑如何将数据加载到神经网络中。我们不能一次将 100 万条数据记录放到一个神经网络上，这会降低性能。我们在这里提到性能时，指的是训练时间。为了提高性能，我们需要利用数据管道、批处理训练和其他采样技术。

DataVec 是一个输入/输出格式系统，它可以管理我们刚才提到的所有内容。它解决了每个深度学习难题中最头痛的问题。DataVec 支持所有类型的输入数据，如文本、图像、CSV 文件和视频。DataVec 库管理 DL4J 中的数据管道。

在本章中，我们将学习如何使用 DataVec 执行 ETL 操作。这是在 DL4J 中建立神经网络的第一步。

在本章中，我们将介绍以下方法：

- 读取并迭代数据。
- 执行模式转换。
- 序列化转换。
- 构建转换过程。
- 执行转换过程。
- 规范化数据以提高网络效率。

2.1　技术要求

本章将要讨论的用例的具体实现可以在以下网址找到：https://github.com/PacktPublishing/Java-Deep-Learning-Cookbook/tree/master/02_Data_Extraction_Transform_and_Loading/sourceCode/cookbook-app/src/main/java/com/javadeeplearningcookbook/app。

克隆 GitHub 资源库后，导航到 Java-Deep-Learning-Cookbook/02_Data_Extraction_

Transform_and_Loading/sourceCode 目录。然后，通过在 cookbook-app 目录中导入 pom. xml 文件，将 cookbook-app 项目导入为 Maven 项目。

本章所需的数据集位于 Chapter02 根目录中（Java-Deep-Learning-Cookbook/02_Data_Extraction_Transform_and_Loading/）。你可以将它保存在不同的位置，例如本地目录，然后在源代码中相应地引用它。

2.2 读取并迭代数据

ETL 涉及数据，是神经网络训练的一个重要阶段。在进行神经网络设计之前，需要解决数据提取、转换和加载问题。与效率较低的神经网络相比，不良数据要糟糕得多。我们还需要对以下几个方面有一个基本的了解：

- 需要处理的数据类型。
- 文件处理策略。

在这个方法中，我们将演示如何使用 DataVec 读取并迭代数据。

2.2.1 准备工作

作为先决条件，请确保在你的 pom. xml 文件中为 DataVec 添加了所需的 Maven 依赖项，如我们在第 1.7 节“为 DL4J 配置 Maven”方法中所述。

以下是 pom. xml 文件示例：https://github.com/rahul-raj/Java-Deep-Learning-Cookbook/blob/master/02_Data_Extraction_Transform_and_Loading/sourceCode/cookbook-app/pom.xml。

2.2.2 实现过程

（1）使用 FileSplit 管理一系列记录：

```
String[]allowedFormats = newString[]{".JPEG"};
 FileSplit fileSplit = new FileSplit(newFile("temp"),
allowedFormats,true)
```

你可以在以下网址找到 FileSplit 示例：https://github.com/PacktPublishing/Java-Deep-Learning-Cookbook/blob/master/02_Data%20Extraction%2C%20Transform%20and%20Loading/sourceCode/cookbook-app/src/main/java/com/javadeeplearningcookbook/app/FileSplitExample.java。

（2）使用 CollectionInputSplit 管理来自文件的 URI 集合：

```
FileSplit fileSplit = new FileSplit(newFile("temp"));
 CollectionInputSplit collectionInputSplit = new
CollectionInputSplit(fileSplit.locations());
```

你可以在以下网址找到 CollectionInputSplit 示例：https://github.com/PacktPublishing/Java-Deep-Learning-Cookbook/blob/master/02_Data%20Extraction%2C%20Transform%20and%20Loading/sourceCode/cookbook-app/src/main/java/com/javadeeplearningcookbook/app/CollectionInputSplitExample.java。

（3）使用 NumberedFileInputSplit 来管理具有编号文件格式的数据：

```
NumberedFileInputSplit numberedFileInputSplit = new
NumberedFileInputSplit("numberedfiles/file%d.txt",1,4);
numberedFileInputSplit.locationsIterator().forEachRemaining(System.out::println);
```

你可以在以下网址找到 NumberedFileInputSplit 示例：https://github.com/PacktPublishing/Java-Deep-Learning-Cookbook/blob/master/02_Data%20Extraction%2C%20Transform%20and%20Loading/sourceCode/cookbook-app/src/main/java/com/javadeeplearningcookbook/app/NumberedFileInputSplitExample.java。

（4）使用 TransformSplit 将输入 URIs 映射到不同的输出 URIs：

```
TransformSplit.URITransform uriTransform = URI::normalize;

 List<URI> uriList = Arrays.asList(new
URI("file://storage/examples/./cats.txt"),
 new URI("file://storage/examples//dogs.txt"),
 new URI("file://storage/./examples/bear.txt"));

 TransformSplit transformSplit = newTransformSplit(new
CollectionInputSplit(uriList),uriTransform);
```

你可以在以下网址找到 TransformSplit 示例：https://github.com/PacktPublishing/Java-Deep-Learning-Cookbook/blob/master/02_Data%20Extraction%2C%20Transform%20and%20Loading/sourceCode/cookbook-app/src/main/java/com/javadeeplearningcookbook/app/TransformSplitExample.java。

（5）使用 TransformSplit 执行 URI 字符串替换：

```
InputSplit transformSplit = TransformSplit.ofSearchReplace(new
CollectionInputSplit(inputFiles),"-in.csv","-out.csv");
```

（6）使用 CSVRecordReader 为神经网络提取 CSV 数据

```
RecordReader reader = new
CSVRecordReader(numOfRowsToSkip,deLimiter);
 recordReader.initialize(newFileSplit(file));
```

你可以在以下网址找到 CSVRecordReader 示例：https://github.com/PacktPublishing/Java-Deep-Learning-Cookbook/blob/master/02 _ Data% 20Extraction% 2C% 20Transform % 20and% 20Loading/sourceCode/cookbook-app/src/main/java/com/javadeeplearningcookbook/app/recordreaderexamples/CSVRecordReaderExample.java。

可以在以下网址找到此数据集：https://github.com/PacktPublishing/Java-Deep-Learning-Cookbook/blob/master/02_Data_Extraction_Transform_and_Loading/titanic.csv。

（7）使用 ImageRecordReader 为神经网络提取图像数据：

```
ImageRecordReader imageRecordReader = new
ImageRecordReader(imageHeight,imageWidth,channels,parentPathLabelGenerator);
imageRecordReader.initialize(trainData,transform);
```

你可以在以下网址找到 ImageRecordReader 示例：https://github.com/PacktPublishing/Java-Deep-Learning-Cookbook/blob/master/02 _ Data% 20Extraction% 2C% 20Transform % 20and% 20Loading/sourceCode/cookbook-app/src/main/java/com/javadeeplearningcookbook/app/recordreaderexamples/ImageRecordReaderExample.java。

（8）使用 TransformProcessRecordReader 转换和提取数据：

```
RecordReader recordReader = new
TransformProcessRecordReader(recordReader,transformProcess);
```

你可以在以下网址找到 TransformProcessRecordReader 示例：https://github.com/PacktPublishing/Java-Deep-Learning-Cookbook/blob/master/02 _ Data _ Extraction _ Transform _ and _ Loading/sourceCode/cookbook-app/src/main/java/com/javadeeplearningcookbook/app/recordreaderexamples/TransformProcessRecordReader Example.java。

可以在以下网址找到此数据集：https://github.com/PacktPublishing/Java-Deep-Learning-Cookbook/blob/master/02 _ Data _ Extraction _ Transform _ and _ Loading/transform-data.csv。

（9）使用 SequenceRecordReader 和 CodecRecordReader 提取序列数据：

```
RecordReader codecReader = newCodecRecordReader();
 codecReader.initialize(conf,split);
```

你可以在以下网址找到 CodecRecordReader 示例：https://github.com/PacktPublishing/Java-Deep-Learning-Cookbook/blob/master/02_Data%20Extraction%2C%20Transform%20and%20Loading/sourceCode/cookbook-app/src/main/java/com/javadeeplearningcookbook/app/recordreaderexamples/CodecReaderExample.java。

以下代码演示如何使用 RegexSequenceRecordReader：

```
RecordReaderrecordReader = new
RegexSequenceRecordReader((\d{2}/\d{2}/\d{2})(\d{2}:\d{2}:\d{2})([A-Z])(.*)",skipNumLines);
recordReader.initialize(new
NumberedFileInputSplit(path/log%d.txt));
```

你可以在以下网址找到 RegexSequenceRecordReader 示例：https://github.com/PacktPublishing/Java-Deep-Learning-Cookbook/blob/master/02_Data_Extraction_Transform_and_Loading/sourceCode/cookbook-app/src/main/java/com/javadeeplearningcookbook/app/recordreaderexamples/RegexSequenceRecordReaderExample.java。

可以在以下网址找到此数据集：https://github.com/PacktPublishing/Java-Deep-Learning-Cookbook/blob/master/02_Data_Extraction_Transform_and_Loading/logdata.zip。

下面的代码演示了如何使用 CSVSequenceRecordReader：

```
CSVSequenceRecordReader seqReader = new
CSVSequenceRecordReader(skipNumLines,delimiter);
 seqReader.initialize(newFileSplit(file));
```

你可以在以下网址找到 CSVSequenceRecordReader 示例：https://github.com/PacktPublishing/Java-Deep-Learning-Cookbook/blob/master/02_Data%20Extraction%2C%20Transform%20and%20Loading/sourceCode/cookbook-app/src/main/java/com/javadeeplearningcookbook/app/recordreaderexamples/SequenceRecordReaderExample.java。

可以在以下网址找到此数据集：https://github.com/PacktPublishing/Java-Deep-Learning-Cookbook/blob/master/02_Data_Extraction_Transform_and_Loading/dataset.zip。

（10）使用 JacksonLineRecordReader 提取 JSON/XML/YAML 数据：

```
RecordReader recordReader = new
JacksonLineRecordReader(fieldSelection, newObjectMapper(newJsonFactory()));
 recordReader.initialize(new FileSplit(newFile("json_file.txt")));
```

你可以通过以下网址找到 CSVSequenceRecordReader 示例：https://github.com/PacktPublishing/Java-Deep-Learning-Cookbook/blob/master/02_Data_Extraction_Transform_and_Loading/sourceCode/cookbook-app/src/main/java/com/javadeeplearningcookbook/app/recordreaderexamples/JacksonLineRecordReaderExample.java。

可以在以下网址找到此数据集：https://github.com/PacktPublishing/Java-Deep-Learning-Cookbook/blob/master/02_Data_Extraction_Transform_and_Loading/irisdata.txt。

2.2.3 工作原理

数据可以分布在多个文件、子目录或多个集群中。由于各种限制，例如大小等，我们需要一种机制，以不同的方式提取并处理数据。在分布式环境中，大量数据可以以块的形式存储在多个集群中。DataVec 为此使用 InputSplit。

temp
n02131653_82.JPEG
n02131653_86.JPEG
n02131653_87.png
n02131653_124.JPEG
n02131653_170.JPEG
n02131653_175.JPEG
n02131653_176.png

图 2-1 包含文件的目录位置

在步骤（1）中，我们研究了 FileSplit，这是一个 InputSplit 实现，将根目录拆分为文件。FileSplit 将递归地在指定目录位置内查找文件。你还可以传递字符串数组作为参数来表示允许的扩展名：

- **样本输入。**包含文件的目录位置如图 2-1 所示。
- **样本输出。**已应用筛选器的 URIs 列表如图 2-2 所示。

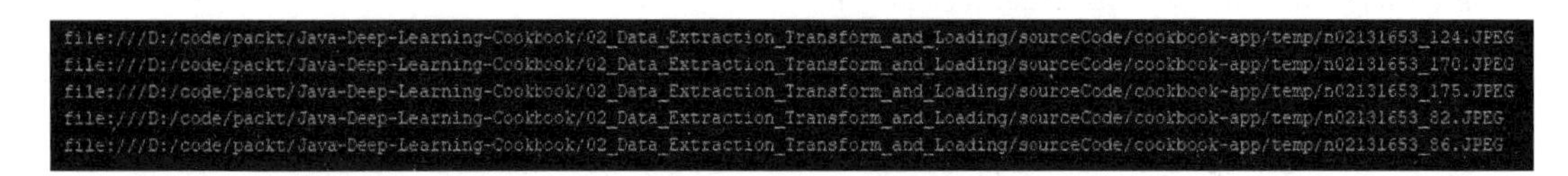

图 2-2 已应用筛选器的 URIs 列表

在示例输出中，我们删除了所有非 .jpeg 格式的文件路径。如果你想从 URIs 列表中提取数据，如我们在步骤（2）中所做的那样，CollectionInputSplit 在这里会很有用。在步骤（2）中，

temp 目录中有一个文件列表。我们使用 CollectionInputSplit 从文件生成 URIs 列表。尽管 FileSplit 专门用于将目录拆分为文件（URIs 列表），但 CollectionInputSplit 是一个简单的 InputSplit 实现，用于处理 URI 输入的集合。如果我们已经有一个要处理的 URIs 列表，那么可以直接使用 CollectionInputSplit 来代替 FileSplit。

- **样本输入。**包含文件的目录位置请参阅图 2-3（以图像文件作为输入的目录）。
- **样本输出。**URIs 的列表。请参考前面提到的输入由 CollectionInputSplit 生成的 URI 列表，如图 2-4 所示。

```
temp
    n02131653_82.JPEG
    n02131653_86.JPEG
    n02131653_87.png
    n02131653_124.JPEG
    n02131653_170.JPEG
    n02131653_175.JPEG
    n02131653_176.png
```

图 2-3　包含文件的目录位置

```
CollectionInputSplitExample
file:///C:/Users/Admin/Java-Deep-Learning-Cookbook/02_Data%20Extraction,%20Transform%20and%20Loading/sourceCode/cookbook-app/temp/n02131653_124.JPEG
file:///C:/Users/Admin/Java-Deep-Learning-Cookbook/02_Data%20Extraction,%20Transform%20and%20Loading/sourceCode/cookbook-app/temp/n02131653_170.JPEG
file:///C:/Users/Admin/Java-Deep-Learning-Cookbook/02_Data%20Extraction,%20Transform%20and%20Loading/sourceCode/cookbook-app/temp/n02131653_175.JPEG
file:///C:/Users/Admin/Java-Deep-Learning-Cookbook/02_Data%20Extraction,%20Transform%20and%20Loading/sourceCode/cookbook-app/temp/n02131653_176.png
file:///C:/Users/Admin/Java-Deep-Learning-Cookbook/02_Data%20Extraction,%20Transform%20and%20Loading/sourceCode/cookbook-app/temp/n02131653_82.JPEG
file:///C:/Users/Admin/Java-Deep-Learning-Cookbook/02_Data%20Extraction,%20Transform%20and%20Loading/sourceCode/cookbook-app/temp/n02131653_86.JPEG
file:///C:/Users/Admin/Java-Deep-Learning-Cookbook/02_Data%20Extraction,%20Transform%20and%20Loading/sourceCode/cookbook-app/temp/n02131653_87.png
```

图 2-4　由 CollectionInputSplit 生成的 URI 列表

在步骤（3）中，NumberedFileInputSplit 基于指定的编号格式生成 URIs。

请注意，我们需要传递一个适当的正则表达式模式来按顺序格式生成文件名。否则，它将引发运行时错误。正则表达式允许我们接受各种编号格式的输入。NumberedFileInputSplit 将生成一个 URIs 列表，你可以将其向下传递以提取和处理数据。我们在文件名末尾添加了%d 正则表达式，以指定在末尾存在编号。

- **样本输入。**具有编号命名格式文件的目录位置，例如，file1. txt、file2. txt 和 file3. txt。
- **样本输出。**URIs 列表如图 2-5 所示。

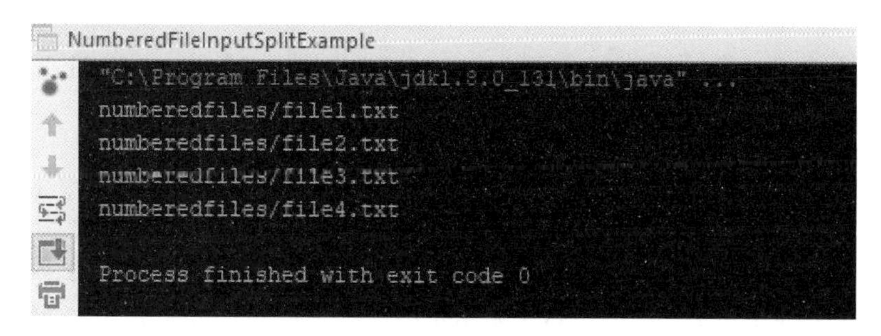

图 2-5　URIs 列表

如果需要将输入 URI 映射到不同的输出 URI，则需要 TransformSplit。我们在步骤（4）中使用它将数据 URI 规范化/转换为所需格式。如果特征和标签放在不同的位置，则特别有用。当执行步骤（4）时，“.”将从 URI 中剥离字符串，这将导致以下 URI：

• **样本输入。** URI 的集合，就像我们在 CollectionInputSplit 中看到的一样。但是，TransformSplit 可以接受错误的 URI，如图 2-6 所示。

```
List<URI> uriList = Arrays.asList(new URI( str: "file://storage/examples/./cats.txt"),
                                  new URI( str: "file://storage/examples//dogs.txt"),
                                  new URI( str: "file://storage/./examples/bear.txt"));
```

图 2-6 TransformSplit 可以接受的错误的 URI

• **样本输出。** 格式化后的 URIs 列表如图 2-7 所示。

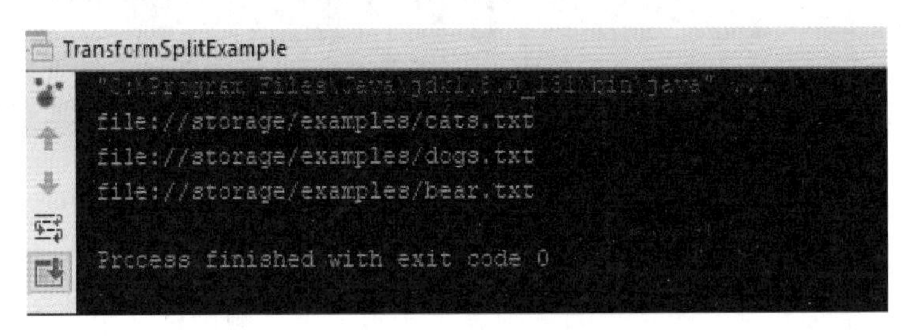

图 2-7 格式化后的 URIs 列表

在执行步骤（5）后，URIs 中的 -in.csv 子字符串将替换为 -out.csv。

CSVRecordReader 是一个简单的 CSV 记录读取器，用于 CSV 数据流。我们可以基于分隔符形成数据流对象，并指定各种其他参数，例如从一开始跳过的行数。在步骤（6）中，我们同样使用了 CSVRecordReader。

对于 CSVRecordReader 示例，请使用包含在本章的 GitHub 资源库中的 titanic.csv文件。你需要更新代码中的目录路径才能使用它。

ImageRecordReader 是一个用于流式图像数据的图像记录读取器。

在步骤（7）中，我们从本地文件系统读取图像。然后，将它们缩放并根据给定的高度（height）、宽度（width）和通道（channels）进行转换。我们还可以指定为图像数据标记的标签。在根目录下创建一个单独的子目录来指定图像集的标签，每个子目录都代表一个标签。

在步骤（7）中，来自 ImageRecordReader 构造函数的前两个参数表示要缩放图像的高度和宽度。我们通常将通道赋值为 3（3 表示 R、G、B 三个通道）。parentPathLabelGenerator

定义如何在图像中标记标签。trainData 是我们为了指定要加载的记录范围所需的 inputSplit，而 transform 是加载图像时要应用的图像转换。

对于 ImageRecordReader 示例，你可以从 ImageNet 下载一些示例图像。图像的每个类别将由一个子目录表示。例如，你可以下载狗图像并将其放在名为“dog”的子目录下。你需要提供父目录路径，其中将包含所有可能的类别。ImageNet 的网站是：http://www.image-net.org/。

在模式转换过程中使用 TransformProcessRecordReader 时，需要进行一些解释。TransformProcessRecordReader 是将模式转换应用于记录读取器的最终产品。这将确保在将定义的转换过程输入训练数据之前，已应用该过程。

在步骤（8）中，transformProcess 定义要应用于给定数据集的转换的有序列表。这可以是删除不需要的特征和特征数据类型转换等。其目的是使数据适合于神经网络进一步处理。在本章中，你将在接下来的方法中学习如何创建转换过程。

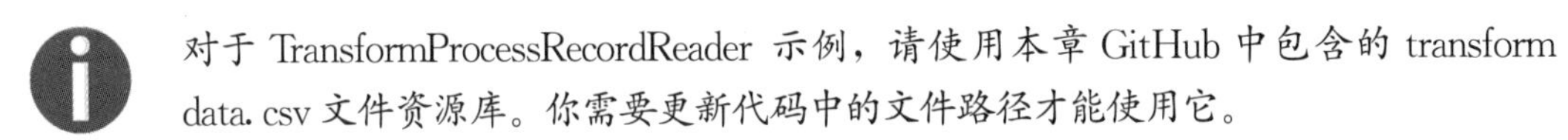

对于 TransformProcessRecordReader 示例，请使用本章 GitHub 中包含的 transform data.csv 文件资源库。你需要更新代码中的文件路径才能使用它。

在步骤（9）中，我们研究了 SequenceRecordReader 的一些实现。如果我们要处理一系列记录，则使用此记录读取器。该记录读取器可以在本地以及分布式环境（例如 Spark）中使用。

对于 SequenceRecordReader 示例，你需要提取本章 GitHub 资源库中的 dataset.zip 文件。之后你将在下面看到两个子目录：features 和 labels。在每个目录中，都有一系列文件。你需要在代码中提供这两个目录的绝对路径。

CodecRecordReader 是一种处理多媒体数据集的记录读取器，可用于以下目的：

- H.264（AVC）主配置文件解码器。
- MP3 解码器/编码器。
- Apple ProRes 解码器和编码器。
- H264 基线轮廓编码器。
- Matroska（MKV）多路分配器和多路复用器。
- MP4（ISO BMF，QuickTime）多路分配器/多路复用器和工具。
- MPEG 1/2 解码器。
- MPEG-PS/TS 多路分配器。
- Java 播放器 applet 小程序解析。
- VP8 编码器。

• MXF 多路分配器。

CodecRecordReader 使用 jcodec 作为底层媒体解析器。

对于 CodecRecordReader 示例，你需要在代码中提供一个短视频文件的目录位置。该视频文件将作为 CodecRecordReader 示例的输入。

RegexSequenceRecordReader 将把整个文件看成是一个单一的序列，并且每次都会逐行读取。然后，它将使用指定的正则表达式来拆分每一行。我们可以将 RegexSequenceRecordReader 与 NumberedFileInputSplit 结合在一起读取文件序列。在步骤（9）中，我们使用 RegexSequenceRecordReader读取了按时间步长记录的事务日志（时间序列数据）。在我们的数据集（logdata. zip）中，事务日志是无监督数据，没有指定特征或标签。

对于 RegexSequenceRecordReader 示例，你需要从本章 GitHub 资源库中提取 logdata. zip 文件。在解压缩之后，你将看到一系列带有编号文件命名格式的事务日志。你需要在代码中提供提取目录的绝对路径。

CSVSequenceRecordReader 以 CSV 格式读取数据序列。每个序列表示一个单独的 CSV 文件。每一行表示一个时间步长。

在步骤（10）中，JacksonLineRecordReader 将逐行读取 JSON/XML/YAML 数据。它要求每一行都有一个有效的 JSON 条目，末尾没有分隔符。这遵循了 Hadoop 的惯例，即确保拆分在集群环境中正常工作。如果记录跨越多行，那么拆分将无法按预期进行，并可能导致计算错误。与 JacksonRecordReader 不同，JacksonLineRecordReader 不会自动创建标签，并要求你在训练期间进行配置。

对于 JacksonLineRecordReader 示例，你需要提供 irisdata. txt 的目录位置，位于本章的 GitHub 资源库中。在 irisdata. txt 文件中，每一行代表一个 JSON 对象。

2. 2. 4 相关内容

JacksonRecordReader 是一个使用 Jackson API 的记录读取器。与 jacksonlinecordreader 一样，它也支持 JSON、XML 和 YAML 格式。对于 JacksonRecordReader，用户需要提供从 JSON/XML/YAML 文件中读取的字段列表。这看起来可能很复杂，但它允许我们在以下条件下解析文件：

• JSON/XML/YAML 数据没有一致的模式。可以使用 FieldSelection 对象提供输出字段的顺序。

• 有些文件中缺少字段，但可以使用 FieldSelection 对象提供这些字段。

JacksonRecordReader 也可以与 PathLabelGenerator 一起使用，以根据文件路径附加标签。

2.3　执行模式转换

数据转换是一个重要的数据规范化过程。可能会出现错误的数据，如重复、缺少值、非数字特征等。我们需要通过应用模式转换对它们进行规范化，以便在神经网络中处理数据。神经网络只能处理数值特征。在这个方法中，我们将演示模式创建过程。

2.3.1　实现过程

（1）识别数据中的异常值：对于只有一些特征的小数据集，我们可以通过手动检查来发现异常值/噪声。对于具有大量特征的数据集，我们可以执行主成分分析（PCA），如下代码所示：

```
INDArray factor =
org.nd4j.linalg.dimensionalityreduction.PCA.pca_factor(inputFeature
s,projectedDimension,normalize);
INDArray reduced = inputFeatures.mmul(factor);
```

（2）使用一个模式来定义数据的结构：下面是一个客户流失率数据集的基本模式的例子。你可以在以下地址下载该数据集：https://www.kaggle.com/barelydedicated/bank-customer churn-modeling/downloads/bank-customer-churn-modeling.zip/1：

```
 Schema schema = newSchema.Builder()
.addColumnString("RowNumber")
.addColumnInteger("CustomerId")
.addColumnString("Surname")
.addColumnInteger("CreditScore")
.addColumnCategorical("Geography",Arrays.asList("France","Germany","Spain"))
.addColumnCategorical("Gender",Arrays.asList("Male","Female"))
.addColumnsInteger("Age","Tenure")
.addColumnDouble("Balance")
.addColumnsInteger("NumOfProducts","HasCrCard","IsActiveMember")
.addColumnDouble("EstimatedSalary")
.build();
```

2.3.2 工作原理

在开始创建模式之前，我们需要检查数据集中的所有特征。然后，我们需要清除所有噪声特征。例如名称，可以一般地假设它们对生成的结果没有影响。如果你不清楚某些特征，请保持它们的原样并将它们包含在模式中。如果你在不知不觉中删除了一个碰巧是信号的特征，那么你将降低神经网络的效率。在步骤（1）中提到了移除异常值和保留信号（有效特征）的过程。主成分分析（principal component analysis；PCA）是一种理想的选择，在ND4J 中也得到了实现。在大量特征中，你希望减少特征的数量以降低复杂性。减少特征只是意味着去除不相关的特征（异常值/噪声）。在步骤（1）中，我们使用以下参数调用 pca_factor()来生成 PCA 因子矩阵：

- inputFeatures：作为矩阵的输入特征。
- projectedDimension：从实际特征集中投射出的特征数（例如，1,000 个特征中的 100 个重要特征）。
- normalize：一个布尔变量（true/false），指示是否要对特征进行规范化（零平均值）。

通过调用 mmul()方法和最终结果来执行矩阵乘法。reduce 是基于 PCA 因子执行降维后使用的特征矩阵。请注意，你可能需要使用输入特征（使用 PCA 因子生成）来进行多次训练，以理解信号。

在步骤（2）中，我们使用客户流失数据集（在下一章中使用的简单数据集）来演示 Schema 的创建过程。模式中提到的数据类型用于相应的特征或标签。例如，如果要为整数特征添加模式定义，则它将是 addColumnInteger()。同样，还有其他可用的 Schema 方法可用于管理其他数据类型。

可以使用 addColumnCategory()添加分类变量，如我们在步骤（2）中所述。在这里，我们标记了分类变量并提供了可能的值。即使我们得到了一组隐藏的特征，如果这些特征以编号格式（例如，column1、column2 和类似格式）排列，我们仍然可以构造它们的模式。

2.3.3 相关内容

简而言之，以下是为数据集构建模式所需执行的操作：

- 很好地理解你的数据，识别噪声和信号。
- 捕获特征和标签，识别分类变量。
- 识别可以应用一键编码的分类特征。
- 注意丢失或错误的数据。
- 使用类型特定的方法添加特征，例如作为 addColumnInteger()和 addColumnsInteger()，其中特征类型是整数。将相应的生成器方法应用于其他数据类型。

- 使用 addColumnCategory（）添加分类变量。
- 调用 build（）方法来构建模式。

请注意，如果不在模式中指定特征，则无法从数据集中跳过/忽略任何特征。你需要从数据集中删除异常特征，从剩余的特征中创建一个模式，然后继续进行转换过程以进一步处理。或者，你可以保留所有特征，将所有特征保留在模式中，然后在转换过程中定义异常值。

在特征工程/数据分析方面，DataVec 带有自己的分析引擎，可以对特征/目标变量进行数据分析。对于本地执行，我们可以利用 AnalyzeLocal 返回一个数据分析对象，该对象包含有关数据集中各列的信息。以下从记录读取器对象创建数据分析对象的方法：

```
DataAnalysis analysis = AnalyzeLocal.analyze(mySchema,csvRecordReader);
System.out.println(analysis);
```

你还可以通过调用 analyzeQuality（）来分析你的数据集是否有缺失值，并检查它是否符合模式的要求：

```
DataQualityAnalysis quality = AnalyzeLocal.analyzeQuality(mySchema,csvRecordReader);
System.out.println(quality);
```

对于序列数据，需要使用 analyzeQualitysequence（）而不是 analyzeQuality（）。对于 Spark 上的数据分析，可以使用 AnalyzeSpark 实用程序类代替 AnalyzeLocal。

2.4 构建转换过程

模式创建后的下一步是通过添加所有必需的转换来定义数据转换过程。我们可以使用 TransformProcess 管理有序的转换列表。在模式创建过程中，我们只为数据定义了一个具有所有现有特征的结构，并没有真正执行转换。让我们看看如何将数据集中的特征从非数字格式转换为数字格式。神经网络不能理解原始数据，除非它被映射到数字向量。在这个方法中，我们将根据给定的模式构建一个转换过程。

2.4.1 实现过程

（1）将转换列表添加到 TransformProcess。请参考以下示例：

```
TransformProcess transformProcess = newTransformProcess.Builder(schema)
 .removeColumns("RowNumber","CustomerId","Surname")
 .categoricalToInteger("Gender")
 .categoricalToOneHot("Geography")
```

```
.removeColumns("Geography[France]")
.build();
```

（2）使用 TransformProcessRecordReader 创建记录读取器以提取和转换数据：

```
TransformProcessRecordReader transformProcessRecordReader = new
TransformProcessRecordReader(recordReader,transformProcess);
```

2.4.2 工作原理

在步骤（1）中，我们添加了数据集所需的所有转换。TransformProcess 定义了我们要应用于数据集的所有转换的无序列表。我们通过调用 removeColumns（）删除了所有不必要的特征。在模式创建期间，我们标记了模式中的分类特征。现在，我们可以决定一个特定的分类变量需要什么样的转换。可以通过调用 categoricalToInteger（）将分类变量转化为整数。如果我们调用 categoricalToOneHot（），则分类变量可以进行一键编码。请注意，需要在转换过程之前创建模式。我们需要该模式来创建一个 TransformProcess。

在步骤（2）中，我们将在帮助下应用之前添加的转换 TransformProcessRecordReader。我们要做的就是用原始数据创建基本的记录读取器对象，并将其与定义的转换过程一起传递给 TransformProcessRecordReader。

2.4.3 相关内容

DataVec 允许我们在转换阶段做更多的事情。以下是 TransformProcess 中提供的其他一些重要转换功能：

• addConstantColumn（）：在数据集中添加一个新列，该列中的所有值均相同且与该值指定的值相同。此方法接受三个属性：新列名、新列类型和值。

• appendStringColumnTransform（）：将字符串追加到指定列。此方法接受两个属性：要附加到的列和要附加的字符串值。

• conditionalCopyValueTransform（）：如果满足条件，则用另一列中指定的值替换列中的值。此方法接受三个属性：替换值的列、引用值的列和要使用的条件。

• conditionalReplaceValueTransform（）：如果满足条件，则用指定的值替换列中的值。此方法接受三个属性：要替换值的列、要用作替换的值和要使用的条件。

• conditionalReplaceValueTransformWithDefault（）：如果满足条件，则用指定的值替换列中的值。否则，它将用另一个值填充列。此方法接受四个属性：替换值的列、满足条件时要使用的值、不满足条件时要使用的值和要使用的条件。我们可以在转换过程或数据清理过程中使用用 DataVec 编写的内置条件。我们可以分别使用 NaNColumnCondition 替换 NaN

值和 NullWritableColumnCondition 替换空值。

• stringToTimeTransform ()：将字符串列转换为时间列。此操作以数据集中保存为字符串/对象的日期列为目标。这种方法接受三个属性：要使用的列的名称、要遵循的时间格式和时区。

• reorderColumns ()：使用新定义的顺序对列进行重新排序。我们可以按指定的顺序提供列名作为此方法的属性。

• filter ()：根据指定条件定义筛选进程。如果满足条件，则删除示例或序列；否则，请保留示例或顺序。此方法仅接受单个属性，即要应用的条件/过滤器。filter () 方法对于数据清理过程非常有用。如果要从指定的列中删除 NaN 值，可以创建一个过滤器，如下所示：

```
Filter filter = new ConditionFilter(new
NaNColumnCondition("columnName"));
```

如果要从指定列中删除空值，我们可以创建一个过滤器，如下所示：

```
Filter filter = newConditionFilter(new
NullWritableColumnCondition("columnName"));
```

• stringRemoveWhitespaceTransform ()：此方法从列的值中删除空格字符。此方法只接受单个属性，该属性是要从中删除空白的列。

• integerMathOp ()：此方法用于对具有标量值的整数列执行数学运算。类似的方法可用于 double 和 long 等类型。此方法接受三个属性：要应用数学运算的整数列、数学运算本身以及要用于数学运算的标量值。

TransformProcess 不仅用于数据处理，还可以用于在一定范围内克服内存瓶颈。

请参阅 DL4J API 文档，为你的数据分析任务找到更强大的 DataVec 功能。Transform Porocess 还支持其他有趣的操作，如 reduce()和 convertToString()。如果你是一名数据分析师，那么你应该知道在这个阶段可以应用许多数据规范化策略。有关规范化策略的更多信息，请参阅 DL4J API 文档，这些信息可以在以下网址找到 https://deeplearning4j.org/docs/latest/datavec-normalization。

2.5　序列化转换

DataVec 使我们能够序列化转换，以便它们可以在生产环境中移植。在这个方法中，我们将实现序列化转换过程。

2.5.1 实现过程

（1）将转换序列化为人可读的格式。我们可以使用 TransformProcess 转换为 JSON，具体如下所示：

```
String serializedTransformString = transformProcess.toJson()
```

我们可以使用 TransformProcess 转换为 YAML，如下所示：

```
String serializedTransformString = transformProcess.toYaml()
```

你可以在以下网站上找到这样的例子：https://github.com/PacktPublishing/Java-Deep-Learning-Cookbook/blob/master/02_Data_Extraction_Transform_and_Loading/sourceCode/cookbook-app/src/main/java/com/javadeeplearningcookbook/app/SerializationExample.java。

（2）将 JSON 的反序列化为 TransformProcess，如下所示：

```
TransformProcess tp =
TransformProcess.fromJson(serializedTransformString)
```

你可以对 YAML 执行相同的转换操作流程，如下所示：

```
TransformProcess tp =
TransformProcess.fromYaml(serializedTransformString)
```

2.5.2 工作原理

在步骤（1）中，toJson() 将 TransformProcess 转换为 JSON 字符串，而 toYaml() 将 TransformProcess 转换为 YAML 字符串。

这两种方法都可以用于 TransformProcess 的序列化。

在步骤（2）中，fromJson() 将 JSON 字符串反序列化为 TransformProcess，而 fromYaml() 将 YAML 字符串反序列化为 TransformProcess。

serializedTransformString 是需要转换为 TrasformProcess 的 JSON / YAML 字符串。

当需要将应用程序迁移到不同的平台时，这个方法很重要。

2.6　执行转换过程

在定义了转换过程之后，我们可以在一个受控的管道中执行它。它可以使用批处理来执行，也可以将工作分配给一个 Spark 集群。在前文中，我们看过 TransformProcessRecordReader，它会在后台自动进行转换。如果数据集很大，我们将无法提供和执行数据。对于更大的数据集，可以将工作分配到 Spark 集群。你还可以常规地在本地执行。在这个方法中，我们将讨论如何在本地和远程执行转换过程。

2.6.1　实现过程

（1）将数据集加载到 RecordReader 中。如果是 CSVRecordReader，则加载 CSV 数据：

```
RecordReader reader = newCSVRecordReader(0,',');
  reader.initialize(newFileSplit(file));
```

（2）使用 LocalTransformExecutor 在本地执行转换：

```
List<List<Writable>> transformed =
LocalTransformExecutor.execute(recordReader,transformProcess)
```

（3）使用 SparkTransformExecutor 在 Spark 中执行转换：

```
JavaRDD<List<Writable>> transformed =
SparkTransformExecutor.execute(inputRdd,transformProcess)
```

2.6.2　工作原理

在步骤（1）中，我们将数据集加载到记录读取器对象中。为了演示，我们使用了 CSV RecordReader。

在步骤（2）中，execute（）方法只能在 TransformProcess 返回非顺序数据时使用。对于本地执行，假设你已将数据集加载到 RecordReader 中。

有关 LocalTransformExecutor 示例，请参阅 LocalExecuteExample.java，该文件来自以下来源：https://github.com/PacktPublishing/Java-Deep-Learning-Cookbook/blob/master/02_Data_Extraction_Transform_and_Loading/sourceCode/cookbook-app/src/main/java/com/javadeeplearningcookbook/app/executorexamples/LocalExecuteExample.java。

对于 LocalTransformExecutor 示例，你需要提供文件 titanic.csv 的路径。它位于本章的 GitHub 目录中。

在步骤（3）中，因为我们需要在 Spark 集群中执行 DataVec 转换过程，假定你已将数据集加载到 JavaRDD 对象中。也只有当 TransformProcess 返回非顺序数据时，才可以使用 execute（）方法。

2.6.3 相关内容

如果 TransformProcess 返回顺序数据，则使用 executeSequence()方法代替。

```
List<List<List<Writable>>> transformed =
LocalTransformExecutor.executeSequence(sequenceRecordReader,transformProcess)
```

如果需要基于 joinCondition 连接两个记录读取器，则需要 executeJoin()方法：

```
List<List<Writable>> transformed =
LocalTransformExecutor.executeJoin(joinCondition, leftReader,rightReader)
```

以下是对 local /Spark 执行器方法的概述：

• execute（）：该方法将转换应用到记录读取器，LocalTransformExecutor 将记录读取器作为输入，而 SparkTransformExecutor 需要将输入数据加载到 JavaRDD 对象中，不能用于顺序数据。

• executeSequence（）：该方法将转换应用到序列读取器中。但是，转换过程应该从非顺序数据开始，然后将其转换为顺序数据。

• executeJoin（）：该方法用于基于 joinCondition 连接两个不同的输入读取器。

• executeSequenceToSeparate（）：该方法将转换应用于序列读取器。但是，转换过程应从顺序数据开始，并返回非顺序数据。

• executeSequenceToSequence（）：该方法将转换应用于序列读取器。但是，转换过程应从顺序数据开始，然后返回顺序数据。

2.7 规范化数据以提高网络效率

规范化使神经网络的工作变得更加容易。它帮助神经网络将所有的特征一视同仁，不管值的范围如何。规范化的主要目标是将数据集中的数值安排在一个共同的尺度上，而不会实际干扰到数值范围的差异。并非所有数据集都需要规范化策略，但如果它们的数值范围不同，则对数据执行规范化是一个关键步骤。规范化直接影响模型的稳定性/准确性。ND4J 有各种各样的预处理器来处理规范化。在这个方法中，我们将对数据进行规范化处理。

2.7.1 实现过程

（1）从数据创建数据集迭代器。请参考以下示范：

```
DataSetIteratoriterator = new
RecordReaderDataSetIterator(recordReader,batchSize);
```

（2）通过调用规范化器实现的 fit（）方法将规范化应用于数据集。请参考以下有关 NormalizerStandardize 预处理器的示范：

```
DataNormalization dataNormalization = newNormalizerStandardize();
dataNormalization.fit(iterator);
```

（3）通过调用 setPreprocessor（）为数据集设置预处理器：

```
iterator.setPreProcessor(dataNormalization);
```

2.7.2 工作原理

首先，需要有一个迭代器来遍历和准备数据。在步骤（1）中，我们使用记录读取器数据创建数据集迭代器。迭代器的目的是对如何将数据呈现给神经网络有更多的控制。

一旦确定了适当的规范化方法［NormalizerStandardize，在步骤（2）中］，我们将使用 fit（）将规范化应用于数据集。NormalizerStandardize 对数据进行规范化，以使特征值的平均值为零且标准偏差为 1。

这个方法的例子可以在以下网址找到：https://github.com/PacktPublishing/Java-Deep-Learning-Cookbook/blob/master/02_Data_Extraction_Transform_and_Loading/sourceCode/cookbook-app/src/main/java/com/javadeeplearningcookbook/app/NormalizationExample.java。

• **样本输入**：一个数据集迭代器，用于保存特征变量（INDArray 格式）。迭代器是根据前面的方法中提到的输入数据创建的。

• **样本输出**：对输入数据应用规范化后，有关规范化特征（INDArray 格式），请参阅如图 2-8 所示的截屏。

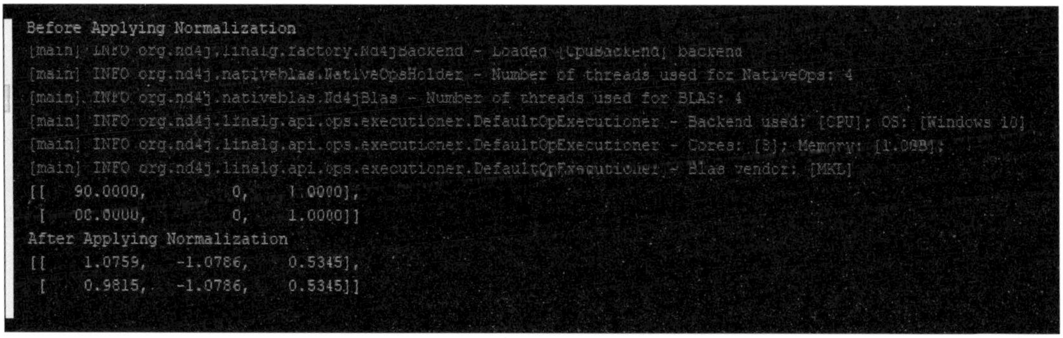

```
Before Applying Normalization
[main] INFO org.nd4j.linalg.factory.Nd4jBackend - Loaded [CpuBackend] backend
[main] INFO org.nd4j.nativeblas.NativeOpsHolder - Number of threads used for NativeOps: 4
[main] INFO org.nd4j.nativeblas.Nd4jBlas - Number of threads used for BLAS: 4
[main] INFO org.nd4j.linalg.api.ops.executioner.DefaultOpExecutioner - Backend used: [CPU]; OS: [Windows 10]
[main] INFO org.nd4j.linalg.api.ops.executioner.DefaultOpExecutioner - Cores: [8]; Memory: [1.0GB];
[main] INFO org.nd4j.linalg.api.ops.executioner.DefaultOpExecutioner - Blas vendor: [MKL]
[[   90.0000,         0,    1.0000],
 [   00.0000,         0,    1.0000]]
After Applying Normalization
[[    1.0759,   -1.0786,    0.5345],
 [    0.9815,   -1.0786,    0.5345]]
```

图 2-8 规范化特征

请注意，在应用规范化时，我们不能跳过步骤（3）。如果不执行步骤（3），数据集将不会自动规范化。

2.7.3 相关内容

预处理器的默认范围限制通常为 0～1。如果你不对包含大量数值的数据集应用规范化（当特征值过低或过高时），神经网络将倾向于具有较高数值的特征值，神经网络的准确性可能会大大降低。

如果值分布在（0，1）这样的对称区间，那么在训练过程中，所有的特征值都被认为是等效的。因此，它也会对神经网络的泛化产生影响。

以下是 ND4J 提供的预处理器：

• NormalizerStandardize：用于数据集的预处理器，用于对特征值进行规范化，以使其平均值为零，标准偏差为 1。

• MultiNormalizerStandardize：用于多数据集的预处理器，用于对特征值进行规范化，以使其平均值为零，标准偏差为 1。

• NormalizerMinMaxScaler：用于数据集的预处理器，用于对特征值进行规范化，以使它们位于指定的最小值和最大值之间，默认范围是 0～1。

• MultiNormalizerMinMaxScaler：用于多数据集的预处理器，用于对特征值规范化到指定的最小值和最大值之间，默认范围是 0～1。

• ImagePreProcessingScaler：具有最小和最大缩放比例的图像的预处理器。默认范围是（miRange，maxRange）～（0，1）。

• VGG16ImagePreProcessor：专门为 VGG16 网络架构设计的预处理器。它计算平均 RGB 值，并从训练集上的每个像素中减去它。

第3章　二元分类的深层神经网络构建

在本章中，我们将使用标准前馈网络体系结构开发深度神经网络（deep neural network；DNN），我们将逐步向应用程序添加组件和更改。为了确保更好地理解本章中的方法，一定要阅读第1章“Java深度学习简介”和第2章“数据提取、转换和加载”。

我们将以客户保持率预测为例演示标准前馈网络。这是每个企业都想解决的一个至关重要的现实问题。企业希望对满意的客户进行更多的投资，使这些客户倾向于更长久地留在企业。同时，流失客户的预测将使企业更多地关注于鼓励客户不要将业务转移到其他企业的决策。

请记住，前馈网络并不能真正为你提供决定结果的实际特征的任何提示，它只是预测客户是否继续光顾该组织。实际的特征信号被隐藏并留给神经网络决定。如果要记录控制预测结果的实际特征信号，则可以将自动编码器用于任务。让我们研究一下如何为上述用例构建前馈网络。

在本章中，我们将介绍以下方法：

- 从CSV输入中提取数据。
- 从数据中删除异常。
- 将转换应用于数据。
- 为神经网络模型设计输入层。
- 为神经网络模型设计隐藏层。
- 为神经网络模型设计输出层。
- 训练和评估CSV数据的神经网络模型。
- 部署神经网络模型并将其用作API。

3.1　技术要求

确保满足以下要求：

- JDK 8已安装并添加到PATH。源代码需要JDK 8才能执行。
- Maven已安装/添加到PATH。之后，我们将使用Maven构建应用程序JAR文件。

本章（客户保持率预测）中讨论的用例的具体实现可以在以下网址找到：https://github.com/PacktPublishing/Java-Deep-Learning-Cookbook/blob/master/03_Building_Deep_Neural

_Networks _ for _ Binary _ classification/sourceCode/cookbookapp/src/main/java/com/javadeep learningcookbook/examples/CustomerRetentionPredictionExample. java。

克隆完 GitHub 资源库后，导航至 Java-Deep-Learning-Cookbook/03 _ Building _ Deep _ Neural _ Networks _ for _ Binary _ classification/sourceCode 目录。然后通过导入 pom. xml 将 cookbookapp 项目作为 Maven 项目导入到你的 IDE 中。

数据集已经包含在 resources 目录（Churn _ Modelling. csv）中的 cookbookapp 项目。

但是，数据集可以从以下网址下载：https://www. kaggle. com/barelydedicated/bank customer-churn-modeling/downloads/bank-customer-churn-modeling. zip/1。

3.2 从 CSV 输入中提取数据

ETL（Extract、Transform and Load 的缩写）是网络训练之前的第一阶段。客户流失数据为 CSV 格式。我们需要提取它并将其放入记录读取器对象中进行进一步处理。在此方法中，我们从 CSV 文件中提取数据。

3.2.1 实现过程

（1）创建 CSVRecordReader 来保存客户流失数据：

```
RecordReader recordReader = new CSVRecordReader(1,',');
```

（2）将数据添加到 CSVRecordReader：

```
File file = new File("Churn_Modelling.csv");
   recordReader.initialize(new FileSplit(file));
```

3.2.2 工作原理

来自数据集的 CSV 数据具有 14 个特征。每行代表一个客户/记录，如图 3 - 1 所示。

我们的数据集是一个包含 10,000 个客户记录的 CSV 文件，其中每个记录都标有客户是否离开公司的标记。列 0～13 代表输入特征。第 14 列“Exited”（已退出）指示标签或预测结果。我们正在处理一个监督模型，每个预测都用“0”或“1”标记，其中“0”表示满意的客户，而“1”表示已离开业务的不满意的客户。数据集中的第一行只是特征标签，在处理数据时我们不需要它们。因此，在步骤（1）中创建记录读取器实例时，我们已跳过第一行。在步骤（1）中，“1”是要在数据集上跳过的行数。另外，由于我们使用的是 CSV 文件，因此提到了逗号分隔符（,）。在步骤（2）中，我们使用 FileSplit 提及客户流失数据集文件。我们还可以使用其他 InputSplit 实现来处理多个数据集文件，例如 CollectionInputSplit、Num-

	A	B	C	D	E	F	G	H	I	J	K	L	M	N	O
1	RowNumber	Customer	Surname	CreditSco	Geograph	Gender	Age	Tenure	Balance	NumOfPr	HasCrCar	IsActiveM	Estimated	Exited	
2	1	15634602	Hargrave	619	France	Female	42	2	0	1	1	1	101348.9	1	
3	2	15647311	Hill	608	Spain	Female	41	1	83807.86	1	0	1	112542.6	0	
4	3	15619304	Onio	502	France	Female	42	8	159660.8	3	1	0	113931.6	1	
5	4	15701354	Boni	699	France	Female	39	1	0	2	0	0	93826.63	0	
6	5	15737888	Mitchell	850	Spain	Female	43	2	125510.8	1	1	1	79084.1	0	
7	6	15574012	Chu	645	Spain	Male	44	8	113755.8	2	1	0	149756.7	1	
8	7	15592531	Bartlett	822	France	Male	50	7	0	2	1	1	10062.8	0	
9	8	15656148	Obinna	376	Germany	Female	29	4	115046.7	4	1	0	119346.9	1	
10	9	15792365	He	501	France	Male	44	4	142051.1	2	0	1	74940.5	0	
11	10	15592389	H?	684	France	Male	27	2	134603.9	1	1	1	71725.73	0	
12	11	15767821	Bearce	528	France	Male	31	6	102016.7	2	0	0	80181.12	0	
13	12	15737173	Andrews	497	Spain	Male	24	3	0	2	1	0	76390.01	0	
14	13	15632264	Kay	476	France	Female	34	10	0	2	1	0	26260.98	0	
15	14	15691483	Chin	549	France	Female	25	5	0	2	0	0	190857.8	0	
16	15	15600882	Scott	635	Spain	Female	35	7	0	2	1	1	65951.65	0	
17	16	15643966	Goforth	616	Germany	Male	45	3	143129.4	2	0	1	64327.26	0	
18	17	15737452	Romeo	653	Germany	Male	58	1	132602.9	1	1	0	5097.67	1	
19	18	15788218	Henderso	549	Spain	Female	24	9	0	2	1	1	14406.41	0	
20	19	15661507	Muldrow	587	Spain	Male	45	6	0	1	0	0	158684.8	0	
21	20	15568982	Hao	726	France	Female	24	6	0	2	1	1	54724.03	0	
22	21	15577657	McDonald	732	France	Male	41	8	0	2	1	1	170886.2	0	
23	22	15597945	Dellucci	636	Spain	Female	32	8	0	2	1	0	138555.5	0	

Churn_Modelling

图 3-1　CSV 数据

beredFileInputSplit 等。

3.3　从数据中删除异常

对于受监督的数据集，手动检查对特征较少的数据集效果很好。随着特征数量的增加，手动检查变得不切实际。我们需要采用特征选择技术，例如卡方检验、随机森林等，以处理特征量。我们还可以使用自动编码器来缩小相关特征。请记住，每个特征都应对预测结果做出合理的贡献。因此，我们需要从原始数据集中删除噪声特征，并保持其他一切不变，包括任何不确定的特征。在本方法中，我们将逐步完成识别数据异常的步骤。

3.3.1　实现过程

（1）在训练神经网络之前，请忽略所有噪声特征。在模式转换阶段删除噪声特征：

```
TransformProcess transformProcess = new
TransformProcess.Builder(schema)
 .removeColumns("RowNumber","CustomerId","Surname")
 .build();
```

（2）使用 DataVec 分析 API 识别缺失值：

```
DataQualityAnalysis analysis =
AnalyzeLocal.analyzeQuality(schema,recordReader);
 System.out.println(analysis);
```

（3）使用模式转换删除空值：

```
Condition condition = new
NullWritableColumnCondition("columnName");
 TransformProcess transformProcess = new
TransformProcess.Builder(schema)
    .conditionalReplaceValueTransform("columnName",new
IntWritable(0),condition)
  .build();
```

（4）使用模式转换删除 NaN 值：

```
Condition condition = new NaNColumnCondition("columnName");
 TransformProcess transformProcess = new
TransformProcess.Builder(schema)
    .conditionalReplaceValueTransform("columnName",new
IntWritable(0),condition)
  .build();
```

3.3.2 工作原理

我们的客户流失数据集有 14 个特征，如图 3-2 所示。

执行步骤（1）之后，你还剩下 11 个有效特征，如图 3-3 所示。以下标记的特征对预测结果的意义为零。例如，客户名称不会影响客户是否会离开企业。

在图 3-3 中，我们标记了训练不需要的特征。可以从数据集中删除这些特征，因为它对结果没有任何影响。

在步骤（1）中，我们在数据集中标记了噪声特征（RowNumber、Customerid 和 Surname），以便在模式转换过程中使用 removeColumns（）方法将其删除。

本章中使用的客户流失数据集只有 14 个特征。同样，特征标签也很有意义。因此，人工检查就足够了。对于大量特征，你可能需要考虑使用 PCA（principal component analysis；主成分分析），如上一章所述。

在步骤（2）中，我们使用 AnalyzeLocal 实用工具类，通过调用 analyticsQuality（）查

	A	B	C	D	E	F	G	H	I	J	K	L	M	N	O
1	RowNumber	Customer	Surname	CreditScoı	Geograph	Gender	Age	Tenure	Balance	NumOfPr	HasCrCar	IsActiveM	Estimated	Exited	
2	1	15634602	Hargrave	619	France	Female	42	2	0	1	1	1	101348.9	1	
3	2	15647311	Hill	608	Spain	Female	41	1	83807.86	1	0	1	112542.6	0	
4	3	15619304	Onio	502	France	Female	42	8	159660.8	3	1	0	113931.6	1	
5	4	15701354	Boni	699	France	Female	39	1	0	2	0	0	93826.63	0	
6	5	15737888	Mitchell	850	Spain	Female	43	2	125510.8	1	1	1	79084.1	0	
7	6	15574012	Chu	645	Spain	Male	44	8	113755.8	2	1	0	149756.7	1	
8	7	15592531	Bartlett	822	France	Male	50	7	0	2	1	1	10062.8	0	
9	8	15656148	Obinna	376	Germany	Female	29	4	115046.7	4	1	0	119346.9	1	
10	9	15792365	He	501	France	Male	44	4	142051.1	2	0	1	74940.5	0	
11	10	15592389	H?	684	France	Male	27	2	134603.9	1	1	1	71725.73	0	
12	11	15767821	Bearce	528	France	Male	31	6	102016.7	2	0	0	80181.12	0	
13	12	15737173	Andrews	497	Spain	Male	24	3	0	2	1	0	76390.01	0	
14	13	15632264	Kay	476	France	Female	34	10	0	2	1	0	26260.98	0	
15	14	15691483	Chin	549	France	Female	25	5	0	2	0	0	190857.8	0	
16	15	15600882	Scott	635	Spain	Female	35	7	0	2	1	1	65951.65	0	
17	16	15643966	Goforth	616	Germany	Male	45	3	143129.4	2	0	1	64327.26	0	
18	17	15737452	Romeo	653	Germany	Male	58	1	132602.9	1	1	0	5097.67	1	
19	18	15788218	Henderso	549	Spain	Female	24	9	0	2	1	1	14406.41	0	
20	19	15661507	Muldrow	587	Spain	Male	45	6	0	1	0	0	158684.8	0	
21	20	15568982	Hao	726	France	Female	24	6	0	2	1	1	54724.03	0	
22	21	15577657	McDonald	732	France	Male	41	8	0	2	1	1	170886.2	0	
23	22	15597945	Dellucci	636	Spain	Female	32	8	0	2	1	0	138555.5	0	

Churn_Modelling

图 3-2　客户流失数据集

RowNumber	CustomerId	Surname	CreditScore	Geography	Gender	Age	Tenure	Balance	NumOfProducts	HasCrCard	IsActiveMember	EstimatedSalary	Exited
1	15634602	Hargrave	619	France	Female	42	2	0	1	1	1	101348.88	1
2	15647311	Hill	608	Spain	Female	41	1	83807.86	1	0	1	112542.58	0
3	15619304	Onio	502	France	Female	42	8	159660.8	3	1	0	113931.57	1
4	15701354	Boni	699	France	Female	39	1	0	2	0	0	93826.63	0
5	15737888	Mitchell	850	Spain	Female	43	2	125510.8	1	1	1	79084.1	0

图 3-3　去掉噪声后的有效特征

找数据集中的缺失值。当你打印出 DataQualityAnalysis 对象中的信息时，应该看到如图 3-4 所示的结果。

```
idx  name                type         quality  details
0    "RowNumber"         String       ok       StringQuality(countValid=10000, countInvalid=0, countMissing=0, countTotal=10000, countEmptyString=0, countAlphabetic=0,
1    "CustomerId"        Integer      ok       IntegerQuality(countValid=10000, countInvalid=0, countMissing=0, countTotal=10000, countNonInteger=0)
2    "Surname"           String       ok       StringQuality(countValid=10000, countInvalid=0, countMissing=0, countTotal=10000, countEmptyString=0, countAlphabetic=0,
3    "CreditScore"       Integer      ok       IntegerQuality(countValid=10000, countInvalid=0, countMissing=0, countTotal=10000, countNonInteger=0)
4    "Geography"         Categorical  ok       CategoricalQuality(countValid=10000, countInvalid=0, countMissing=0, countTotal=10000)
5    "Gender"            Categorical  ok       CategoricalQuality(countValid=10000, countInvalid=0, countMissing=0, countTotal=10000)
6    "Age"               Integer      ok       IntegerQuality(countValid=10000, countInvalid=0, countMissing=0, countTotal=10000, countNonInteger=0)
7    "Tenure"            Integer      ok       IntegerQuality(countValid=10000, countInvalid=0, countMissing=0, countTotal=10000, countNonInteger=0)
8    "Balance"           Double       ok       DoubleQuality(countValid=10000, countInvalid=0, countMissing=0, countTotal=10000, countNonReal=0, countNaN=0, countInfinite=0)
9    "NumOfProducts"     Integer      ok       IntegerQuality(countValid=10000, countInvalid=0, countMissing=0, countTotal=10000, countNonInteger=0)
10   "HasCrCard"         Integer      ok       IntegerQuality(countValid=10000, countInvalid=0, countMissing=0, countTotal=10000, countNonInteger=0)
11   "IsActiveMember"    Integer      ok       IntegerQuality(countValid=10000, countInvalid=0, countMissing=0, countTotal=10000, countNonInteger=0)
12   "EstimatedSalary"   Double       ok       DoubleQuality(countValid=10000, countInvalid=0, countMissing=0, countTotal=10000, countNonReal=0, countNaN=0, countInfinite=0)
13   "Exited"            Integer      ok       IntegerQuality(countValid=10000, countInvalid=0, countMissing=0, countTotal=10000, countNonInteger=0)
```

图 3-4　DataQualityAnalysis 对象中的信息

如图 3-4 中所见，对每个特征的质量进行了分析（根据无效/缺失数据），并显示了计数以供我们决定是否需要进一步对其进行规范化。由于所有特征似乎都不错，因此我们可以继续进行。

有两种方法可以处理缺失值。我们要么删除整个记录，要么将它们替换为一个值。在大多数情况下，我们不会删除记录，相反，我们会将其替换为表示缺失的值。我们可以在转换过程中使用 conditionalReplaceValueTransform()或 conditionalReplaceValueTransformWithDefault()做到这一点。在步骤（3）和步骤（4）中，我们从数据集中删除了缺失或无效的值。请注意，该特征需要事先知道。为此，我们无法检查全部特征。目前，DataVec 不支持此特征。你可以执行步骤（2）来确定需要注意的特征。

3.3.3 相关内容

我们在本章前面讨论了如何使用 AnalyzeLocal 实用工具类来查找缺失值。我们还可以使用 AnalyzeLocal 进行扩展的数据分析。可以创建一个数据分析对象，该对象包含有关数据集中每个列的信息。如上一章所述，可以通过调用 analyzer（）来创建它。如果你尝试打印出数据分析对象上的信息，它类似于图 3-5 中的内容。

```
idx  name               type         analysis
0    "RowNumber"        String       StringAnalysis(minLen=1,maxLen=5,meanLen=3.8893999999999595,sampleStDevLen=0.3492561208966853,sampleVarianceLen=0.12197923792380005,count=
1    "CustomerId"       Integer      IntegerAnalysis(min=15565701,max=15815690,mean=1.5690940569399957E7,sampleStDev=71936.18612274907,sampleVariance=5.174814873886756E9,count
2    "Surname"          String       StringAnalysis(minLen=2,maxLen=23,meanLen=6.438900000000007,sampleStDevLen=2.2735127199401894,sampleVarianceLen=5.170679057905789,count=
3    "CreditScore"      Integer      IntegerAnalysis(min=350,max=850,mean=650.5288000000023,sampleStDev=96.65329873613035,sampleVariance=9341.860156575658,countZero=0,
4    "Geography"        Categorical  CategoricalAnalysis(CategoryCounts={France=5014, Germany=2509, Spain=2477})
5    "Gender"           Categorical  CategoricalAnalysis(CategoryCounts={Male=5457, Female=4543})
6    "Age"              Integer      IntegerAnalysis(min=18,max=92,mean=38.92179999999989,sampleStDev=10.48780645170459,sampleVariance=109.99408416841639,countZero=0,
7    "Tenure"           Integer      IntegerAnalysis(min=0,max=10,mean=5.012799999999995,sampleStDev=2.8921743770496837,sampleVariance=8.364672627262726,countZero=413,
8    "Balance"          Double       DoubleAnalysis(min=0.0,max=250898.09,mean=76485.88928800033,sampleStDev=62397.40520238595,sampleVariance=3.8934361759907466E9,countZero=
9    "NumOfProducts"    Integer      IntegerAnalysis(min=1,max=4,mean=1.5302000000000003,sampleStDev=0.5816543579989917,sampleVariance=0.3383217921792215,countZero=0,
10   "HasCrCard"        Integer      IntegerAnalysis(min=0,max=1,mean=0.7055000000000001,sampleStDev=0.4558404644751327,sampleVariance=0.2077905290529052,countZero=2945,
11   "IsActiveMember"   Integer      IntegerAnalysis(min=0,max=1,mean=0.5151000000000007,sampleStDev=0.4997969284589115,sampleVariance=0.24979696969696296,countZero=4849,
12   "EstimatedSalary"  Double       DoubleAnalysis(min=11.58,max=199992.48,mean=100090.23988099981,sampleStDev=57510.49281769821,sampleVariance=3.307456784134516E9,countZero=0,
13   "Exited"           Integer      IntegerAnalysis(min=0,max=1,mean=0.20370000000000033,sampleStDev=0.40276858359486065,sampleVariance=0.1622225322532251,countZero=7963,
```

图 3-5 数据分析结果上的部分信息

它将计算数据集中所有特征的标准偏差、平均值和最小值/最大值，还计算特征的数量，这有助于识别特征中缺失或无效的值，如图 3-6 所示。

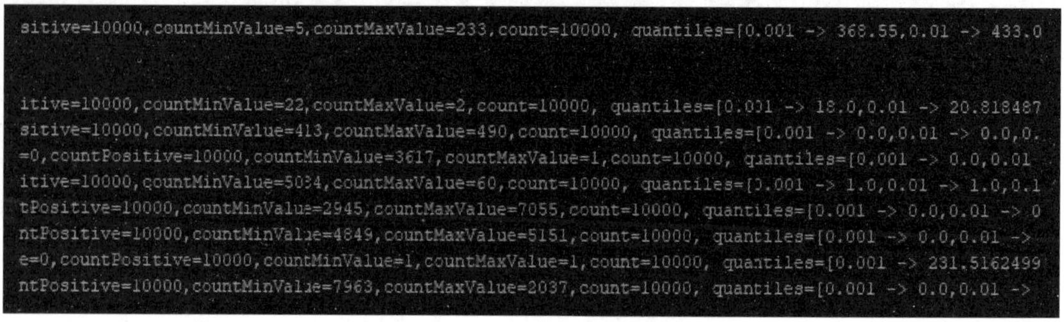

```
sitive=10000,countMinValue=5,countMaxValue=233,count=10000, quantiles=[0.001 -> 368.55,0.01 -> 433.0


itive=10000,countMinValue=22,countMaxValue=2,count=10000, quantiles=[0.001 -> 18.0,0.01 -> 20.818487
sitive=10000,countMinValue=413,countMaxValue=490,count=10000, quantiles=[0.001 -> 0.0,0.01 -> 0.0,0.
=0,countPositive=10000,countMinValue=3617,countMaxValue=1,count=10000, quantiles=[0.001 -> 0.0,0.01
itive=10000,countMinValue=5084,countMaxValue=60,count=10000, quantiles=[0.001 -> 1.0,0.01 -> 1.0,0.1
tPositive=10000,countMinValue=2945,countMaxValue=7055,count=10000, quantiles=[0.001 -> 0.0,0.01 -> 0
ntPositive=10000,countMinValue=4849,countMaxValue=5151,count=10000, quantiles=[0.001 -> 0.0,0.01 ->
e=0,countPositive=10000,countMinValue=1,countMaxValue=1,count=10000, quantiles=[0.001 -> 231.5162499
ntPositive=10000,countMinValue=7963,countMaxValue=2037,count=10000, quantiles=[0.001 -> 0.0,0.01 ->
```

图 3-6 部分数据分析结果

图3-5和图3-6显示了通过调用analytics（）方法返回的数据分析结果。对于客户流失数据集，由于数据集中存在的记录总数为10,000，因此所有特征的总数应为10,000。

3.4　将转换应用于数据

数据转换是至关重要的数据规范化过程，必须先完成，然后再将数据馈送到神经网络。我们需要将非数值特征转换为数值并处理缺失值。在本方法中，我们将执行模式转换，并在转换后创建数据集迭代器。

3.4.1　实现过程

（1）将特征和标签添加到模式中：

```
Schema.Builder schemaBuilder = new Schema.Builder();
 schemaBuilder.addColumnString("RowNumber")
 schemaBuilder.addColumnInteger("CustomerId")
 schemaBuilder.addColumnString("Surname")
 schemaBuilder.addColumnInteger("CreditScore");
```

（2）识别类别特征并将其添加到模式：

```
schemaBuilder.addColumnCategorical("Geography",
Arrays.asList("France","Germany","Spain"))
 schemaBuilder.addColumnCategorical("Gender",
Arrays.asList("Male","Female"));
```

（3）从数据集中删除噪声特征：

```
Schema schema = schemaBuilder.build();
 TransformProcess.Builder transformProcessBuilder = new
TransformProcess.Builder(schema);
transformProcessBuilder.removeColumns("RowNumber","CustomerId","Surname");
```

（4）转换分类变量：

```
transformProcessBuilder.categoricalToInteger("Gender");
```

（5）通过调用categoricalToOneHot（）应用一键编码：

```
transformProcessBuilder.categoricalToInteger("Gender")
 transformProcessBuilder.categoricalToOneHot("Geography");
```

（6）通过调用 removeColumns（）来消除对 Geography 特征的相关性依赖：

```
transformProcessBuilder.removeColumns("Geography[France]")
```

在这里，我们选择 France 作为相关变量。

（7）提取数据并使用 TransformProcessRecordReader 实现转换：

```
TransformProcess transformProcess =
transformProcessBuilder.build();
 TransformProcessRecordReader transformProcessRecordReader = new
TransformProcessRecordReader(recordReader,transformProcess);
```

（8）创建一个数据集迭代器来训练/测试：

```
DataSetIterator dataSetIterator = new
RecordReaderDataSetIterator.Builder(transformProcessRecordReader,ba
tchSize).classification(labelIndex,numClasses)
 .build();
```

（9）规范化数据集：

```
DataNormalization dataNormalization = new NormalizerStandardize();
 dataNormalization.fit(dataSetIterator);
 dataSetIterator.setPreProcessor(dataNormalization);
```

（10）拆分主数据集迭代器以训练和测试迭代器：

```
DataSetIteratorSplitter dataSetIteratorSplitter = new
DataSetIteratorSplitter(dataSetIterator,totalNoOfBatches,ratio);
```

（11）从 DataSetIteratorSplitter 生成训练/测试迭代器：

```
DataSetIterator trainIterator =
dataSetIteratorSplitter.getTrainIterator();
 DataSetIterator testIterator =
dataSetIteratorSplitter.getTestIterator();
```

3.4.2 工作原理

如步骤（1）和步骤（2）所述，所有特征和标签都需要添加到模式中。如果不这样做，则 DataVec 将在数据提取/加载过程中引发运行错误。

在图 3-7 中，由于特征计数不匹配，DataVec 引发了运行时异常。如果我们为输入神经元提供与数据集中特征的实际数量不同的值，则会发生这种情况。

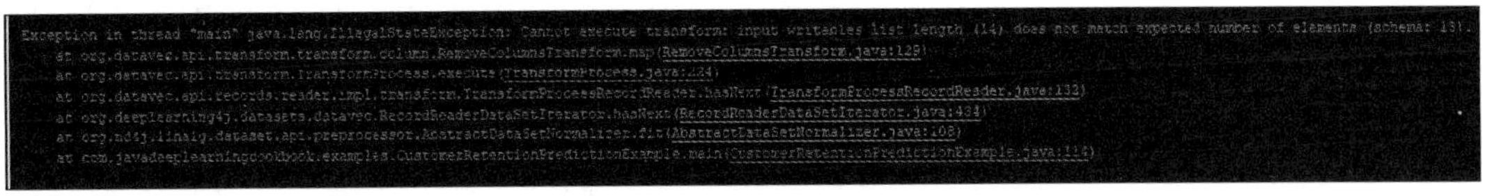

```
Exception in thread "main" java.lang.IllegalStateException: Cannot execute transform: input writables list length (14) does not match expected number of elements (schema: 13).
    at org.datavec.api.transform.transform.column.RemoveColumnsTransform.map(RemoveColumnsTransform.java:129)
    at org.datavec.api.transform.TransformProcess.execute(TransformProcess.java:224)
    at org.datavec.api.records.reader.impl.transform.TransformProcessRecordReader.hasNext(TransformProcessRecordReader.java:133)
    at org.deeplearning4j.datasets.datavec.RecordReaderDataSetIterator.hasNext(RecordReaderDataSetIterator.java:434)
    at org.nd4j.linalg.dataset.api.preprocessor.AbstractDataSetNormalizer.fit(AbstractDataSetNormalizer.java:108)
    at com.javadeeplearningcookbook.examples.CustomerRetentionPredictionExample.main(CustomerRetentionPredictionExample.java:114)
```

图 3 - 7　运行时异常情况

从错误描述中可以明显看出，我们仅在模式中添加了 13 个特征，这些特征在执行过程中以运行错误结束。将前三个特征 Rownumber、Customerid 和 Surname 添加到模式中。请注意，即使我们发现它们是噪声特征，也需要在模式中标记这些特征。你也可以从数据集中手动删除这些特征。如果这样做，则不必在模式中添加它们，因此在转换阶段无需处理它们。

对于大型数据集，你可以将数据集中的所有特征添加到模式中，除非你的分析将其识别为噪声。同样，我们需要添加其他特征变量，例如 Age、Tenure、Balance、NumOfProducts、HasCrCard、IsActiveMember、EstimatedSa lary 和 Exited。在将变量类型添加到模式时，请注意这些变量类型。例如，Balance 和 EstimatedSalary 具有浮点精度，因此将其数据类型视为 double 并使用 addColumnDouble () 将它们添加到模式中。

我们有两个特征，即 gender 和 geography，需要特殊对待。这两个特征是非数值的，与数据集中的其他字段相比，它们的特征值表示分类值。任何非数值特征都需要转换为数值，以便神经网络可以对特征值执行统计计算。在步骤 (2) 中，我们使用 addColumnCategorical () 将分类变量添加到模式中。我们需要在列表中指定分类值，并且 addColumnCategorical () 将根据提到的特征值标记整数值。例如，分类变量 Gender 中的 Male 和 Female 值将分别标记为“0”和“1”。在步骤 (2) 中，我们在列表中添加了类别变量的可能值。如果你的数据集中存在分类变量的任何其他未知值（模式中提到的值除外），则 DataVec 将在执行过程中引发错误。

在步骤 (3) 中，我们通过调用 removeColumns()在转换过程中标记了要删除的噪声特征。

在步骤 (4) 中，我们对 Geography 类别变量执行了一键编码。Geography 具有三个类别值，因此转换后它将采用“0”“1”和“2”值。转换非数值的理想方法是将它们转换为 0 和 1。这将大大减轻神经网络的工作量。同样，仅当变量之间存在序数关系时，普通整数编码才适用。这里的风险是我们假设变量之间存在自然顺序。这样的假设可能导致神经网络表现出不可预测的行为。因此，我们在步骤 (6) 中删除了相关变量。在示例中，我们在步骤 (6) 中选择了 France 作为相关变量。但是，你可以从三个分类值中选择一个。这是为了消除影响神经网络性能和稳定性的任何相关性依赖项。在步骤 (6) 之后，Geography 特征的结果模式将如图 3 - 8 所示。

France,	Germany,	Spain
1,	0,	0
0,	1,	0
0,	0,	1

图 3-8 Geography 特征的结果模式

在步骤（8）中，我们从记录读取器对象创建了数据集迭代器。这是 RecordReaderDataSetIterator 构建器方法的属性及其各自的角色：

• labelIndex：我们的标签（结果）所在的 CSV 数据中的索引位置。

• numClasses：数据集中的标签（结果）数。

• batchSize：通过神经网络传递的数据块。如果你将批次大小指定为 10，并且有 10,000 条记录，那么将有 1,000 个批次，每个批次包含 10 条记录。

另外，这里我们有一个二元分类问题，因此我们使用了 category () 方法来指定标签索引和标签数量。

对于数据集中的某些特征，你可能会发现特征值范围存在巨大差异。一些特征的数值较小，而某些特征的数值较大。神经网络可能会错误地解释这些大/小值。神经网络可能会错误地为这些特征分配高/低优先级，从而导致错误或波动的预测。为了避免这种情况，我们必须在将数据集送入神经网络之前对其进行规范化。因此，我们按照步骤（9）进行规范化。

在步骤（10）中，我们使用 DataSetIteratorSplitter 拆分主数据集以进行训练或测试。

以下是 DataSetIteratorSplitter 的参数：

• totalNoOfBatches：如果为 10,000 条记录指定批次大小为 10，则需要指定 1,000 作为批处理总数。

• ratio：这是拆分器拆分迭代器集的比率。如果指定 0.8，则意味着 80%的数据将用于训练，其余 20%的数据将用于测试/评估。

3.5 为神经网络模型设计输入层

输入层设计需要了解数据如何流入系统。我们将 CSV 数据作为输入，需要检查特征以确定输入属性。层是神经网络体系结构中的核心组件。在本方法中，我们将为神经网络配置输入层。

3.5.1 准备工作

在设计输入层之前，我们需要确定输入神经元的数量，它可以从特征形状导出。例如，我们有 13 个输入特征（不包括标签），但是在应用了转换之后，数据集中共有 11 个特征列。在模式转换期间，将删除噪声特征，并转换类别变量。因此，最终的转换数据将具有 11 个输入特征。对于从输入层传出的神经元没有特殊要求。如果我们在输入层分配了错误数量的传入神经元，则可能会导致运行时出现错误，如图 3-9 所示。

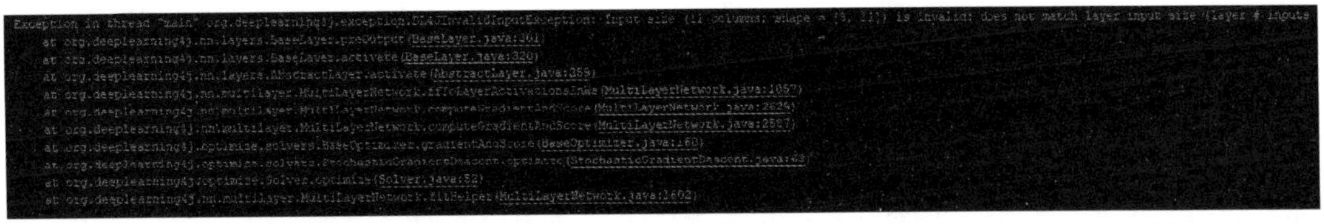

图 3-9　运行错误

DL4J 错误堆栈对于可能的原因几乎是不言自明的。它指出需要修复的确切层（在前面的示例中为 layer0）。

3.5.2　实现过程

（1）使用 MultiLayerConfiguration 定义神经网络配置：

```
MultiLayerConfiguration.Builder builder = new
NeuralNetConfiguration.Builder().weightInit(WeightInit.RELU_UNIFORM
)
  .updater(new Adam(0.015D))
  .list();
```

（2）使用 DenseLayer 定义输入层配置：

```
builder.layer(new
DenseLayer.Builder().nIn(incomingConnectionCount).nOut(outgoingConn
ectionCount).activation(Activation.RELU)
.build())
.build();
```

3.5.3　工作原理

通过调用步骤（2）中提到的 layer()方法，将层添加到网络中。使用 DenseLayer 添加输入层。另外，我们需要为输入层添加激活特征。我们通过调用 activation()方法指定了激活函数。我们在第 1 章“Java 深度学习简介”中讨论了激活函数。你可以对 activation()方法是 DL4J 中可用的激活函数之一。RELU 是最通用的激活函数。这里是层设计中其他方法的作用：

- nIn ()：层的输入数量。对于输入层，这就是输入特征的数量。
- nOut ()：神经网络中下一个密集层的输出数量。

3.6 为神经网络模型设计隐藏层

隐藏层是神经网络的核心，实际的决策过程在这里发生。隐藏层的设计基于达到无法进一步优化神经网络的水平。此级别可以定义为产生最佳结果的最佳隐藏层数。

隐藏层是神经网络将输入转换为不同格式的地方，输出层可以使用并用于进行预测。在本方法中，我们将为神经网络设计隐藏层。

3.6.1 实现过程

（1）确定输入/输出连接。设置以下内容：

```
incoming neurons = outgoing neurons from preceding layer.
 outgoing neurons = incoming neurons for the next hidden layer.
```

（2）使用 DenseLayer 配置隐藏层：

```
builder.layer(new
DenseLayer.Builder().nIn(incomingConnectionCount).nOut(outgoingConn
ectionCount).activation(Activation.RELU).build());
```

3.6.2 工作原理

对于步骤（1），如果神经网络仅具有单个隐藏层，则隐藏层中神经元（输入）的数量应与前一层的输出连接数量相同。如果你有多个隐藏层，则还需要针对前面的隐藏层进行确认。

确保输入神经元的数量与上一层中输出神经元的数量相同后，可以使用 DenseLayer 创建隐藏层。在步骤（2）中，我们使用 DenseLayer 为输入层创建隐藏层。在实践中，我们需要多次评估模型以了解网络性能。没有适用于所有模型的恒定层配置。此外，由于 RELU 具有非线性特性，它也是隐藏层的首选激活函数。

3.7 为神经网络模型设计输出层

输出层设计需要了解预期的输出。我们将 CSV 数据作为输入，而输出层则依赖于数据集中的标签数。输出层是根据隐藏层中发生的学习过程形成实际预测的位置。

在本方法中，我们将为神经网络设计输出层。

3.7.1 实现过程

（1）确定输入/输出连接。设置以下内容：

```
incoming neurons = outgoing neurons from preceding hidden layer.
outgoing neurons = number of labels
```

（2）配置神经网络的输出层：

```
builder.layer(new OutputLayer.Builder(new
LossMCXENT(weightsArray)).nIn(incomingConnectionCount).nOut(labelCo
unt).activation(Activation.SOFTMAX).build())
```

3.7.2 工作原理

对于步骤（1），我们需要确保前一层的 nOut（）应具有与输出层的 nIn（）相同数量的神经元。

因此，incomingConnectionCount 应该与上一层中的 outgoingConnectionCount 相同。

我们在第1章“Java 深度学习简介”中讨论了 SOFTMAX 激活函数。用例（客户流失）是二元分类模型的一个示例。我们正在寻找概率结果，即客户被标记为满意或不满意的概率，其中0表示满意的客户，而1表示不满意的客户。我们将评估这种可能性，并且神经网络将在训练过程中自行训练。

在输出层正确的激活函数是 SOFTMAX。这是因为我们需要标签出现的概率，并且概率之和应为1。SOFTMAX 与对数损失函数一起为分类模型提供了良好的结果。weightsArray 的引入是为了在出现任何数据不平衡的情况下强制执行对特定标签的偏好。在步骤（2）中，使用 OutputLayer 类创建输出层。唯一的区别是 OutputLayer 期望误差函数在进行预测的同时计算误差率。在我们的例子中，使用 LossMCXENT，它是一个多类交叉熵误差函数。我们的客户流失示例遵循二元分类模型，但是，由于示例中有两个类（标签），因此我们仍然可以使用此误差函数。在步骤(2)中，labelCount 将为2。

3.8 训练和评估 CSV 数据的神经网络模型

在训练过程中，神经网络学习执行预期的任务。对于每个迭代/期（epoch），神经网络都会评估其训练知识。因此，它将用更新的梯度值重新迭代各层，以将输出层产生的误差最小化。另外，请注意，标签（0和1）在数据集中的分布不是均匀的。因此，我们可能需要考虑将权重添加到数据集中较少出现的标签上。在继续进行实际训练之前，强烈建议你这样做。在本方法中，我们将训练神经网络并评估结果模型。

3.8.1 实现过程

（1）创建一个数组以将权重分配给次要标签：

```
INDArray weightsArray = Nd4j.create(new double[]{0.35, 0.65});
```

（2）修改 OutPutLayer 以均衡数据集中的标签：

```
new OutputLayer.Builder(new
LossMCXENT(weightsArray)).nIn(incomingConnectionCount).nOut(labelCo
unt).activation(Activation.SOFTMAX))
.build();
```

（3）初始化神经网络并添加训练侦听器：

```
MultiLayerConfiguration configuration = builder.build();
   MultiLayerNetwork multiLayerNetwork = new
MultiLayerNetwork(configuration);
 multiLayerNetwork.init();
 multiLayerNetwork.setListeners(new
ScoreIterationListener(iterationCount));
```

（4）添加 DL4J UI Maven 依赖项以分析训练过程：

```
<dependency>
 <groupId>org.deeplearning4j</groupId>
 <artifactId>deeplearning4j-ui_2.10</artifactId>
 <version>1.0.0-beta3</version>
 </dependency>
```

（5）启动 UI 服务器并添加临时存储以存储模型信息：

```
UIServer uiServer = UIServer.getInstance();
 StatsStorage statsStorage = new InMemoryStatsStorage();
```

将 InMemoryStatsStorage 替换为 FileStatsStorage（如果存在内存限制）：

```
multiLayerNetwork.setListeners(new ScoreIterationListener(100),
 new StatsListener(statsStorage));
```

（6）将临时存储空间分配给 UI 服务器：

```
uiServer.attach(statsStorage);
```

（7）通过调用 fit（）训练神经网络：

```
multiLayerNetwork.fit(dataSetIteratorSplitter.getTrainIterator(),100);
```

（8）通过调用 validate（）评估模型：

```
Evaluation evaluation =
multiLayerNetwork.evaluate(dataSetIteratorSplitter.getTestIterator(
),Arrays.asList("0","1"));
 System.out.println(evaluation.stats());//printing the evaluation
metrics
```

3.8.2 工作原理

神经网络在提高泛化能力时会提高其效率。神经网络不应该只记住特定的决策过程，而是支持特定的标签。如果这样做的话，我们的结果将是有偏差和错误的。因此，最好有一个标签均匀分布的数据集。如果它们不是均匀分布的，那么在计算错误率时，我们可能必须调整一些内容。为此，我们在步骤（1）中引入了 weightsArray，并在步骤（2）中将其添加到 OutputLayer。

对于 weightsArray ＝ {0.35，0.65}，网络将结果的优先级设置为 1（客户不满意）。正如我们在本章前面讨论的那样，“Exited”列代表标签。如果我们观察数据集，很明显，与 1 相比，标记为 0（顾客满意）的结果在数据集中有更多的记录。因此，我们需要为 1 分配额外的优先级，以均衡数据集。除非我们这样做，否则我们的神经网络可能会过拟合，并且会偏向 1 标签。

在步骤（3）中，我们添加了 ScoreIterationListener 用于在控制台上记录训练过程。请注意，iterationCount 应该记录网络得分的迭代次数。请记住，iterationCount 不是 epoch。当整个数据集通过整个神经网络来回传播（反向传播）一次时，我们说完成了 epoch。

在步骤（8）中，我们使用 dataSetIteratorSplitter 获取训练数据集迭代器，并在其之上训练了我们的模型。如果正确配置了记录器，则应该看到训练实例正在进行中，如图 3 - 10 所示。

图 3 - 10　训练实例中

图 3 - 10 中提到的得分不是成功率，而是它是由误差函数为每次迭代计算的误差率。

我们在步骤（4）～（6）中配置了 DL4J 用户界面（UI）。DL4J 提供了一个 UI，以在浏览器中可视化当前网络状态和训练进度（实时监视）。这将有助于进一步调整神经网络训练。训练开始时，StatsListener 将负责触发 UI 监视。UI 服务器的端口号是 9000。在进行训练时，请在 localhost：9000 上访问 UI 服务器。我们应该能够看到如图 3 - 11 所示的内容。

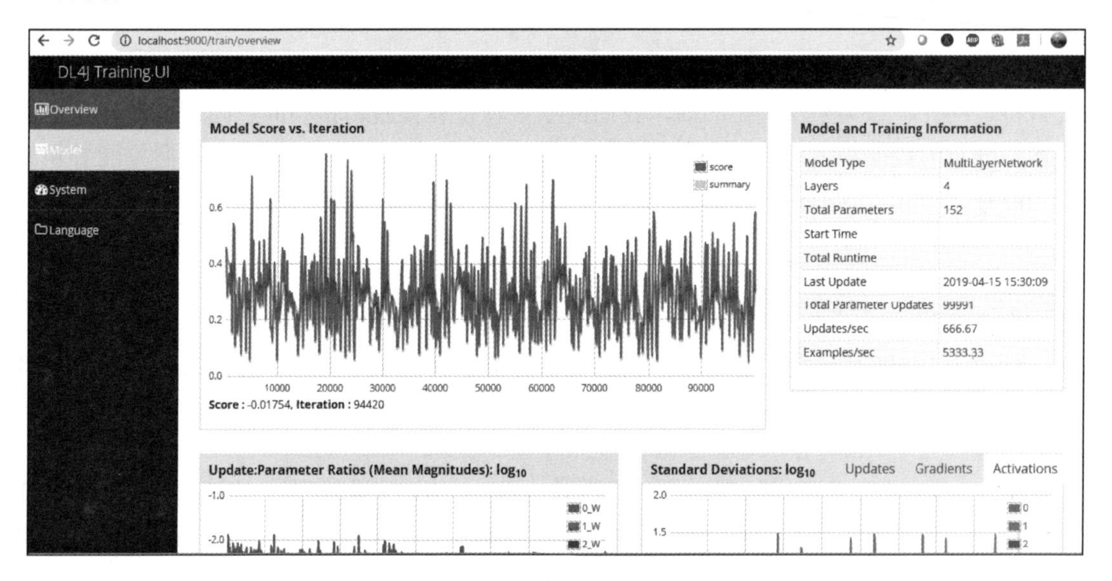

图 3 - 11　访问 UI 服务器

我们可以参考“Overview（概览）”部分中的第一个图形进行“Model Score（模型得分）”分析。x 轴为“Iteration（迭代）”，y 轴为“Model Score”。

通过检查图表上绘制的参数值，我们还可以进一步扩展关于在训练过程中如何执行“Activations（激活）”“Gradients（梯度）”和“Updates（更新）”参数的研究，如图 3 - 12 所示。

图 3 - 12 中，x 轴表示迭代次数，参数更新图中的 y 轴是参数更新率，激活/梯度图中的 y 轴是标准偏差。

可以进行逐层分析。我们只需要单击左侧栏上的“Model（模型）”选项卡，然后选择所要选择的层以进一步分析，如图 3 - 13 所示。

为了分析内存消耗和 JVM，我们可以导航到左侧栏中的“System”选项，如图 3 - 14 所示。

我们还可以在同一位置详细查看硬件和软件指标，如图 3 - 15 所示。

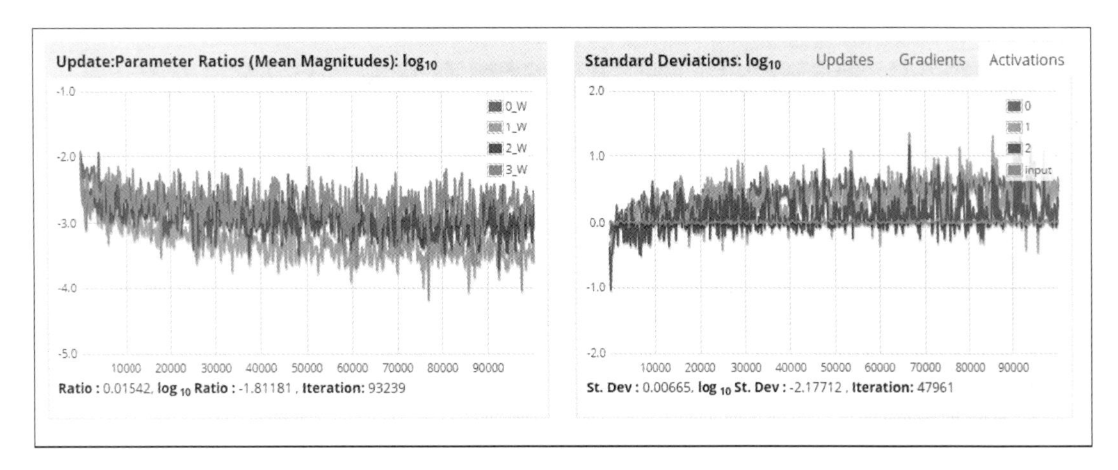

图 3-12　参数更新图与激活/梯度图

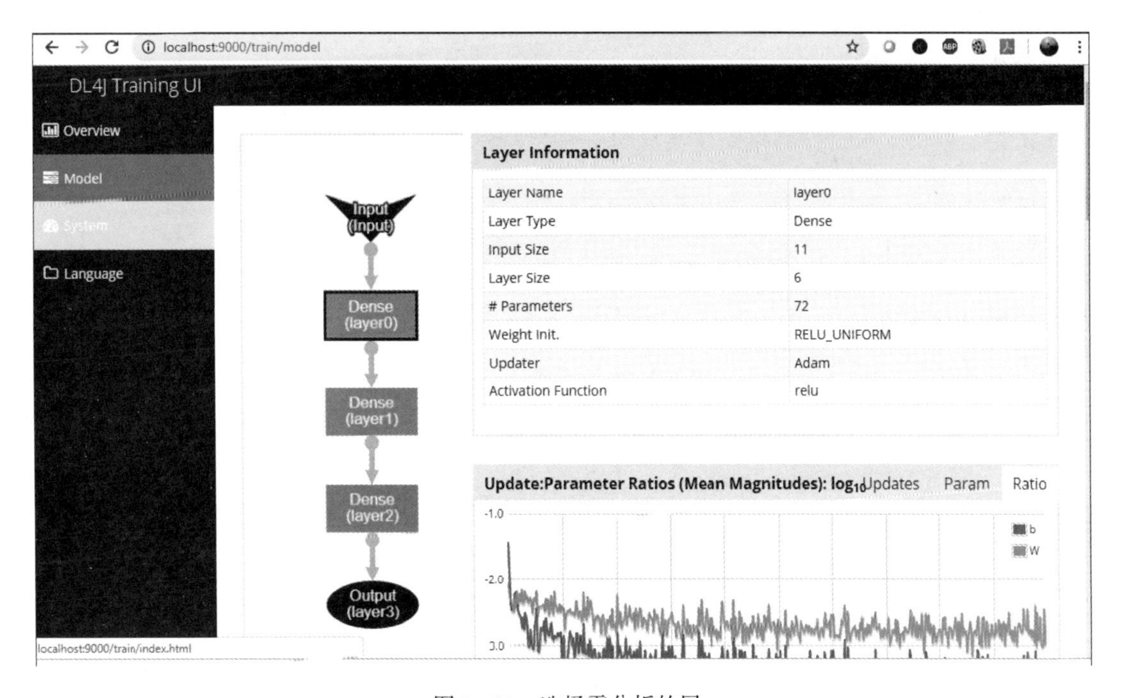

图 3-13　选择需分析的层

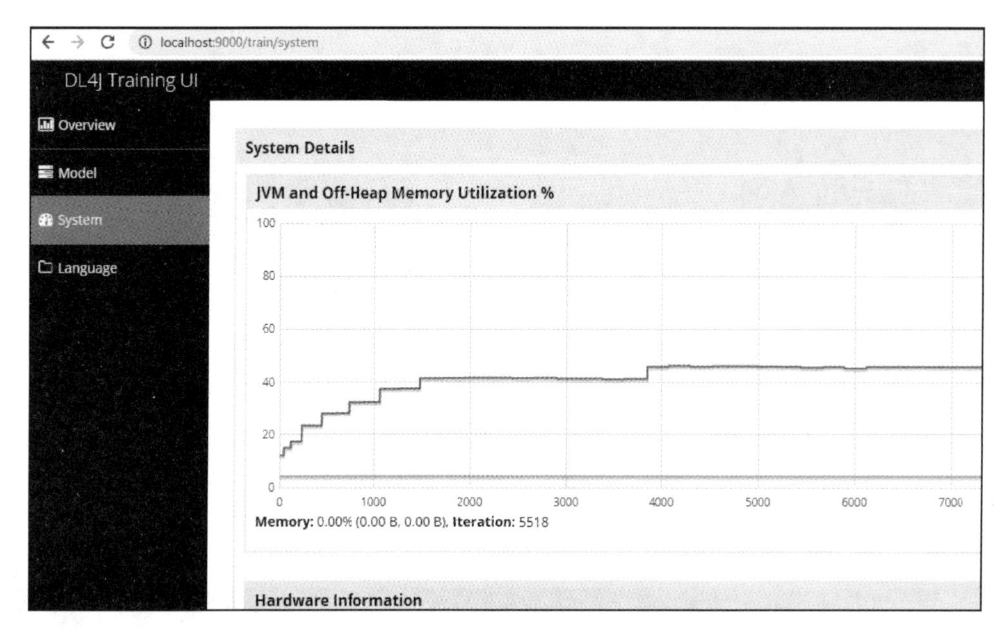

图 3-14 "System"选项

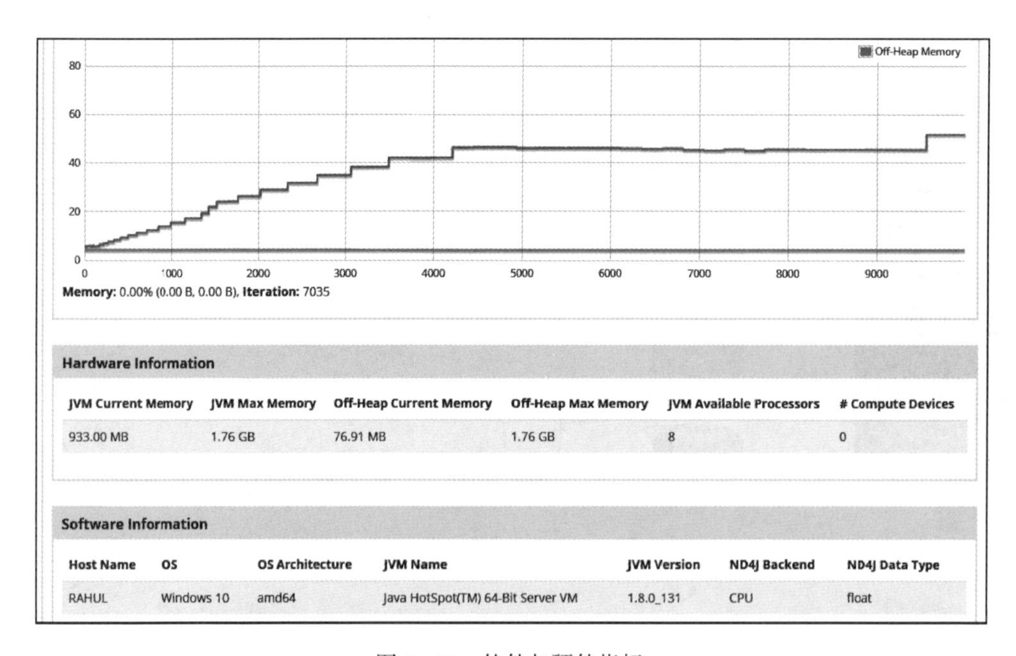

JVM Current Memory	JVM Max Memory	Off-Heap Current Memory	Off-Heap Max Memory	JVM Available Processors	# Compute Devices
933.00 MB	1.76 GB	76.91 MB	1.76 GB	8	0

Host Name	OS	OS Architecture	JVM Name	JVM Version	ND4J Backend	ND4J Data Type
RAHUL	Windows 10	amd64	Java HotSpot(TM) 64-Bit Server VM	1.8.0_131	CPU	float

图 3-15 软件与硬件指标

这对于基准测试也非常有用。如我们所见，神经网络的内存消耗已明确标记，UI 中提到了 JVM/of-heap（堆外）内存消耗，以分析基准测试的完成情况。

步骤（8）之后，评估结果将显示在控制台上，如图 3-16 所示。

```
[main] INFO org.deeplearning4j.optimize.listeners.ScoreIterationListener - Score at iteration 99900 is 0.37973061203956604


========================Evaluation Metrics========================
 # of classes:    2
 Accuracy:        0.8575
 Precision:       0.8059
 Recall:          0.6900
 F1 Score:        0.5320
Precision, recall & F1: reported for positive class (class 1 - "1") only


=========================Confusion Matrix=========================
    0    1
-----------
 1553   57 | 0 = 0
  228  162 | 1 = 1

Confusion matrix format: Actual (rowClass) predicted as (columnClass) N times
==================================================================
```

图 3-16　评估结果

在图 3-16 中，控制台显示了用于评估模型的各种评估指标。我们不能在所有情况下都依赖特定的指标。因此，最好针对多个指标评估模型。

我们的模型目前显示的准确度为 85.75%。我们有四个不同的性能指标，分别是准确性、精确度、召回率和 F1 得分。正如你在图 3-16 中所看到的，召回指标不是很好，这意味着我们的模型仍然存在假阴性情况。F1 得分在这里也很重要，因为我们的数据集的输出类别比例不均衡。我们不会详细讨论这些指标，因为它们不在本书的讨论范围之内。请记住，考虑所有这些指标都是很重要的，而不是仅仅依靠准确性。当然，评估权衡因问题而异。当前代码已经优化。因此，你将从评估指标中发现几乎稳定的准确性。对于训练有素的网络模型，这些性能指标的值将接近 1。

检查我们的评估指标的稳定性很重要。如果我们发现看不见的数据的评估指标不稳定，那么我们需要重新考虑网络配置中的更改。

输出层上的激活函数会影响输出的稳定性。因此，对输出要求的充分了解肯定会为你节省大量时间，以选择合适的输出函数（损耗函数）。我们需要确保神经网络具有稳定的预测能力。

3.8.3 相关内容

学习率是决定神经网络效率的因素之一。高学习率将与实际输出背离，而低学习率将由于缓慢收敛而导致学习缓慢。神经网络效率还取决于我们分配给每一层神经元的权重。因此，在训练的早期阶段权重的均匀分配可能会有所帮助。

最常用的方法是向各层引入丢弃。这迫使神经网络在训练过程中忽略一些神经元。这将有效地防止神经网络记忆预测过程。我们如何确定网络是否记住了结果？好吧，我们只需要向网络中输入新数据即可。如果此后你的准确性指标变差，则说明你过度拟合了。

增加神经网络效率（从而减少过度拟合）的另一种可能性是尝试在网络层中进行 L1 / L2 正则化。当我们将 L1 / L2 正则化添加到网络层时，它将为误差函数添加一个额外的惩罚项。L1 用神经元中权重的绝对值之和来惩罚，而 L2 用权重的平方和来惩罚。当输出变量是所有输入特征的函数时，L2 正则化将提供更好的预测。但是，当数据集具有异常值并且如果不是所有属性都有助于预测输出变量时，则首选 L1 正则化。在大多数情况下，过度拟合的主要原因是记忆问题。同样，如果我们丢弃过多的神经元，它将最终使数据欠拟合。这意味着我们丢失了比所需更多的有用数据。

注意，权衡可以根据不同类型的问题而变化。单靠准确性并不能确保每次都能获得良好的模型性能。如果我们无法承受伪正面的预测（例如，在垃圾邮件中检测），则可以衡量准确性。如果我们无法承受伪负面预测（例如，在欺诈性交易中检测）的成本，则最好衡量召回率。如果数据集中的类分布不均匀，则 F1 得分是最佳的。当每个输出类别的观察值近似相等时，ROC 曲线很适合测量。

一旦评估稳定，我们就可以检查优化神经网络效率的方法。有多种方法可供选择。我们可以进行几次训练，以找出隐藏层、epoch、丢弃和激活函数的最佳数量。

图 3 - 17 指出了可能影响神经网络效率的各种超级参数。

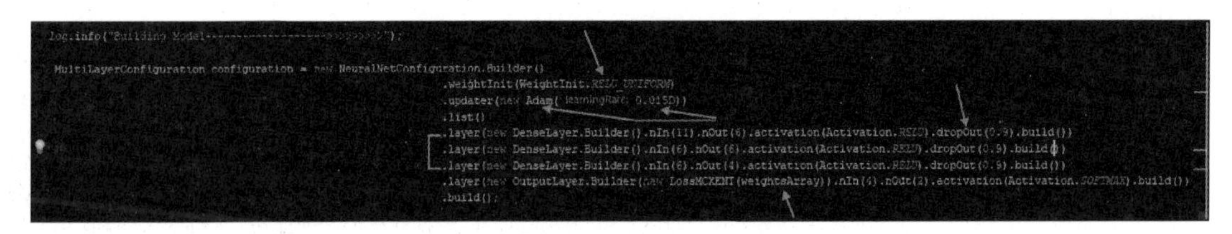

图 3 - 17　影响神经网络效率的各种超级参数

请注意 dropOut（0.9）表示我们在训练期间忽略了 10％的神经元。

图3-17中的其他属性/方法如下。

- weightInit()：用于指定如何在每一层为神经元分配权重。
- updater()：用于指定梯度更新程序的配置。Adam是一种梯度更新算法。

在第12章“基准测试和神经网络优化”中，我们将通过一个超参数优化示例来自动为你找到最佳参数。它仅代表我们执行多次训练，以通过单个程序执行来找到的最佳值。如果你有兴趣将基准应用于应用程序，则可以参考第12章“基准测试和神经网络优化”。

3.9 部署神经网络模型并将其用作API

在训练实例之后，我们应该能够保留模型，然后将其特征重新用作API。对客户流失模型的API访问将使外部应用程序能够预测客户保留率。我们将使用Spring Boot和Thymeleaf进行UI演示。我们将在本地部署和运行该应用程序以进行演示。在本方法中，我们将为客户流失示例创建一个API。

3.9.1 准备工作

作为创建API的先决条件，你需要运行主要的示例源代码：

https://github.com/PacktPublishing/Java-Deep-Learning-Cookbook/blob/master/03_Building_Deep_Neural_Networks_for_Binary_classification/sourceCode/cookbookapp/src/main/java/com/javadeeplearningcookbook/examples/CustomerRetentionPredictionExample.java。

DL4J有一个称为ModelSerializer的实用程序类，用于保存和还原模型。我们使用ModelSerializer将模型持久保存到磁盘，如下所示：

```
File file = new File("model.zip");
ModelSerializer.writeModel(multiLayerNetwork,file,true);
ModelSerializer.addNormalizerToModel(file,dataNormalization);
```

有关更多信息，请参阅：https://github.com/PacktPublishing/Java-Deep-Learning-Cookbook/blob/master/03_Building_Deep_Neural_Networks_for_Binary_classification/sourceCode/cookbookapp/src/main/java/com/javadeeplearningcookbook/examples/CustomerRetentionPredictionExample.java#L124。

另外，请注意，我们需要将规范化预处理器与模型一起保留。然后，可以重复使用相同的内容以随时随地规范化用户输入。在前面提到的代码中，我们通过从ModelSerializer调用addNormalizerToModel()来保留规范化器。

你还需要注意addNormalizerToModel()方法的以下输入属性：

- multiLayerNetwork：神经网络训练的模型。
- dataNormalization：我们用于训练的规范化器。

请参考以下示例以了解具体的 API 实现：

https://github.com/PacktPublishing/Java-Deep-Learning-Cookbook/blob/master/03_Building_Deep_Neural_Networks_for_Binary_classification/sourceCode/cookbookapp/src/main/java/com/javadeeplearningcookbook/api/CustomerRetentionPredictionApi.java。

在我们的 API 示例中，我们还原了模型文件（之前一直存在的模型）以生成预测。

3.9.2 实现过程

（1）创建一种方法来为用户输入生成模式：

```
private static Schema generateSchema(){
 Schema schema = new Schema.Builder()
 .addColumnString("RowNumber")
 .addColumnInteger("CustomerId")
 .addColumnString("Surname")
 .addColumnInteger("CreditScore")
 .addColumnCategorical("Geography",
Arrays.asList("France","Germany","Spain"))
 .addColumnCategorical("Gender", Arrays.asList("Male","Female"))
 .addColumnsInteger("Age", "Tenure")
 .addColumnDouble("Balance")
 .addColumnsInteger("NumOfProducts","HasCrCard","IsActiveMember")
 .addColumnDouble("EstimatedSalary")
 .build();
 return schema;
 }
```

（2）从模式创建一个 TransformProcess：

```
private static RecordReader applyTransform(RecordReader
recordReader, Schema schema){
 final TransformProcess transformProcess = new
TransformProcess.Builder(schema)
 .removeColumns("RowNumber","CustomerId","Surname")
 .categoricalToInteger("Gender")
 .categoricalToOneHot("Geography")
 .removeColumns("Geography[France]")
 .build();
```

```
 final TransformProcessRecordReader transformProcessRecordReader =
new TransformProcessRecordReader(recordReader,transformProcess);
 return transformProcessRecordReader;
}
```

（3）将数据加载到记录读取器实例中：

```
private static RecordReader generateReader(File file) throws
IOException, InterruptedException {
 final RecordReader recordReader = new CSVRecordReader(1,',');
 recordReader. initialize(new FileSplit(file));
 final RecordReader
transformProcessRecordReader = applyTransform(recordReader,generateSc
hema());
```

（4）使用 ModelSerializer 还原模型：

```
File modelFile = new File(modelFilePath);
 MultiLayerNetwork network =
ModelSerializer. restoreMultiLayerNetwork(modelFile);
 NormalizerStandardize normalizerStandardize =
ModelSerializer. restoreNormalizerFromFile(modelFile);
```

（5）创建一个迭代器以遍历整个输入记录集：

```
DataSetIterator dataSetIterator = new
RecordReaderDataSetIterator. Builder(recordReader,1). build();
 normalizerStandardize. fit(dataSetIterator);
 dataSetIterator. setPreProcessor(normalizerStandardize);
```

（6）设计一个 API 函数以从用户输入生成输出：

```
public static INDArray generateOutput(FileinputFile, String
modelFilePath) throws IOException, InterruptedException {
 File modelFile = new File(modelFilePath);
 MultiLayerNetwork network =
ModelSerializer. restoreMultiLayerNetwork(modelFile);
  RecordReader recordReader = generateReader(inputFile);
 NormalizerStandardize normalizerStandardize =
ModelSerializer. restoreNormalizerFromFile(modelFile);
 DataSetIterator dataSetIterator = new
```

```
RecordReaderDataSetIterator.Builder(recordReader,1).build();
 normalizerStandardize.fit(dataSetIterator);
 dataSetIterator.setPreProcessor(normalizerStandardize);
 return network.output(dataSetIterator);
 }
```

有关其他示例，请参见：

https：//github.com/PacktPublishing/Java-Deep-Learning-Cookbook/blob/master/03 _ Building _ Deep _ Neural _ Networks _ for _ Binary _ classification/sourceCode/cookbookapp/src/main/java/com/javadeeplearningcookbook/api/CustomerRetentionPredictionApi.java。

（7）通过运行 Maven 命令来构建 DL4J API 项目的实体 JAR：

```
mvn clean install
```

（8）运行源目录中包含的 Spring Boot 项目。将 Maven 项目导入到你的 IDE：https://github.com/PacktPublishing/Java-Deep-Learning-Cookbook/tree/master/03 _ Building _ Deep _ Neural _ Networks _ for _ Binary _ classification/sourceCode/spring-dl4j 。

在运行配置下添加以下 VM 选项：

```
-DmodelFilePath={PATH-TO-MODEL-FILE}
```

PATH-TO-MODEL-FILE 是你存储实际模型文件的位置。它也可以在你的本地磁盘或云中。

然后，运行 SpringDl4jApplication.java 文件，如图 3-18 所示。

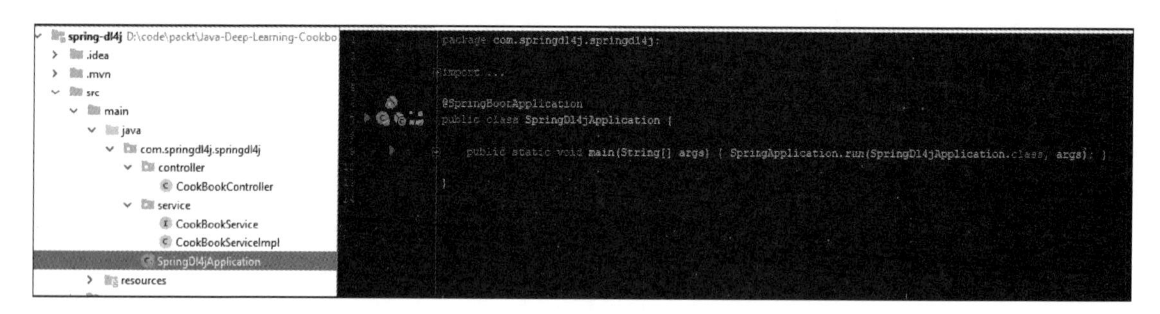

图 3-18 运行 SpringDl4jApplication.java 文件

（9）在 http：// localhost：8080 /测试你的 Spring Boot app，如图 3-19 所示。

（10）通过上载输入 CSV 文件来验证特征。

使用示例 CSV 文件将其上传到 Web 应用程序：https://github.com/PacktPublishing/

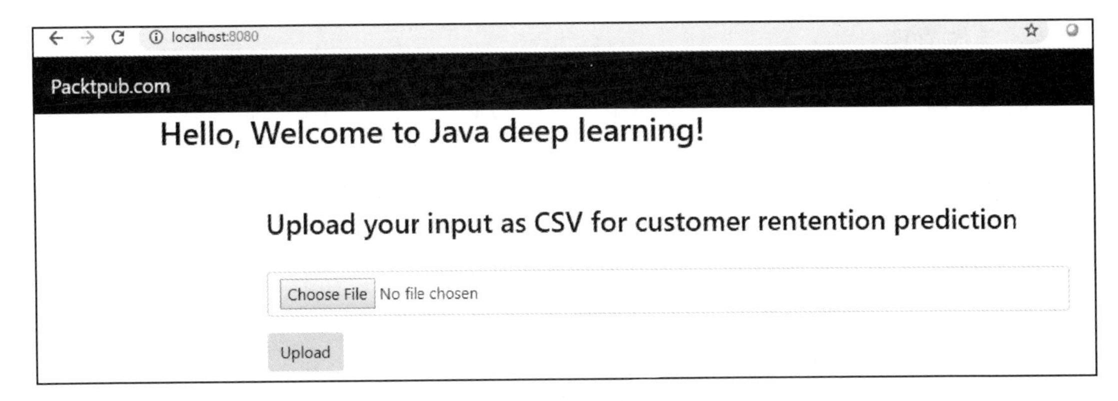

图 3-19　测试 Spring Boot app

Java-Deep-Learning-Cookbook/blob/master/03_Building_Deep_Neural_Networks_for_Binary_classification/sourceCode/cookbookappsrc/main/resources/test.csv。

预测结果将显示如图 3-20 所示。

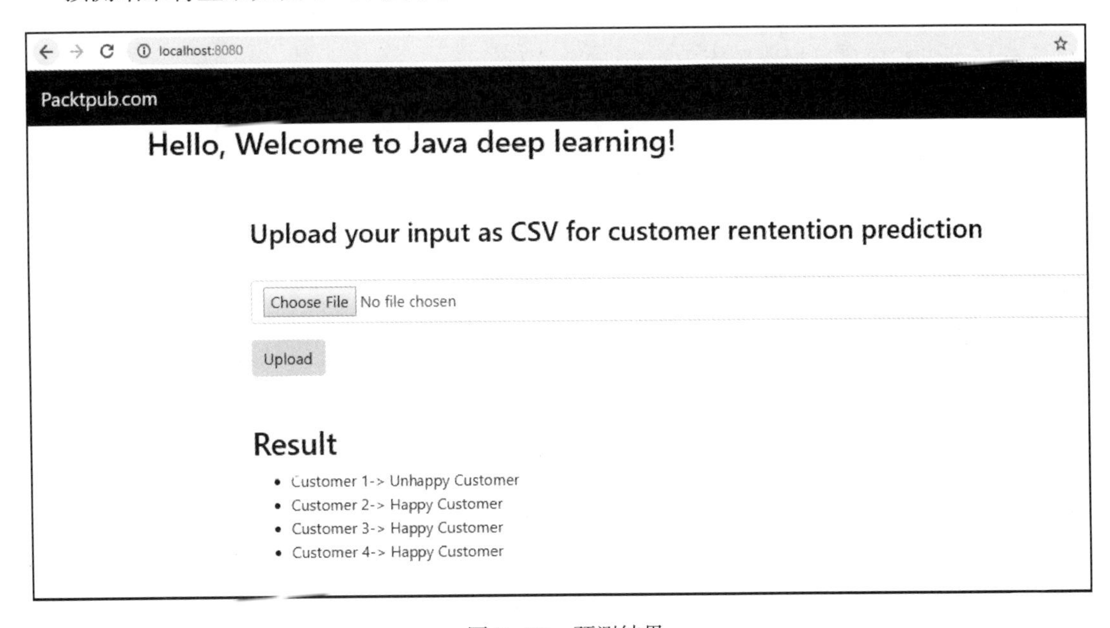

图 3-20　预测结果

3.9.3 工作原理

我们需要创建一个 API，以接收来自最终用户的输入并生成输出。最终用户将上传包含输入的 CSV 文件，API 将预测输出返回给用户。

在步骤（1）中，我们为输入数据添加了模式。用户输入应遵循我们训练模型的模式结构，但不添加“Exited”标签，因为这是训练模型的预期任务。在步骤（2）中，我们从在步骤（1）中创建的模式创建了 TransformProcess。

在步骤（3）中，我们从步骤（2）开始使用 TransformProcess 来创建记录读取器实例。这是从数据集中加载数据。

我们希望最终用户上传一批输入来生成结果。因此，需要按照步骤（5）创建迭代器，以遍历整个输入记录集。我们使用步骤（4）中的预训练模型为迭代器设置预处理器。此外，我们使 batchSize 值为 1。如果有更多输入样本，则可以指定合理的批次大小。

在步骤（6）中，我们用名为 modelFilePath 的文件路径来表示模型文件的位置，将此作为 Spring 应用程序中的命令行参数传递。因此，你可以配置自定义路径来保存模型文件。在步骤（7）之后，将创建具有所有 DL4J 依赖项的实体 JAR，并将其保存在本地 Maven 资源库中。你还可以在项目目标资源库中查看 JAR 文件。

客户保留 API 的依赖关系已添加到 Spring Boot 项目的 pom. xml 文件中，如下所示：

```
<dependency>
    <groupId>com. javadeeplearningcookbook. app</groupId>
    <artifactId>cookbookapp</artifactId>
    <version>1. 0 - SNAPSHOT</version>
</dependency>
```

按照步骤（7）为 API 创建实体 JAR 后，Spring Boot 项目将能够从本地资源库中获取依赖项。因此，你需要在导入 Spring Boot 项目之前先构建 API 项目。另外，请确保将模型文件路径添加为 VM 参数，如步骤（8）所述。

简而言之，这些是运行用例所需的步骤：

（1）导入并构建 Customer Churn API 项目：https://github. com/PacktPublishing/Java-Deep-Learning-Cookbook/blob/master/03_Building_Deep_Neural_Networks_for_Binary_classifi cation/sourceCode/cookbookapp/。

（2）运行主要示例以训练模型并保留模型文件：https://github. com/PacktPublishing/Java-Deep-Learning-Cookbook/blob/master/03_Building_Deep_Neural_Networks_for_Binary_classification/sourceCode/cookbookapp/src/main/java/com/javadeeplearningcookbook/examples/CustomerRetentionPredictionExample. java。

（3）构建客户流失 API 项目：https://github.com/PacktPublishing/Java-Deep-Learning-Cookbook/blob/master/03_Building_Deep_Neural_Networks_for_Binary_classification/sourceCode/cookbookapp/。

（4）通过在此处运行 Starter（使用前面提到的 VM 参数）来运行 Spring Boot 项目：https://github.com/PacktPublishing/Java-Deep-Learning-Cookbook/blob/master/03_Building_Deep_Neural_Networks_for_Binary_classification/sourceCode/spring-dl4j/src/main/java/com/springdl4j/springdl4j/SpringDl4jApplication.java。

第 4 章　建立卷积神经网络

在本章中，我们将为使用 DL4J 的图像分类示例开发卷积神经网络（CNN）。在阐述方法使用的同时，我们将逐步开发应用程序的组件。阅读本章前需要你已阅读第 1 章“ Java 深度学习简介”和第 2 章“数据提取、转换和加载”，并且已在计算机上设置了 DL4J，详细设置见第 1 章“Java 深度学习简介”。让我们继续讨论本章需要待定的更改。

出于演示目的，我们将对四个不同物种进行分类。CNN 可将复杂的图像转换成用于预测的抽象格式。因此，对于此图像分类问题，CNN 是最佳选择。

CNN 就像其他任何深度神经网络一样，可以抽象化决策过程并为我们提供一个将输入转换为输出的接口。唯一的区别是它们支持其他类型的层和不同的层顺序。与其他形式的输入（例如文本或 CSV）不同，图像非常复杂。考虑到每个像素都是信息源的事实，对于大量的高分辨率图像，训练将变得资源密集且耗时。

在本章中，我们将介绍以下方法：

- 从磁盘提取图像。
- 为训练数据创建图像变体。
- 图像预处理和输入层设计。
- 为 CNN 构造隐藏层。
- 构建输出层以进行输出分类。
- 训练图像并评估 CNN 输出。
- 为图像分类器创建 API 端点。

4.1　技术要求

本章讨论的用例的实现可以在以下网址中找到：https://github.com/PacktPublishing/Java-Deep-Learning-Cookbook/tree/master/04_Building_Convolutional_Neural_Networks/sourceCode。

克隆 GitHub 资源库后，导航至以下目录：Java-Deep-Learning-Cookbook/04_Building_Convolutional_Neural_Networks/sourceCode。然后，通过导入 pom.xml 将 cookbookapp 项目作为 Maven 项目导入。

你还将找到一个基本的 Spring 项目 spring-dl4j，也可以将其导入为 Maven 项目。

在本章中，我们将使用牛津大学的犬种分类数据集。

可以通过以下链接下载主要数据集：

https://www.kaggle.com/zippyz/cats-and-dogs-breeds-classification-oxford-dataset。

要运行本章的源代码，通过以下链接下载数据集（仅四个标签）：

https://github.com/PacktPublishing/Java-Deep-Learning-Cookbook/raw/master/04 _ Building%20Convolutional%20Neural%20Networks/dataset.zip（可以在以下目录找到：Java-Deep-Learning-Cookbook/04 _ Building Convolutional Neural Networks/）。

提取压缩的数据集文件，图像保存在不同的目录中。每个目录代表一个标签/类别。为了演示，我们使用了四个标签。但是，你可以尝试使用更多来自不同类别的图像，以便在 GitHub 中运行我们的示例。

请注意，我们的示例针对四个品种进行了优化。使用大量标签进行实验需要进一步的网络配置优化。

要利用 CNN 中 OpenCV 库的功能，请添加以下 Maven 依赖项：

```
<dependency>
  <groupId>org.bytedeco.javacpp-presets</groupId>
  <artifactId>opencv-platform</artifactId>
  <version>4.0.1-1.4.4</version>
  </dependency>
```

我们将使用 Google Cloud SDK 将应用程序部署到云中。有关这方面的说明，请参阅 https://github.com/GoogleCloudPlatform/appmavenplugin。有关完整的说明，请参阅 https://github.com/GoogleCloudPlatform/appgradle-plugin。

4.2 从磁盘提取图像

对于基于 N 个标签的分类，在父目录中创建了 N 个子目录。上述父目录路径用于图像提取，子目录名称将被视为标签。在本方法中，我们将使用 DataVec 从磁盘提取图像。

4.2.1 实现过程

（1）使用 FileSplit 定义要加载到神经网络的文件范围：

```
FileSplit fileSplit = new FileSplit(parentDir,
NativeImageLoader.ALLOWED_FORMATS,new Random(42));
 int numLabels =
fileSplit.getRootDir().listFiles(File::isDirectory).length;
```

（2）使用 ParentPathLabelGenerator 和 BalancedPathFilter 采样标记的数据集并将其拆分为训练/测试集：

```
ParentPathLabelGenerator parentPathLabelGenerator = new
ParentPathLabelGenerator();
 BalancedPathFilter balancedPathFilter = new BalancedPathFilter(new
Random(42),NativeImageLoader.ALLOWED_FORMATS,parentPathLabelGenerat
or);
 InputSplit[]inputSplits =
fileSplit.sample(balancedPathFilter,trainSetRatio,testSetRatio);
```

4.2.2 工作原理

在步骤（1）中，我们使用 FileSplit 根据文件类型（PNG、JPEG、TIFF 等）过滤图像。

我们还传入了一个基于单个种子的随机数生成器。该种子值是一个整数（在我们的示例中为 42）。FileSplit 将能够通过使用随机种子来以随机顺序（文件的随机顺序）生成文件路径列表。这将为概率决策引入更多的随机性，从而提高模型的性能（准确性指标）。

如果你有一个带有未知数量标签的现成数据集，那么计算 numLabels 至关重要。因此，我们使用 FileSplit 以编程方式计算它们：

```
int numLabels = fileSplit.getRootDir().listFiles(File::isDirectory).length;
```

在步骤（2）中，我们使用 ParentPathLabelGenerator 生成了基于目录路径的文件标签。另外，BalancedPathFilter 用于随机化数组中路径的顺序。随机化将有助于克服过度拟合的问题。BalancedPathFilter 还可以确保每个标签具有相同数量的路径，并有助于获得最佳的训练批次。

如果 testSetRatio 为 20，则将数据集的 20%用作模型评估的测试集。步骤(2)之后，inputSplits中的数组元素将代表训练/测试数据集：

- inputSplits [0] 将代表训练数据集。
- inputSplits [1] 将代表测试数据集。
- NativeImageLoader. ALLOWED_FORMATS 使用 JavaCV 加载图像。允许的图像格式为 .bmp、.gif、.jpg、.jpeg、.jp2、.pbm、.pgm、.ppm、.pnm、.png、.tif、.tiff、.exr 和 .webp。
- BalancedPathFilter 随机化数组中文件路径的顺序，并随机删除它们，以使每个标签具有相同数量的路径。它还将基于其标签在输出上形成路径，从而轻松获得最佳的训练批次。因此，它不仅仅是随机抽样。

• fileSplit. sample () 根据描述的路径过滤器对文件路径进行采样。

它将进一步把结果拆分为 InputSplit 对象的数组。每个对象都将参考训练/测试集，并且其大小与所涉及的权重成比例。

4.3 为训练数据创建图像变体

我们创建图像变体，并在它们之上进一步训练我们的网络模型，以提高 CNN 的泛化能力。用尽可能多的图像变化来训练我们的 CNN 是至关重要的，可以提高准确性。我们基本上可以通过翻转或旋转来获取同一图像的更多样本。在本方法中，我们将使用 DL4J 中 ImageTransform 的具体实现来转换和创建图像样本。

4.3.1 实现过程

(1) 使用 FlipImageTransform 水平或垂直（随机或非随机）翻转图像：

```
ImageTransform flipTransform = new FlipImageTransform(new
Random(seed));
```

(2) 使用 WarpImageTransform 确定性地或随机地扭曲图像的透视图：

```
ImageTransform warpTransform = new WarpImageTransform(new
Random(seed),delta);
```

(3) 使用 RotateImageTransform 确定性地或随机地旋转图像：

```
ImageTransform rotateTransform = new RotateImageTransform(new
Random(seed), angle);
```

(4) 使用 PipelineImageTransform 将图像转换添加到管道中：

```
List<Pair<ImageTransform,Double>> pipeline = Arrays.asList(
 new Pair<>(flipTransform, flipImageTransformRatio),
 new Pair<>(warpTransform , warpImageTransformRatio)
);
 ImageTransform transform = new PipelineImageTransform(pipeline);
```

4.3.2 工作原理

在步骤 (1) 中，如果我们不需要随机翻转，而是需要指定的翻转模式（确定性），则可以执行以下操作：

```
int flipMode = 0;
ImageTransform flipTransform = new FlipImageTransform(flipMode);
```

flipMode 是确定性翻转模式。

- flipMode = 0：围绕 x 轴翻转。
- flipMode> 0：围绕 y 轴翻转。
- flipMode <0：围绕两个轴翻转。

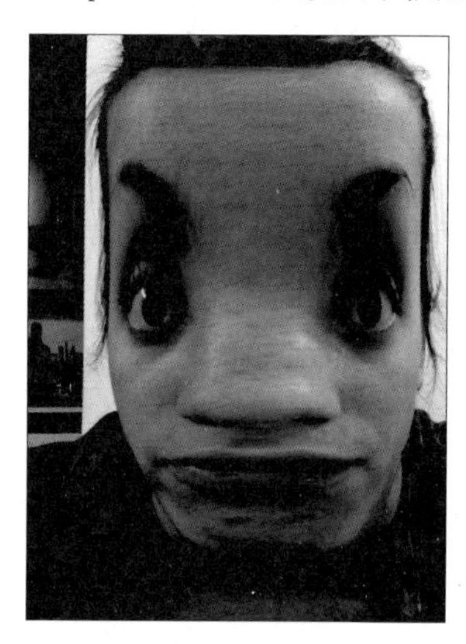

图 4-1 图像变形

（图像来源：https：//commons. wikimedia. org/wiki/File：Image _ warping _ example. jpg 许可：CC BY-SA 3.0）

在步骤（2）中，我们传递了两个属性：Random（seed）和 delta。delta 是图像变形的幅度。查看图 4-1 所示用以演示图像变形的图像示例。

WarpImageTransform（new Random（seed），delta）内部调用以下构造函数：

```
public WarpImageTransform(java.util.Random random,
float dx1,
float dy1,
float dx2,
float dy2,
float dx3,
float dy3,
float dx4,
float dy4
```

假设 dx1 = dy1 = dx2 = dy2 = dx3 = dy3 = dx4 = dy4 = delta。

以下是参数说明：

- dx1：左上角的 x 方向最大变形（像素）。
- dy1：左上角的 y 方向最大变形（像素）。
- dx2：右上角的 x 方向最大变形（像素）。
- dy2：右上角的 y 方向最大变形（像素）。
- dx3：右下角的 x 方向最大变形（像素）。
- dy3：右下角的 y 方向最大变形（像素）。
- dx4：左下角的 x 方向最大变形（像素）。
- dy4：左下角的 y 方向最大变形（像素）。

创建 ImageRecordReader 时，将根据规范化的宽度/高度自动调整 delta 的值。这意味着相对于创建 ImageRecordReader 时指定的规范化宽度/高度，将处理给定的 delta 值。因此，假设我们在尺寸为 100×100 的图像中沿 x/y 轴执行 10 个像素变形。如果将图像规范化为 30×30，则 x/y 轴上将发生 3 像素变形。你需要尝试不同的 delta 值，因为没有常数/最小/最大 delta 值可以解决所有类型的图像分类问题。

在步骤（3）中，我们使用 RotateImageTransform 通过以所述角度旋转图像样本来执行图像旋转变换。

在步骤（4）中，我们借助 PipelineImageTransform 在管道中添加了多个图像转换，以按顺序或随机加载它们以进行训练。我们已经创建了 List <Pair <ImageTransform，Double>>类型的管道。Pair 中的 Double 值是执行管道中特定元素（ImageTransform）的概率。

图像转换将帮助 CNN 更好地学习图像模式。在变换后的图像上进行训练将进一步避免过度拟合的机会。

4.3.3　相关内容

内部的 WarpImageTransform 使用给定的属性 interMode、borderMode 和 borderValue 对 JavaCPP 方法 warpPerspective（）进行内部调用。JavaCPP 是一个 API，用于解析本机 C/C++文件并生成 Java 接口以充当包装器。我们先前在 pom.xml 中为 OpenCV 添加了 JavaCPP依赖项。这将使我们能够利用 OpenCV 库进行图像转换。

4.4　图像预处理和输入层设计

就像对任何前馈网络一样，规范化对于 CNN 是至关重要的预处理步骤。图像数据很复杂，每个图像都有各自的像素信息。而且，每个像素都是信息源。我们需要规范化此像素值，以使神经网络在训练时不会过拟合/欠拟合。在为 CNN 设计输入层时，还需要指定卷积/子采样层。在本方法中，我们将规范化然后设计 CNN 的输入层。

4.4.1　实现过程

（1）创建 ImagePreProcessingScaler 以进行图像规范化：

```
DataNormalization scaler = new ImagePreProcessingScaler(0,1);
```

（2）创建一个神经网络配置并添加默认的超参数：

```
MultiLayerConfiguration.Builder builder = new
NeuralNetConfiguration.Builder().weightInit(WeightInit.DISTRIBUTION
)
```

```
.dist(new NormalDistribution(0.0, 0.01))
.activation(Activation.RELU)
.updater(new Nesterovs(new StepSchedule(ScheduleType.ITERATION,
1e-2, 0.1, 100000), 0.9))
.biasUpdater(new Nesterovs(new
StepSchedule(ScheduleType.ITERATION, 2e-2, 0.1, 100000), 0.9))
.gradientNormalization(GradientNormalization.RenormalizeL2PerLayer)
// normalize to prevent vanishing or exploding gradients
.l2(l2RegularizationParam)
.list();
```

（3）使用 ConvolutionLayer 为 CNN 创建卷积层：

```
builder.layer(new ConvolutionLayer.Builder(11,11)
.nIn(channels)
.nOut(96)
.stride(1,1)
.activation(Activation.RELU)
.build());
```

（4）使用 SubsamplingLayer 配置子采样层：

```
builder.layer(new SubsamplingLayer.Builder(PoolingType.MAX)
.kernelSize(kernelSize,kernelSize)
.build());
```

（5）使用 LocalResponseNormalization 规范化层之间的激活：

```
builder.layer(1, new
LocalResponseNormalization.Builder().name("lrn1").build());
```

4.4.2 工作原理

在步骤（1）中，ImagePreProcessingScaler 指定规范化值的范围（0，1）中的像素。为数据创建迭代器后，我们将使用此规范化器。

在步骤（2）中，我们添加了超参数，例如 L2 正则化系数、梯度规范化策略、梯度更新算法和全局激活函数（适用于所有层）。

在步骤（3）中，ConvolutionLayer 要求你描述卷积核尺寸（之前的代码为 11 * 11）。在 CNN 的上下文中，卷积核充当特征检测器：

- stride：在像素网格上的操作中指示每个样本之间的间隔。

- channels：输入神经元的数量。我们在这里描述颜色通道的数量（RGB:3）。
- OutGoingConnectionCount：输出神经元的数量。

在步骤（4）中，SubsamplingLayer 是一个缩减采样层，以减少要传输或存储的数据量，并同时保持重要特征的完整。最大池化是最常用的采样方法。ConvolutionLayer 始终跟在 SubsamplingLayer 之后。

对于 CNN，效率是一项具有挑战性的任务。它需要大量图像以及转换，才能更好地训练。在步骤（4）中，LocalResponseNormalization 提高了 CNN 的泛化能力。它在执行 ReLU 激活之前执行规范化操作。

我们将此添加为位于卷积层和子采样层之间的单独层：

- ConvolutionLayer 与前馈层相似，但用于对图像执行二维卷积。
- 对于 CNN 中的池化/缩减采样，需要 SubsamplingLayer。
- ConvolutionLayer 和 SubsamplingLayer 共同构成 CNN 的输入层，并从图像中提取抽象特征，并将其传递给隐藏层进行进一步处理。

4.5　为 CNN 构造隐藏层

CNN 的输入层产生抽象图像，并将其传递给隐藏层。抽象图像特征从输入层传递到隐藏层。如果你的 CNN 中有多个隐藏层，则每个隐藏层将对预测负有独特的责任。例如，其中一个层可以检测图像中的明暗，而下一层可以在前一个隐藏层的帮助下检测边缘/形状。然后，下一层可以从上一个隐藏层的边缘/方法中识别出更复杂的对象，依此类推。

在本方法中，我们将为图像分类问题设计隐藏层。

4.5.1　实现过程

（1）使用 DenseLayer 构建隐藏层：

```
new DenseLayer.Builder()
 .nOut(nOut)
 .dist(new NormalDistribution(0.001, 0.005))
 .activation(Activation.RELU)
 .build();
```

（2）通过调用 layer（）将 AddDenseLayer 添加到层结构：

```
builder.layer(new DenseLayer.Builder()
 .nOut(500)
```

```
.dist(new NormalDistribution(0.001, 0.005))
.activation(Activation.RELU)
.build());
```

4.5.2 工作原理

在步骤（1）中，使用 DenseLayer 创建隐藏层，然后在它们之前进行卷积/子采样层。

在步骤（2）中，请注意，我们没有描述隐藏层中输入神经元的数量，因为它与上一层（SubSamplingLayer）传出神经元的数量相同。

4.6 构建输出层以进行输出分类

我们需要使用逻辑回归（SOFTMAX）进行图像分类，从而得到每个图像标签出现的概率。逻辑回归是一种预测分析算法，因此更适合预测问题。在本方法中，我们将设计用于图像分类问题的输出层。

4.6.1 实现过程

（1）使用 OutputLayer 设计输出层：

```
builder.layer(new
OutputLayer.Builder(LossFunctions.LossFunction.NEGATIVELOGLIKELIHOO
D)
 .nOut(numLabels)
 .activation(Activation.SOFTMAX)
 .build());
```

（2）使用 setInputType（）设置输入类型：

```
builder.setInputType(InputType.convolutional(30,30,3));
```

4.6.2 工作原理

在步骤（1）中，nOut（）期望我们在较早的方法中使用 FileSplit 计算的图像标签数。

在步骤（2）中，我们使用 setInputType（）来设置卷积输入类型。这将触发输入神经元的计算/设置，并添加预处理器（LocalResponseNormalization）以处理从卷积/子采样层到密集层的数据流。

InputType 类用于跟踪和定义激活类型。这对于在层之间自动添加预处理器以及自动设置 nIn（输入神经元数）值非常有用。这就是我们在配置模型时跳过前面指定 nIn 值的方式。卷积输入类型为四维形式［miniBatchSize，channels，height，width］。

4.7　训练图像并评估 CNN 输出

我们有了适当的层配置。现在，我们需要训练 CNN 以使其适合预测。在 CNN 中，过滤器值将在训练过程中进行调整。网络将自己学习如何选择适当的过滤器（特征图）以产生最佳结果。我们还将看到，由于计算的复杂性，CNN 的效率和性能成为一项具有挑战性的任务。在本方法中，我们将训练和评估我们的 CNN 模型。

4.7.1　实现过程

（1）使用 ImageRecordReader 加载并初始化训练数据：

```
ImageRecordReader imageRecordReader = new
ImageRecordReader(imageHeight,imageWidth,channels,parentPathLabelGe
nerator);
  imageRecordReader.initialize(trainData,null);
```

（2）使用 RecordReaderDataSetIterator 创建一个数据集迭代器：

```
DataSetIterator dataSetIterator = new
RecordReaderDataSetIterator(imageRecordReader,batchSize,1,numLabels
);
```

（3）将规范化器添加到数据集迭代器：

```
DataNormalization scaler = new ImagePreProcessingScaler(0,1);
 scaler.fit(dataSetIterator);
 dataSetIterator.setPreProcessor(scaler);
```

（4）通过调用 fit（）训练模型：

```
MultiLayerConfiguration config = builder.build();
 MultiLayerNetwork model = new MultiLayerNetwork(config);
 model.init();
 model.setListeners(new ScoreIterationListener(100));
 model.fit(dataSetIterator,epochs);
```

（5）通过图像转换再次训练模型：

```
imageRecordReader.initialize(trainData,transform);
 dataSetIterator = new
RecordReaderDataSetIterator(imageRecordReader,batchSize,1,numLabels
);
 scaler.fit(dataSetIterator);
 dataSetIterator.setPreProcessor(scaler);
 model.fit(dataSetIterator,epochs);
```

（6）评估模型并观察结果：

```
Evaluation evaluation = model.evaluate(dataSetIterator);
 System.out.println(evaluation.stats());
```

评估指标将显示如图 4-2 所示。

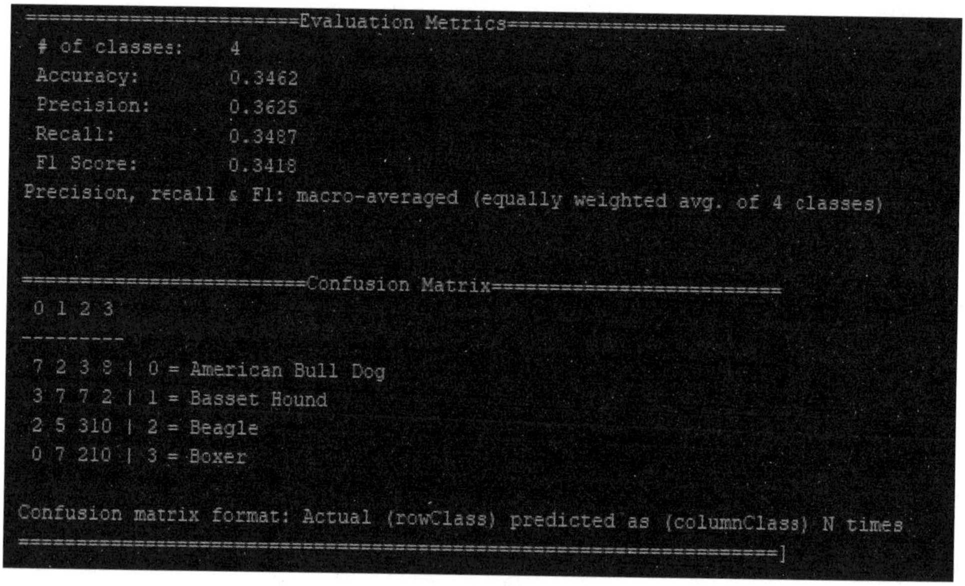

```
========================Evaluation Metrics========================
 # of classes:    4
 Accuracy:        0.3462
 Precision:       0.3625
 Recall:          0.3487
 F1 Score:        0.3418
Precision, recall & F1: macro-averaged (equally weighted avg. of 4 classes)


=========================Confusion Matrix=========================
 0 1 2 3
---------
 7 2 3 8 | 0 = American Bull Dog
 3 7 7 2 | 1 = Basset Hound
 2 5 310 | 2 = Beagle
 0 7 210 | 3 = Boxer

Confusion matrix format: Actual (rowClass) predicted as (columnClass) N times
==================================================================]
```

图 4-2 评估指标

（7）通过添加以下依赖关系来添加对 GPU 加速环境的支持：

```
<dependency>
   <groupId>org.nd4j</groupId>
   <artifactId>nd4j-cuda-9.1-platform</artifactId>
   <version>1.0.0-beta3</version>
</dependency>
```

```
<dependency>
    <groupId>org.deeplearning4j</groupId>
    <artifactId>deeplearning4j-cuda-9.1</artifactId>
    <version>1.0.0-beta3</version>
</dependency>
```

4.7.2 工作原理

在步骤(1)中，所包含的参数如下：

- parentPathLabelGenerator：在数据提取阶段创建（请参阅本章中的4.2“磁盘提取图像”）。
- channels：颜色通道的数量（对于RGB，默认为3）。
- ImageRecordReader（imageHeight，imageWidth，channels，parentPathLabelGenerator）：将实际图像调整为指定大小（imageHeight，imageWidth）以减少数据加载工作。
- initialize()方法中的null属性表示我们不训练转换后的图像。

在步骤(3)中，我们使用ImagePreProcessingScaler进行最小—最大规范化。请注意，我们需要同时使用fit()和setPreProcessor()来将规范化应用于数据。

对于GPU加速的环境，我们可以在步骤(4)中使用PerformanceListener而不是ScoreIterationListener来进一步优化训练过程。PerformanceListener跟踪每次迭代花费在训练上的时间，而ScoreIterationListener则在训练期间每*N*次迭代报告一次网络得分。确保按照步骤(7)添加了GPU依赖项。

在步骤(5)中，我们使用之前创建的图像转换再次训练了模型。确保对转换后的图像也应用规范化。

4.7.3 相关内容

我们的CNN的准确度约为50%。我们使用4个类别的396张图像训练了我们的神经网络。对于具有8 GB RAM的i7处理器，将需要15～30分钟来完成训练。这可能会根据与训练实例并行运行的应用程序而有所不同。训练时间也可能根据硬件质量而改变。如果训练更多的图像，你将观察到更好的评估指标。更多数据将有助于更好的预测，当然这需要延长训练时间。

另一个重要方面是试验隐藏层和子采样/卷积层的数量以提供最佳结果。太多的层可能会导致过度拟合，因此，必须通过在网络配置中添加不同数量的层来进行试验。步长增加值不宜过大，图像的尺寸也不宜过小，这可能会导致过度的缩减采样并导致特征丢失。

我们还可以尝试不同的权重值或权重在神经元之间的分布方式，并使用L2正则化和丢弃测试不同的梯度规范化策略。没有为 L1/L2 正则化或丢弃选择常数的经验法则。但是，L2 正则化常数取一个较小的值，因为它迫使权重向零衰减。神经网络可以安全地容纳 10%～20%的丢弃率，超出该范围实际上会导致拟合不足。没有适用于每个实例的常量，因为它因情况而异，如图 4-3 所示。

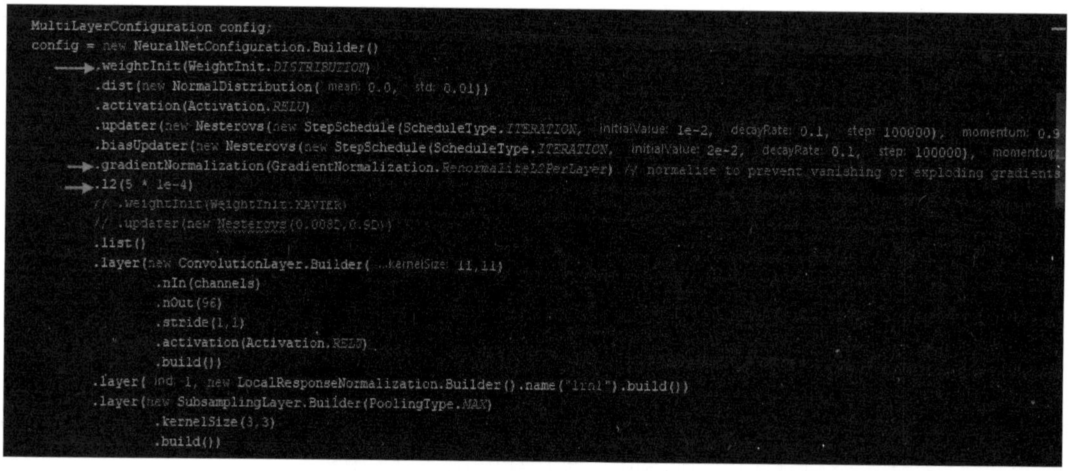

```
MultiLayerConfiguration config;
config = new NeuralNetConfiguration.Builder()
    .weightInit(WeightInit.DISTRIBUTION)
    .dist(new NormalDistribution( mean: 0.0,  std: 0.01))
    .activation(Activation.RELU)
    .updater(new Nesterovs(new StepSchedule(ScheduleType.ITERATION,  initialValue: 1e-2,  decayRate: 0.1,  step: 100000),  momentum: 0.9
    .biasUpdater(new Nesterovs(new StepSchedule(ScheduleType.ITERATION,  initialValue: 2e-2,  decayRate: 0.1,  step: 100000),  momentu
    .gradientNormalization(GradientNormalization.RenormalizeL2PerLayer) // normalise to prevent vanishing or exploding gradients
    .l2(5 * 1e-4)
    // .weightInit(WeightInit.XAVIER)
    // .updater(new Nesterovs(0.0085,0.9D))
    .list()
    .layer(new ConvolutionLayer.Builder( ...kernelSize: 11,11)
            .nIn(channels)
            .nOut(96)
            .stride(1,1)
            .activation(Activation.RELU)
            .build())
    .layer( ind: 1, new LocalResponseNormalization.Builder().name("lrn1").build())
    .layer(new SubsamplingLayer.Builder(PoolingType.MAX)
            .kernelSize(3,3)
            .build())
```

图 4-3　实例的常量因情况而异

GPU 加速的环境将有助于减少训练时间。DL4J 支持 CUDA，并且可以使用 cuDNN 进一步加速。大多数二维 CNN 层（例如 ConvolutionLayer 和 SubsamplingLayer）都支持 cuDNN。

NVIDIA CUDA 深度神经网络（cuDNN）库是 GPU 加速的用于深度学习网络的原语库。你可以在此处阅读有关 cuDNN 的更多信息：https://developer.nvidia.com/cudnn。

4.8　为图像分类器创建 API 端点

我们想利用图像分类器作为 API 在外部应用程序中使用它们。可以从外部访问 API，无需进行任何设置即可获得预测结果。在本方法中，我们将为图像分类器创建一个 API 端点。

4.8.1　实现过程

（1）使用 ModelSerializer 持久化模型：

```
File file = new File("cnntrainedmodel.zip");
ModelSerializer.writeModel(model,file,true);
ModelSerializer.addNormalizerToModel(file,scaler);
```

（2）使用 ModelSerializer 还原训练后的模型以执行预测：

```
MultiLayerNetwork network =
ModelSerializer.restoreMultiLayerNetwork(modelFile);
 NormalizerStandardize normalizerStandardize =
ModelSerializer.restoreNormalizerFromFile(modelFile);
```

（3）设计一个 API 方法，该方法接受用户的输入并返回结果。API 方法的示例如下：

```
public static INDArray generateOutput(File file) throws
IOException, InterruptedException {
 final File modelFile = new File("cnnmodel.zip");
 final MultiLayerNetwork model =
ModelSerializer.restoreMultiLayerNetwork(modelFile);
 final RecordReader imageRecordReader = generateReader(file);
 final NormalizerStandardize normalizerStandardize =
ModelSerializer.restoreNormalizerFromFile(modelFile);
 final DataSetIterator dataSetIterator = new
RecordReaderDataSetIterator.Builder(imageRecordReader,1).build();
 normalizerStandardize.fit(dataSetIterator);
 dataSetIterator.setPreProcessor(normalizerStandardize);
 return model.output(dataSetIterator);
 }
```

（4）创建一个 URI 映射以服务客户端请求，示例如下：

```
@GetMapping("/")
 public String main(final Model model){
 model.addAttribute("message", "Welcome to Java deep learning!");
 return "welcome";
 }

 @PostMapping("/")
 public String fileUpload(final Model model, final
@RequestParam("uploadFile")MultipartFile multipartFile) throws
IOException, InterruptedException {
 final List<String> results =
cookBookService.generateStringOutput(multipartFile);
 model.addAttribute("message", "Welcome to Java deep learning!");
```

```
model.addAttribute("results",results);
return "welcome";
}
```

（5）构建一个 cookbookapp-cnn 项目，并将 API 依赖项添加到你的 Spring 项目中：

```
<dependency>
  <groupId>com.javadeeplearningcookbook.app</groupId>
  <artifactId>cookbookapp-cnn</artifactId>
  <version>1.0-SNAPSHOT</version>
  </dependency>
```

（6）在服务层中创建 generateStringOutput（）方法以提供 API 内容：

```
@Override
 public List<String> generateStringOutput(MultipartFile
multipartFile) throws IOException, InterruptedException {
 //TODO: MultiPartFile to File conversion (multipartFile ->
convFile)
 INDArray indArray = ImageClassifierAPI.generateOutput(convFile);

 for(int i = 0; i<indArray.rows();i++){
           for(int j = 0;j<indArray.columns();j++){
                  DecimalFormat df2 = new DecimalFormat("#.####");
 results.add(df2.format(indArray.getDouble(i,j) * 100) + "%");
                //Later add them from list to the model display on
 UI.
           }
        }
    convFile.deleteOnExit();
     return results;
  }
```

（7）下载并安装 Google Cloud SDK：https://cloud.google.com/sdk/。

（8）通过在 Google Cloud 控制台上运行以下命令来安装 Cloud SDK app-engine-java 组件：

```
gcloud components install app-engine-java
```

（9）使用以下命令登录并配置 Cloud SDK：

```
gcloud init
```

（10）在 pom. xml 中为 Maven App Engine 添加以下依赖项：

```
<plugin>
  <groupId>com.google.cloud.tools</groupId>
  <artifactId>appengine-maven-plugin</artifactId>
  <version>2.1.0</version>
  </plugin>
```

（11）根据 Google Cloud 文档在你的项目中创建一个 app. yaml 文件：

https://cloud.google.com/appengine/docs/flexible/java/configuringyour-app-with-app-yaml。

（12）根据 Google Cloud 文档在你的项目中创建一个 app. yaml 文件：导航到 Google App Engine，然后单击“Create Application”按钮，如图 4-4 所示。

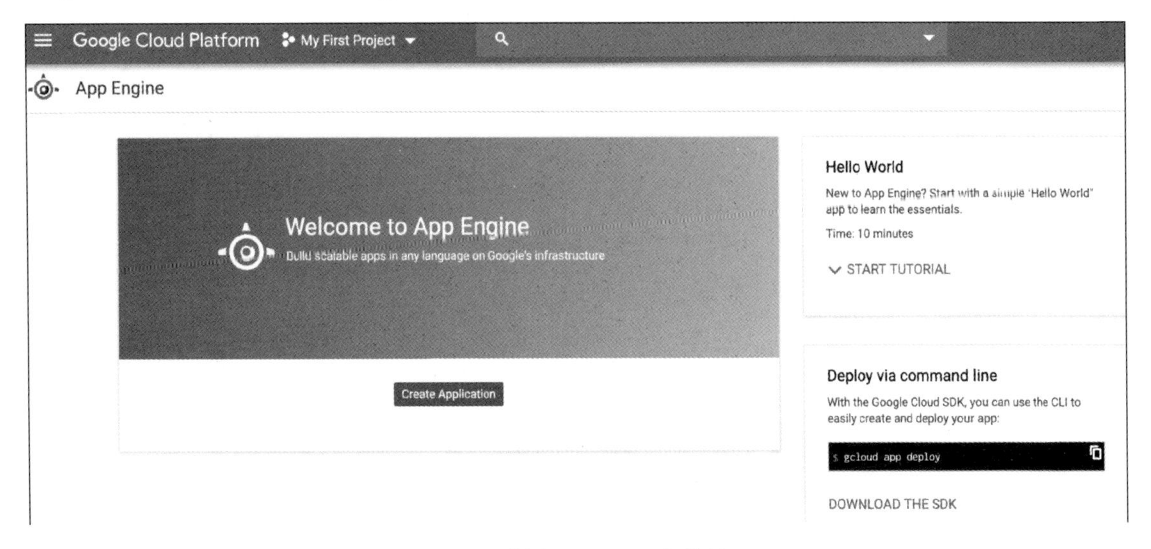

图 4-4　创建 app. yaml 文件界面

（13）选择一个区域，然后单击“Create app”如图 4-5 所示。

（14）选择 Java，然后单击 Next 按钮，如图 4-6 所示。

现在，你的应用程序引擎已在 Google Cloud 中创建。

（15）使用 Maven 构建 spring boot 应用程序：

```
mvn clean install
```

（16）使用以下命令部署应用程序：

```
mvn appengine:deploy
```

Google Cloud Platform
My First Project
App Engine
Create app
Region
Region is permanent.
us-central
Map data ©2019
Create app
Cancel

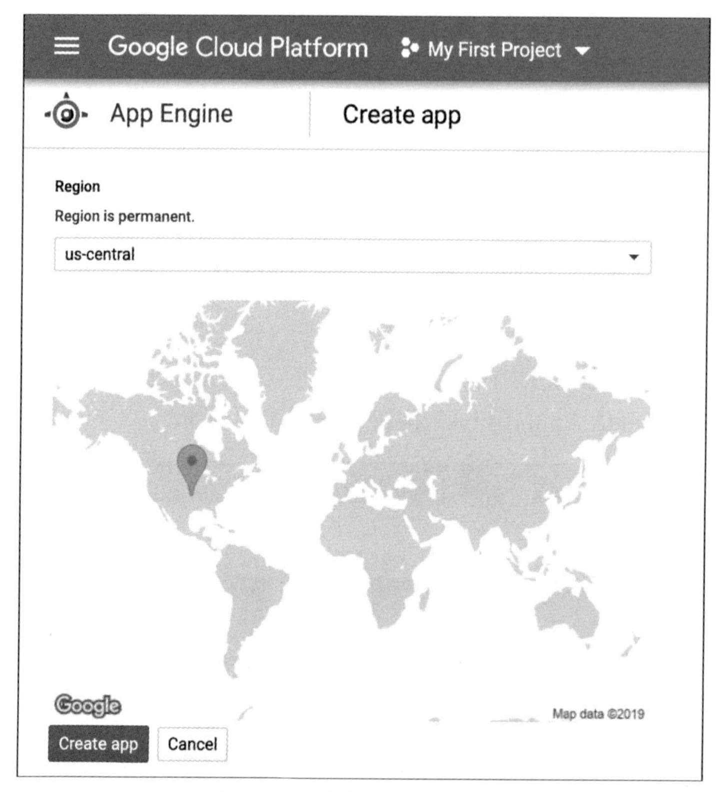

图 4-5 单击“Create app”

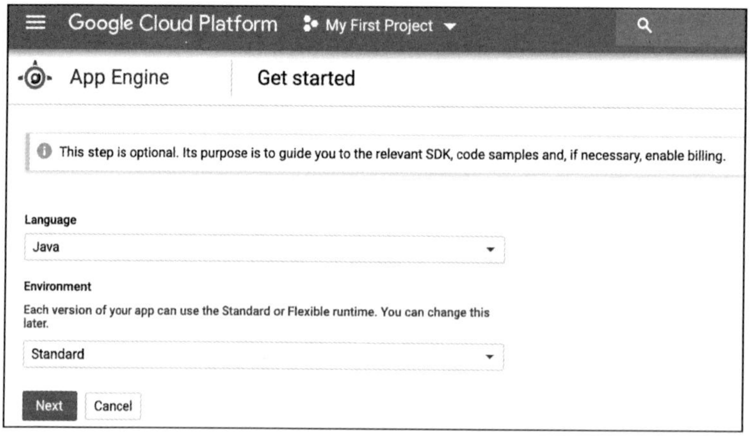
Google Cloud Platform
My First Project
App Engine
Get started
This step is optional. Its purpose is to guide you to the relevant SDK, code samples and, if necessary, enable billing.
Language
Java
Environment
Each version of your app can use the Standard or Flexible runtime. You can change this later.
Standard
Next
Cancel

图 4-6 单击 Next 按钮

4.8.2　工作原理

在步骤（1）和步骤（2）中，我们保留了模型以重用 API 中的模型功能。

在步骤（3）中，创建一个 API 方法以接受用户输入并从图像分类器返回结果。

在步骤（4）中，URI 映射将接受客户端请求（GET/POST）。GET 请求将从一开始就服务于主页。POST 请求将服务于最终用户的图像分类请求。

在步骤（5）中，我们向 pom.xml 文件添加了 API 依赖项。出于演示目的，我们构建了 API JAR 文件，并且 JAR 文件存储在本地 Maven 资源库中。对于生产，你需要在私有资源库中提交 API（JAR 文件），以便 Maven 可以从那里获取它。

在步骤（6）中，我们在 Spring Boot 应用程序服务层调用 ImageClassifier API，以检索结果并将其返回给控制器类。

在上一章中，我们出于演示目的在本地部署了该应用程序。在本章中，我们已在 Google Cloud 中部署了该应用程序。步骤(7)～(16)专门用于在 Google Cloud 中进行部署。

尽管我们可以使用 Google Compute Engine 或 Dataproc 以更多自定义的方式设置相同的事情，但我们已经使用了 Google App Engine。Dataproc 旨在将你的应用程序部署在 Spark 分布式环境中。

部署成功后，你应该会看到如图 4-7 所示内容的信息。

```
5a2c5095cca1: waiting
1e73997959b4: Layer already exists
269898bd648c: Layer already exists
8466a968f110: Layer already exists
8261521a4d83: Layer already exists
ac0f931ff2d8: Layer already exists
fe63816dcc7d: Layer already exists
5a2c5095cca1: Layer already exists
ffa07944dec4: Pushed
latest: digest: sha256:ebff8273190d731a6d447f41fb19e104695e297f35b51c87c9a2585b50e29d9f size: 1998
DONE
--------------------------------------------------------------------------------

Updating service [default]...
........................................................................................................
........................................................................................................
.....done.
Updating service [default]...
Waiting for operation [apps/practical-theme-183616/operations/e1c0129d-13ae-4d0a-a095-f7a0cd81a871] to complete...
..................done.
done.
Deployed service [default] to [https                    .appspot.com]
```

图 4-7　部署成功后界面

当你单击 URL（以 https://xx.appspot.com 开头）时，你应该可以看到网页（与上一章相同），最终用户可以在其中上传图像以进行图像分类。

第 5 章　实现自然语言处理

在本章中，我们将讨论 DL4J 中的单词向量（Word2Vec）和段落向量（Doc2Vec）。我们将逐步开发一个完整的运行示例，涵盖 ETL、模型配置、训练和评估等所有阶段。Word2Vec 和 Doc2Vec 是 DL4J 中自然语言处理（**natural language processing；NLP**）的实现。在谈论 Word2Vec 之前，值得一提的是关于 bag - of - words（词袋）算法的内容。

bag - of - words 是一种对文档中单词的实例进行计数的算法。这将使我们能够进行文档分类。bag - of - words 和 Word2Vec 只是两种不同类型的文本分类。**Word2Vec** 可以使用从文档中提取的 bag - of - words 来创建向量。除了这些文本分类方法之外，术语频率－逆文档频率（**term frequency - inverse document frequency；TF - IDF**）可以用来判断文档的主题/语境。在 TF－IDF 的情况下，会对所有的词计算出一个得分，词数会被这个得分所代替。TF－IDF 是一个简单的评分方案，但是单词嵌入可能是一个更好的选择，因为语义相似性可以通过单词嵌入来捕捉。另外，如果你的数据集很小，而且上下文是特定领域的，那么 bag - of - words 可能是比 Word2Vec 更好的选择。

Word2Vec 是一个处理文本的两层神经网络，它将文本语料库转换为向量。

请注意，Word2Vec 不是深度神经网络（DNN）。它将文本数据转换为 DNN 可以理解的数字格式，使得定制化成为可能。

我们甚至可以将 Word2Vec 与 DNNs 结合起来服务于这个目的。它并不是通过重建来训练输入单词，而是利用语料库中的邻近单词来训练单词。

Doc2Vec（段落向量）将文档与标签关联起来，是 Word2Vec 的扩展。Word2Vec 试图将单词与单词关联起来，而 Doc2Vec（段落向量）则将单词与标签关联起来。一旦我们用向量格式来表示文档，我们就可以使用这些格式作为监督学习算法的输入，将这些向量映射到标签上。

在本章中，我们将介绍以下方法：

- 读取和加载文本数据。
- 标记化数据并训练模型。
- 评估模型。
- 从模型中生成图谱。
- 保存和重新加载模型。
- 导入 Google News 向量。

- Word2Vec 模型的故障诊断和调整。
- 利用 CNNs 使用 Word2Vec 进行句子分类。
- 使用 Doc2Vec 进行文档分类。

5.1　技术要求

本章讨论的示例可以在 https://github.com/PacktPublishing/Java-Deep-Learning-Cookbook/tree/master/05_Implementing_NLP/sourceCode/cookbookapp/src/main/java/com/javadeeplearningcookbook/examples 中找到。

克隆我们的 GitHub 资源库后，导航到名为 Java-Deep-Learning-Cookbook/05_Implementing_NLP/sourceCode 的目录。然后，通过导入 pom.xml 将 cookbookapp 项目导入为 Maven 项目。

要在 DL4J 中开始使用 NLP，请在 pom.xml 中添加以下 Maven 依赖关系。

```
<dependency>
  <groupId>org.deeplearning4j</groupId>
  <artifactId>deeplearning4j-nlp</artifactId>
  <version>1.0.0-beta3</version>
  </dependency>
```

5.2　数据要求

项目目录中有一个资源文件夹，里面有 LineIterator 示例所需的数据，如图 5-1 所示。

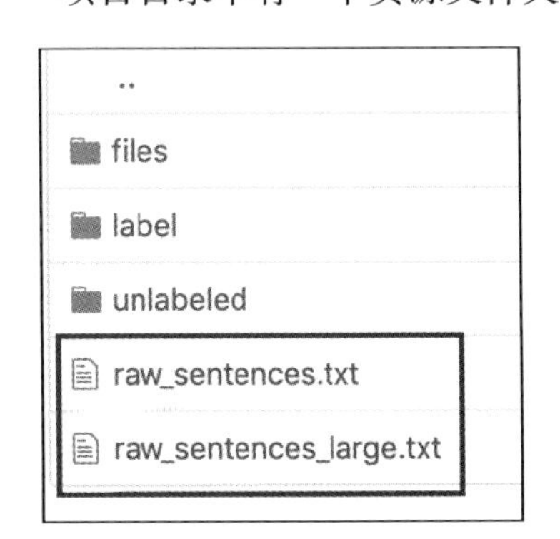

图 5-1　LineIterator 示例所需数据

对于 CnnWord2VecSentenceClassificationExample 或 GoogleNewsVectorExampleYou，你可以从以下网址下载数据集。

- Google News 向量：

https://deeplearning4jblob.blob.core.windows.net/resources/wordvectors/GoogleNews-vectors-negative300.bin.gz。

- IMDB 评论数据：

http://ai.stanford.edu/～amaas/data/sentiment/aclImdb_v1.tar.gz。

请注意，IMDB 评论数据需要提取两次才能获得实际的数据集文件夹。

对于 t - 分布式随机邻居嵌入（t-distributed stochastic neighbor embedding；t-SNE）可视化示例，所需数据（word. txt）可以位于项目根目录本身。

5.3 读取和加载文本数据

我们需要加载文本格式的原始句子，并使用下划线迭代器进行迭代以达到目的。文本语料也可以进行预处理，比如小写转换。在配置 Word2Vec 模型的同时，可以提到停止词。在这个方法中，我们将从各种数据输入场景中提取和加载文本数据。

5.3.1 准备工作

根据你要寻找什么样的数据以及你要如何加载数据，从步骤（1）～（5）选择一个迭代器方法。

5.3.2 实现过程

（1）使用 BasicLineIterator 创建一个句子迭代器：

```
File file = new File("raw_sentences. txt");
SentenceIterator iterator = new BasicLineIterator(file);
```

详细案例访问 https://github. com/PacktPublishing/Java-Deep-Learning-Cookbook/blob/master/05_Implementing_NLP/sourceCode/cookbookapp/src/main/java/com/javadeeplearningcookbook/examples/BasicLineIteratorExample. java。

（2）使用 LineSentenceIterator 创建一个句子迭代器：

```
File file = new File("raw_sentences. txt");
SentenceIterator iterator = new LineSentenceIterator(file);
```

详细案例访问 https://github. com/PacktPublishing/Java-Deep-Learning-Cookbook/blob/master/05_Implementing_NLP/sourceCode/cookbookapp/src/main/java/com/javadeeplearningcookbook/examples/LineSentenceIteratorExample. java。

（3）使用 CollectionSentenceIterator 创建一个句子迭代器：

```
List<String> sentences = Arrays. asList("sample text", "sample text", "sample text");
SentenceIterator iter = new CollectionSentenceIterator(sentences);
```

详细案例访问 https://github.com/PacktPublishing/Java-Deep-Learning-Cookbook/blob/master/05_Implementing_NLP/sourceCode/cookbookapp/src/main/java/com/javadeeplearningcookbook/examples/CollectionSentenceIteratorExample.java。

(4) 使用 FileSentenceIterator 创建一个句子迭代器：

```
SentenceIterator iter = new FileSentenceIterator(new File("/home/downloads/sentences.txt"));
```

详细案例访问 https://github.com/PacktPublishing/Java-Deep-Learning-Cookbook/blob/master/05_Implementing_NLP/sourceCode/cookbookapp/src/main/java/com/javadeeplearningcookbook/examples/FileSentenceIteratorExample.java。

(5) 使用 UimaSentenceIterator 创建一个句子迭代器。

添加以下 Maven 依赖关系：

```
<dependency>
  <groupId>org.deeplearning4j</groupId>
  <artifactId>deeplearning4j-nlp-uima</artifactId>
  <version>1.0.0-beta3</version>
  </dependency>
```

然后使用迭代器，如下所示：

```
SentenceIterator iterator = UimaSentenceIterator.create("path/to/your/text/documents");
```

你也可以像这样使用它：

```
SentenceIterator iter = UimaSentenceIterator.create("path/to/your/text/documents");
```

详细案例访问 https://github.com/PacktPublishing/Java-Deep-Learning-Cookbook/blob/master/05_Implementing_NLP/sourceCode/cookbookapp/src/main/java/com/javadeeplearningcookbook/examples/UimaSentenceIteratorExample.java。

(6) 将预处理程序应用于文本语料库：

```
iterator.setPreProcessor(new SentencePreProcessor(){
@Override
  public String preProcess(String sentence){
  return sentence.toLowerCase();
  }
  });
```

详细案例访问 https://github.com/PacktPublishing/Java-Deep-Learning-Cookbook/blob/master/05_Implementing_NLP/sourceCode/cookbookapp/src/main/java/com/javadeep learningcookbook/examples/SentenceDataPreProcessor. java。

5.3.3 工作原理

在步骤（1）中，我们使用了 BasicLineIterator，它是一个基本的单行句子迭代器，不涉及任何定制。

在步骤（2）中，我们使用 LineSentenceIterator 来迭代多句文本数据。这里每一行都被认为是一个句子。我们可以将它们用于多行文本。

在步骤（3）中，CollectionSentenceIterator 将接受一个字符串列表作为文本输入，其中每个字符串代表一个句子（文档）。这可以是一个微博或文章的列表。

在步骤（4）中，FileSentenceIterator 处理文件/目录中的句子。句子将从每个文件中逐行处理。

对于任何复杂的事情，我们建议你使用 UimaSentenceIterator，它是一个适当的机器学习级管道。它对一组文件进行迭代，并对句子进行分段。UimaSentenceIterator 管道可以执行标记化、词法化和语篇标记。行为可以根据传递的分析引擎进行定制。这个迭代器最适合复杂的数据，比如从 Twitter API 返回的数据。分析引擎是一个文本处理管道。

如果你想在遍历一次后从头开始遍历迭代器，则需要使用 reset（）方法。

我们可以通过在数据迭代器上定义一个预处理器来对数据进行规范化，并去除异常。因此，我们在步骤（5）中定义了一个规范化器（预处理器）。

5.3.4 相关内容

我们也可以使用 UimaSentenceIterator 通过传递一个分析引擎来创建一个句子迭代器，如下代码所示：

```
SentenceIterator iterator = new
UimaSentenceIterator(path,AnalysisEngineFactory.createEngine(
AnalysisEngineFactory.createEngineDescription(TokenizerAnnotator.getDescription(), SentenceAnnotator.getDescription())));
```

分析引擎的概念借用了 UIMA 的文本处理管道。DL4J 有标准的分析引擎可用于常见的任务，可以实现进一步的文本定制，并决定如何定义句子。与 OpenNLP 文本处理流水线相比，分析引擎是线程安全的。基于 ClearTK 的管道也用于处理 DL4J 中常见的文本处理任务。

5.3.5 参考资料

- UIMA：http://uima.apache.org/。

- OpenNLP：http://opennlp.apache.org/。

5.4　分析词数据并训练模型

我们需要进行词分析来建立 Word2Vec 模型。一个句子（文档）的上下文是由其中的单词决定的。Word2Vec 模型需要输入的是单词而不是句子（文档），所以我们需要将句子分解成最小单位，并在每次遇到空白处时创建一个标记。DL4J 有一个词分析器，负责创建词分析器。TokenizerFactory 为给定的字符串生成一个词分析器。在这个方法中，我们将对文本数据进行词分析，并在其上训练 Word2Vec 模型。

5.4.1　实现过程

（1）创建一个词分析器并设置词分析预处理器：

```
TokenizerFactory tokenFactory = new DefaultTokenizerFactory(); tokenFactory.setTokenPreProcessor
(new CommonPreprocessor());
```

（2）将词分析器添加到 Word2Vec 模型配置中：

```
Word2Vec model = new Word2Vec.Builder()
 .minWordFrequency(wordFrequency)
 .layerSize(numFeatures)
 .seed(seed)
 .epochs(numEpochs)
 .windowSize(windowSize)
 .iterate(iterator)
 .tokenizerFactory(tokenFactory)
 .build();
```

（3）训练 Word2Vec 模型：

```
model.fit();
```

5.4.2　工作原理

在步骤（1）中，我们使用 DefaultTokenizerFactory（）创建词分析器来分析单词。这是 Word2Vec 的默认词分析器，它基于字符串词分析器或者词干分析器。我们还使用 CommonPreprocessor 作为词分析预处理器。预处理器将删除文本语料库中的异常情况。

CommonPreprocessor 是一个词分析预处理器的实现，它可以删除标点符号，并将文本转换为小写字母，它使用 toLowerCase（String）方法，其行为取决于默认的本地语言环境。

下面是我们在步骤（2）中进行的配置：

- minWordFrequency（）：一个单词在文本语料库中必须存在的最少次数。在我们的例子中，如果一个单词出现的次数少于 5 次，那么它就不会被学习。单词在文本语料库中应该多次出现，这样模型才能学习到关于它们的有用特征。在非常大的文本语料库中，提高单词出现次数的最小值是合理的。
- layerSize（）：定义了单词向量中的特征数量。这相当于特征空间的维数。由 100 个特征表示的单词成为 100 维空间中的点。
- iterate（）：指定进行训练的批次。我们可以传入一个迭代器来转换为单词向量。在我们的例子中，传入了一个句子迭代器。
- epochs（）：指定整个训练语料库的迭代次数。
- windowSize（）：定义上下文窗口的大小。

5.4.3 相关内容

以下是 DL4J Word2Vec 中可用的其他词分析器实现，用于为给定的输入生成词分析器：

- NGramTokenizerFactory：词分析器，用于创建基于 *N* - gram 模型的词分析器。*N* - grams 是文本语料库中存在的长度为 *n* 的连续单词或字母的组合。
- PosUimaTokenizerFactory：创建一个过滤部分语音标签的词分析器。
- UimaTokenizerFactory：创建一个使用 UIMA 分析引擎进行标记的词分析器。分析引擎对非结构化信息进行检查和观察，并表示语义内容，包含非结构化信息但不限于文本文档。

以下是 DL4J 中可用的内置词分析预处理器（不包括 CommonPreprocessor）。

- EndingPreProcessor：预处理器。它可以去除文本语料库中的词尾，例如，它从文本中删除 s、ed、.、ly 和 ing。
- LowCasePreProcessor：将文本转换为小写格式的预处理器。
- StemmingPreprocessor：实现了从 CommonPreprocessor 继承的基本清理功能，并进行词义分析的预处理器。
- CustomStemmingPreprocessor：词干预处理器。它与定义为 lucene/tartarus Snowball Program 的不同词干处理程序兼容，例如 RussianStemmer、DutchStemmer 和 FrenchStemmer。这意味着它适用于多语言词干分析。
- EmbeddedStemmingPreprocessor：这个标记器预处理器使用一个给定的预处理器，并对其上的标记执行英语词干分析。

我们也可以实现自己的词分析预处理器，例如，从词分析中删除所有停止词的预处理器。

5.5　评估模型

我们需要在评估过程中检查特征向量的质量。这将使我们了解生成的 Word2Vec 模型的质量。在这个方法中，我们将遵循两种不同的方法来评估 Word2Vec 模型。

5.5.1　实现过程

（1）查找与给定单词相似的单词：

```
Collection<String> words = model.wordsNearest("season",10);
```

你会看到一个类似于下面的 n 个输出：

```
week
game
team
year
world
night
time
country
last
group
```

（2）找出所给两个单词的余弦相似度：

```
double cosSimilarity = model.similarity("season","program"); System.out.println(cosSimilarity);
```

对于前面的例子，余弦相似度计算如下：

```
0.2720930874347687
```

5.5.2　工作原理

在步骤（1）中，我们通过调用 wordsNearest（），提供输入和计数 n，找到与给定单词相似的前 n 个单词（上下文相似），n 个计数就是我们要列出的单词数量。

在步骤（2）中，我们试图找到两个给定单词的相似度。为了做到这一点，我们实际上计算了两个给定单词之间的余弦相似度。余弦相似度是我们可以用来寻找单词/文档之间相似度的有用指标之一。我们使用训练好的模型将输入词转换为向量。

5.5.3 相关内容

余弦相似度是指两个非零向量之间的相似度，用它们之间角度的余弦来衡量。这个度量标准测量的是方向而不是幅度，因为余弦相似度计算的是文档向量之间的角度而不是字数。如果角度为 0，那么余弦值达到 1，说明它们非常相似。如果余弦相似度接近 0，那么说明文档之间的相似度较低，文档向量之间会相互正交（垂直）。另外，相互不相似的文档会产生负的余弦相似度。对于这样的文档，余弦相似度可以到－1，表示文档向量之间的角度为 180°。

5.6 从模型中生成图谱

我们已经提到，在训练 Word2Vec 模型时，我们一直使用 100 的层大小。这意味着可以有 100 个特征，最终，可以有一个 100 维的特征空间。绘制 100 维的空间是不可能的，因此我们依靠 t - SNE 来进行降维。在这个方法中，我们将从 Word2Vec 模型生成二维图。

5.6.1 准备工作

关于这个方法，请参考 t - SNE 可视化示例，可以在下面找到 https://github.com/PacktPublishing/Java-Deep-Learning-Cookbook/blob/master/05 _ Implementing _ NLP/sourceCode/cookbookapp/src/main/java/com/javadeeplearningcookbook/examples/TSNEVisualizationExample.java。

该示例在 CSV 文件中生成 t - SNE 图。

5.6.2 实现过程

（1）添加以下代码段（在源代码的开头）来设置当前 JVM 运行时的数据类型：

```
Nd4j.setDataType(DataBuffer.Type.DOUBLE);
```

（2）将单词向量写入文件：

```
WordVectorSerializer.writeWordVectors(model.lookupTable(),newFile("words.txt"));
```

（3）使用 WordVectorSerializer 将唯一单词的权重分离到自己的列表中。

```
Pair< InMemoryLookupTable, VocabCache > vectors = WordVectorSerializer.loadTxt(new File("
words.txt"));
VocabCache cache = vectors.getSecond();
INDArray weights = vectors.getFirst().getSyn0();
```

（4）创建一个列表来添加所有独特的单词：

```
List<String> cacheList = new ArrayList<>();
for(inti = 0;i<cache.numWords();i + +){
cacheList.add(cache.wordAtIndex(i));
}
```

（5）使用 BarnesHutTsne 构建一个用于降维的双树 t - SNE 模型：

```
BarnesHutTsne tsne = new BarnesHutTsne.Builder()
 .setMaxIter(100)
 .theta(0.5)
 .normalize(false)
 .learningRate(500)
 .useAdaGrad(false)
 .build();
```

（6）建立 t - SNE 值并保存到文件中：

```
tsne.fit(weights);
tsne.saveAsFile(cachcList,"tsne - standard - coords.csv");
```

5.6.3　工作原理

在步骤（2）中，将训练好的模型中的单词向量保存到本地机器上，以便进一步处理。

在步骤（3）中，我们通过使用 WordVectorSerializer 从所有独特的单词向量中提取数据。基本上，这将从涉及的输入单词中加载一个内存中的 VocabCache（词汇高速缓存）。但它不会将整个词汇表/查询表加载到内存中，所以它能够处理通过网络服务的大型词汇表。

VocabCache 管理 Word2Vec 查找表所需信息的存储。我们需要将标签传递给 t - SNE 模型，标签无非是单词向量所代表的单词。

在步骤（4）中，我们创建了一个列表，以添加所有独一无二的单词。

BarnesHutTsne 词条是双树 t - SNE 模型的 DL4J 实现类。Barnes - Hut 算法采取的是双树近似策略。建议你使用另一种方法，如主成分分析（principal component analysis；PCA）或类似的方法，最多能减少 50 个维度。

在步骤（5）中，我们使用 BarnesHutTsne 为此设计了一个 t - SNE 模型。这个模型包含以下几个部分：

- theta（）：Barnes - Hut 权衡参数。
- useAdaGrad（）：用于 NLP 应用的传统 AdaGrad 实现。

一旦 t-SNE 模型设计完成后，我们就可以用从词中加载的权重对其进行拟合。然后我们可以将特征图保存到 Excel 文件中，如步骤（6）所示。

特征坐标将如图 5-2 所示。

10313.24	-3208.58	i
9226.621	-20785.3	it
-1897.82	-14958.3	
-16017.7	205.2945	do
-16463.6	-12740.4	to
-12282.4	-1568.77	nt
-18311.8	-13064.7	?
-8450.18	18511.09	the
-10171.5	-26072.3	that
-12794.7	-15793.5	'
-2573.43	17713.4	he
7983.138	-14088.4	you
14693.47	21993.78	we
-14406	7192.472	what
-10893.4	-16106.2	they
124.8612	26304.67	said
-9002.77	15979.93	not
15987.31	5136.879	but
-14423.8	6216.467	and
940.4331	11966.52	go
8750.142	880.8116	know
3906.896	13513.67	a
14468.13	-14220.9	wa
14668.22	4229.939	did
3289.117	18491.64	are
18241.01	-15675.7	have
3186.297	58044.83	thi
1430.845	-2961.4	there
-17356.3	-8191.13	be

tsne-standard-coords

图 5-2 特征坐标

我们可以使用 gnuplot 或任何其他第三方库绘制这些坐标。DL4J 还支持基于 JFrame 的可视化。

5.7 保存和重新加载模型

模型的持久性是一个关键的话题，尤其是在不同的平台上操作时。我们还可以重复使用模型进行进一步的训练（转移学习）或执行任务。

在这个方法中，我们将保留（保存和重新加载）Word2Vec模型。

5.7.1　实现过程

（1）使用WordVectorSerializer保存Word2Vec模型：

```
WordVectorSerializer.writeWord2VecModel(model, "model.zip");
```

（2）使用WordVectorSerializer重新加载Word2Vec模型：

```
Word2Vec word2Vec = WordVectorSerializer.readWord2VecModel("model.zip");
```

5.7.2　工作原理

在步骤（1）中，writeWord2VecModel（）方法将Word2Vec模型保存到一个压缩的ZIP文件中，并将其发送到输出流中。它保存了完整的模型，包括Syn0和Syn1。Syn0是存放原始词向量的数组，是一个投影层，可以将词的一键编码转换为合适维度的密集嵌入向量。Syn1数组代表模型内部的隐藏权重，用于处理输入/输出。

在步骤（2）中，readWord2VecModel（）方法加载的模型格式如下：

- 二进制模型，可压缩或不压缩。
- 流行的CSV/Word2Vec文本格式。
- DL4J压缩格式。

请注意，此方法将仅加载权重。

5.8　导入Google News向量

谷歌提供了一个大型的、经过预训练的Word2Vec模型，约有300万个300维的英语单词向量。它足够大，而且经过预训练，显示出有希望的结果。我们将使用Google向量作为我们评估的输入词向量。你将需要至少8GB的内存来运行这个例子。在这个方法中，我们将导入Google News向量，然后进行评估。

5.8.1　实现过程

（1）导入Google News向量：

```
File file = new File("GoogleNews-vectors-negative300.bin.gz");
Word2Vec model = WordVectorSerializer.readWord2VecModel(file);
```

（2）对 Google News 向量进行评估：

```
model.wordsNearest("season",10))
```

5.8.2 工作原理

在步骤（1）中，readWord2VecModel（）方法用于加载预先训练好的 Google News 向量，该向量以压缩文件格式保存。

在步骤（2）中，使用 wordsNearest（）方法，根据正/负得分来查找与给定单词最近的单词。

执行步骤（2）后，我们应该看到如图 5-3 所示结果。

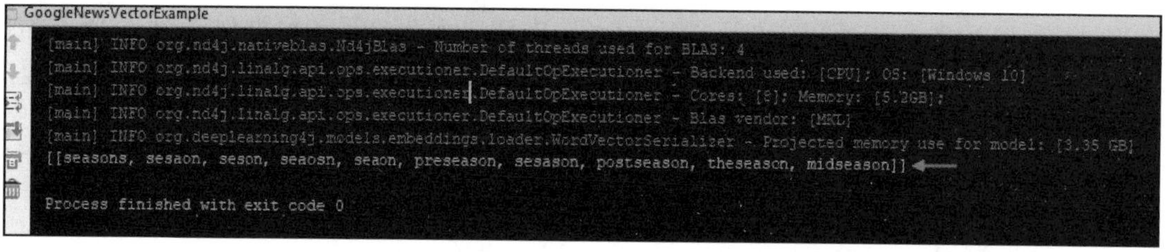

```
GoogleNewsVectorExample
[main] INFO org.nd4j.nativeblas.Nd4jBlas - Number of threads used for BLAS: 4
[main] INFO org.nd4j.linalg.api.ops.executioner.DefaultOpExecutioner - Backend used: [CPU]; OS: [Windows 10]
[main] INFO org.nd4j.linalg.api.ops.executioner.DefaultOpExecutioner - Cores: [8]; Memory: [5.2GB];
[main] INFO org.nd4j.linalg.api.ops.executioner.DefaultOpExecutioner - Blas vendor: [MKL]
[main] INFO org.deeplearning4j.models.embeddings.loader.WordVectorSerializer - Projected memory use for model: [3.35 GB]
[[seasons, sesaon, seson, seaosn, seaon, preseason, sesason, postseason, theseason, midseason]]

Process finished with exit code 0
```

图 5-3 执行结果

你可以自己输入来尝试这种技术，看看不同的结果。

5.8.3 相关内容

Google News 向量的压缩模型文件大小为 1.6 GB。加载和评估模型可能需要一段时间。如果是第一次运行代码，则可能会看到 OutOfMemoryError 错误，如图 5-4 所示。

```
Exception in thread "main" java.lang.OutOfMemoryError: Cannot allocate new FloatPointer(900000000): totalBytes = 78125K, physicalBytes = 223M
    at org.bytedeco.javacpp.FloatPointer.<init>(FloatPointer.java:76)
    at org.nd4j.linalg.api.buffer.BaseDataBuffer.<init>(BaseDataBuffer.java:610)
    at org.nd4j.linalg.api.buffer.FloatBuffer.<init>(FloatBuffer.java:54)
    at org.nd4j.linalg.api.buffer.factory.DefaultDataBufferFactory.createFloat(DefaultDataBufferFactory.java:256)
    at org.nd4j.linalg.factory.Nd4j.createBuffer(Nd4j.java:1500)
    at org.nd4j.linalg.factory.Nd4j.createBuffer(Nd4j.java:1474)
    at org.nd4j.linalg.api.ndarray.BaseNDArray.<init>(BaseNDArray.java:272)
    at org.nd4j.linalg.cpu.nativecpu.NDArray.<init>(NDArray.java:143)
    at org.nd4j.linalg.cpu.nativecpu.CpuNDArrayFactory.create(CpuNDArrayFactory.java:172)
    at org.nd4j.linalg.factory.Nd4j.create(Nd4j.java:4374)
    at org.nd4j.linalg.factory.Nd4j.create(Nd4j.java:4324)
    at org.nd4j.linalg.factory.Nd4j.create(Nd4j.java:3789)
    at org.deeplearning4j.models.embeddings.loader.WordVectorSerializer.readBinaryModel(WordVectorSerializer.java:177)
    at org.deeplearning4j.models.embeddings.loader.WordVectorSerializer.readWord2VecModel(WordVectorSerializer.java:2400)
    at org.deeplearning4j.models.embeddings.loader.WordVectorSerializer.readWord2VecModel(WordVectorSerializer.java:2158)
    at com.javadeeplearningcookbook.examples.GoogleNewsVectorExample.main(GoogleNewsVectorExample.java:18)
```

图 5-4 OutOfMemoryError 错误

我们现在需要调整 VM options（虚拟机选项），以便为应用程序容纳更多的内存。你可以在 IntelliJ IDE 中调整 VM options，如图 5-5 所示。你只需要确保分配足够的内存值并重新启动应用程序。

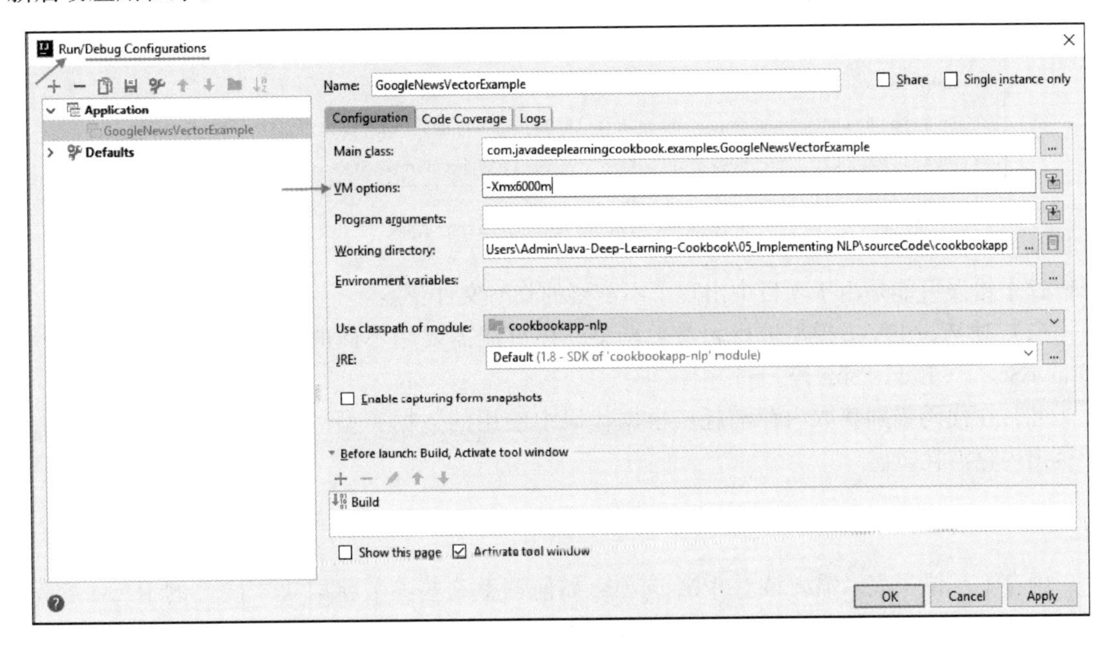

图 5-5　在 IntelliJ IDE 中调整 VM options

5.9　Word2Vec 模型的故障诊断和调整

Word2Vec 模型可以进一步调整以产生更好的结果。在内存需求量大，资源可用性较低的情况下，可能会发生运行时错误。我们需要对它们进行故障排除，了解它们发生的原因，并采取预防措施。在这个方法中，我们将对 Word2Vec 模型进行故障排除，并对其进行调整。

5.9.1　实现过程

（1）监控应用程序控制台/日志中的 OutOfMemoryError，检查是否需要增加堆空间。

（2）检查你的 IDE 控制台是否有内存不足的错误。如果有内存不足的错误，那么在你的 IDE 中添加 VM 选项来增加 Java 内存堆。

（3）运行 Word2Vec 模型时监控 StackOverflowError。注意如图 5-6 所示错误。

```
java.lang.StackOverflowError: null
at java.lang.ref.Reference.<init>(Reference.java:254) ~[na:1.8.0_11]
at java.lang.ref.WeakReference.<init>(WeakReference.java:69) ~[na:1.8.0_11]
at java.io.ObjectStreamClass$WeakClassKey.<init>(ObjectStreamClass.java:2306) [na:1.8
at java.io.ObjectStreamClass.lookup(ObjectStreamClass.java:322) ~[na:1.8.0_11]
at java.io.ObjectOutputStream.writeObject0(ObjectOutputStream.java:1134) ~[na:1.8.0_1
at java.io.ObjectOutputStream.defaultWriteFields(ObjectOutputStream.java:1548) ~[na:1
```

图 5-6 StackOverflowError 错误

这个错误可能是由于项目中出现了不需要的临时文件：

（1）对 Word2Vec 模型进行超参数调整。你可能需要用不同的超参数值进行多次训练，如 layeSize、windowSize 等。

（2）在代码级别获取内存消耗。根据代码中使用的数据类型以及它们所消耗的数据量，计算出内存消耗量。

5.9.2 工作原理

内存不足错误表示需要调整 VM 选项。如何调整这些参数将取决于硬件的 RAM 容量。对于步骤（1），如果使用的是 IntelliJ 之类的 IDE，则可以使用-Xmx、-Xms 等 VM 属性提供 VM 选项。VM 选项也可以从命令行使用。

例如，如果要将最大内存消耗增加到 8GB，就需要在 IDE 中添加-Xmx8G VM 参数。

为了减轻步骤（2）中提到的 StackOverflowError，我们需要删除在我们的 Java 程序执行的项目目录下创建的临时文件。这些临时文件应该如图 5-7 所示。

```
ehcache_auto_created2810726831714447871diskstore
ehcache_auto_created4727787669919058795diskstore
ehcache_auto_created3883187579728988119diskstore
ehcache_auto_created9101229611634051478diskstore
```

图 5-7 临时文件

关于步骤（3），如果你发现你的 Word2Vec 模型没有保存原始文本数据中的所有单词，那么你可能会对增加 Word2Vec 模型的层大小感兴趣。该 layerSize 只是输出向量维度或特征空间维度。例如，我们的代码中 layerSize 为 100。这意味着我们可以将其增加到更大的值，例如 200，作为解决方法：

```
Word2Vec model = new Word2Vec.Builder()
  .iterate(iterator)
  .tokenizerFactory(tokenizerFactory)
  .minWordFrequency(5)
  .layerSize(200)
  .seed(42)
  .windowSize(5)
  .build();
```

如果你有一台 GPU 驱动的计算机，你可以用它来加速 Word2Vec 的训练时间。只要确保像往常一样添加 DL4J 和 ND4J 后台的依赖关系即可。如果结果看起来还是不对，那么确保没有规范化问题。

诸如 wordsNearest () 之类的任务默认情况下使用规范化的权重，而其他任务则不需要应用规范化的权重。

关于步骤（4），我们可以使用常规方法。权重矩阵在 Word2Vec 中具有最大的内存消耗。计算公式如下：

*NumberOfWords * NumberOfDimensions * 2 * DataType memory footprint*

例如，如果我们的 Word2Vec 模型有 100000 个字，使用 long 作为数据类型，100 个维度，那么内存占用将是 100000 * 100 * 2 * 8（长数据类型大小）=160MB RAM，仅仅是权重矩阵。

请注意，DL4J UI 仅提供内存消耗的高层概述。

5.9.3　参考资料

- 参考 DL4J 官方文档 https://deeplearning4j.org/docs/latest/deeplearning4j-config memory，了解更多关于内存管理的内容。

5.10　使用 CNNs 使用 Word2Vec 进行句子分类

神经网络需要数值输入才能按照预期进行操作。对于文本输入，我们不能直接将文本数据输入到神经网络中。由于 Word2Vec 可以将文本数据转换为向量，因此可以利用 Word2Vec，使我们可以将其与神经网络一起使用。我们将使用一个预先训练好的 Google News 向量模型作为参考，并在其上训练一个 CNN 网络。在这个过程的最后，我们将开发一个 IMDB 评论分类器，将评论分为正面或负面。根据在 https://arxiv.org/abs/1408.5882 上找到的论文，将预训练的 Word2Vec 模型与 CNN 结合起来会给我们带来更好的效果。

我们将按照 Yoon Kim 在 2014 年出版物：https://arxiv.org/abs/1408.5882 中提出的建议，采用定制的 CNN 架构以及预训练的词向量模型。该架构比标准 CNN 模型略微先进。我们还将使用两个巨大的数据集，因此该应用可能需要相当数量的 RAM 和性能基准，以确保可靠的训练持续时间和没有 OutOfMemory 错误。

在这个方法中，我们将使用 Word2Vec 和 CNN 进行句子分类。

5.10.1 准备工作

使用在 https://github.com/PacktPublishing/Java-Deep-Learning-Cookbook/blob/master/05_Implementing_NLP/sourceCode/cookbookapp/src/main/java/com/javadeeplearningcookbook/examples/CnnWord2VecSentenceClassificationExample.java 中找到的例子进行参考。

你还应该确保通过改变 VM 选项来增加更多的 Java 堆空间，例如，如果你有 8GB 的 RAM，那么你可以设置 - Xmx2G -- Xmx6G 作为 VM 参数。

我们将从步骤（1）开始提取 IMDB 数据。文件结构如图 5 - 8 所示。

test	4/20/2019 11:27 AM	File folder	
train	4/20/2019 11:27 AM	File folder	
imdb.vocab	4/12/2011 10:44 PM	VOCAB File	827 KB
imdbEr	6/12/2011 4:24 AM	Text Document	882 KB
README	6/26/2011 5:48 AM	File	4 KB

图 5 - 8　文件结构

如果我们进一步导航到数据集目录，你会看到它们的标签如图 5 - 9 所示。

Name	Date modified	Type	Size
neg	4/20/2019 11:34 AM	File folder	
pos	4/20/2019 11:36 AM	File folder	
unsup	4/20/2019 11:45 AM	File folder	
labeledBow.feat	4/12/2011 10:47 PM	FEAT File	20,529 KB
unsupBow.feat	4/12/2011 10:52 PM	FEAT File	40,380 KB
urls_neg	4/12/2011 3:18 PM	Text Document	599 KB
urls_pos	4/12/2011 3:18 PM	Text Document	599 KB
urls_unsup	4/12/2011 3:17 PM	Text Document	2,393 KB

图 5 - 9　标签

5.10.2 实现过程

（1）使用 WordVectorSerializer 加载单词向量模型：

```
WordVectors wordVectors = WordVectorSerializer.loadStaticModel(new File(WORD_VECTORS_PATH));
```

（2）使用 FileLabeledSentenceProvider 创建句子提供程序：

```
Map<String,List<File>> reviewFilesMap = newHashMap<>();
reviewFilesMap.put("Positive",
Arrays.asList(filePositive.listFiles()));
reviewFilesMap.put("Negative",
Arrays.asList(fileNegative.listFiles()));
LabeledSentenceProvider sentenceProvider = new
FileLabeledSentenceProvider(reviewFilesMap, rndSeed);
```

（3）使用 CnnSentenceDataSetIterator 创建训练迭代器或测试迭代器来加载 IMDB 评论数据：

```
CnnSentenceDataSetIterator iterator = new
CnnSentenceDataSetIterator.Builder(CnnSentenceDataSetIterator.Format.CNN2D)
 .sentenceProvider(sentenceProvider)
 .wordVectors(wordVectors) //we mention word vectors here
 .minibatchSize(minibatchSize)
 .maxSentenceLength(maxSentenceLength) //words with length greater than this will be ignored.
 .useNormalizedWordVectors(false)
 .build();
```

（4）通过添加默认的超参数来创建 ComputationGraph 配置：

```
ComputationGraphConfiguration.GraphBuilder builder = new NeuralNetConfiguration.Builder()
 .weightInit(WeightInit.RELU)
 .activation(Activation.LEAKYRELU)
 .updater(new Adam(0.01))
 .convolutionMode(ConvolutionMode.Same) //This is important so we can 'stack' the results later
 .l2(0.0001).graphBuilder();
```

（5）使用 addLayer（）方法为 ComputationGraph 配置层：

```
builder.addLayer("cnn3", new ConvolutionLayer.Builder()
 .kernelSize(3,vectorSize) //vectorSize = 300 for google vectors
```

```
.stride(1,vectorSize)
.nOut(100)
.build(), "input");
builder.addLayer("cnn4", new ConvolutionLayer.Builder()
.kernelSize(4,vectorSize)
.stride(1,vectorSize)
.nOut(100)
.build(), "input");
builder.addLayer("cnn5", new ConvolutionLayer.Builder()
.kernelSize(5,vectorSize)
.stride(1,vectorSize)
.nOut(100)
.build(), "input");
```

（6）设置卷积模式，以便以后对结果进行堆叠：

```
builder.addVertex("merge", new MergeVertex(), "cnn3", "cnn4", "cnn5")
```

（7）创建一个 ComputationGraph 模型并初始化它：

```
ComputationGraphConfiguration config = builder.build();
ComputationGraph net = newComputationGraph(config);
net.init();
```

（8）使用 fit（）方法进行训练：

```
for (int i = 0; i < numEpochs; i++) {
net.fit(trainIterator);
}
```

（9）评估结果：

```
Evaluation evaluation = net.evaluate(testIter);
System.out.println(evaluation.stats());
```

（10）检索 IMDB 评论数据的预测：

```
INDArray features = ((CnnSentenceDataSetIterator)testIterator).loadSingleSentence(conte nts);
INDArray predictions = net.outputSingle(features);
List<String> labels = testIterator.getLabels();
System.out.println("\n\nPredictions for first negative review:");
for( int i=0; i<labels.size(); i++ ){
```

```
  System.out.println("P(" + labels.get(i) + ") = " +
predictions.getDouble(i));
  }
```

5.10.3 工作原理

在步骤（1）中，我们使用 loadStaticModel（）从给定的路径加载模型；但是，你也可以使用 readWord2VecModel（）。与 readWord2VecModel（）不同，loadStaticModel（）使用的是主机内存。

在步骤（2）中，FileLabeledSentenceProvider 被用作数据源，从文件中加载句子/文档。我们用同样的方法创建了 CnnSentenceDataSetIterator。CnnSentenceDataSetIterator 处理将句子转换为 CNN 的训练数据，其中每个单词都使用指定单词向量模型中的单词向量进行编码。句子和标签由 LabeledSentenceProvider 接口提供。LabeledSentenceProvider 的不同实现提供了不同的方式来加载带有标签的句子/文档。

在步骤（3）中，我们创建了 CnnSentenceDataSetIterator 来创建训练/测试数据集迭代器。我们在这里配置的参数如下：

- sentenceProvider（）：将句子提供程序（数据源）添加到 cnnsetencedatasetiterator。
- wordVectors（）：向数据集迭代器添加单词向量引用，例如，Google News 向量。
- useNormalizedWordVectors（）：设置是否可以使用规范化单词向量。

在步骤（5）中，我们为 ComputationGraph 模型创建了图层。

ComputationGraph 配置是具有任意连接结构的神经网络的配置对象。它类似于多层配置，但为网络体系结构提供了更大的灵活性。

我们还创建了堆叠在一起的多个卷积层以及多个滤镜宽度和特征图。

在步骤（6）中，MergeVertex 在激活这三个卷积层时执行深度连接。

一旦完成步骤（8）之前的所有步骤，我们应该看到如图 5-10 所示的评估指标。

在步骤（10）中，contents 是指字符串格式的单句文档中的内容。

对于负面评论内容，我们会在步骤（9）之后看到如图 5-11 所示的结果。

这意味着该文档具有 77.8%的概率存在负面情绪。

5.10.4 相关内容

用那些从预先训练的无监督模型中检索的单词向量来初始化单词向量是一种已知的提高性能的方法。如果你记得这个方法，你会想到使用预训练的 Google News 向量来达到同样的目的。对于 CNN 来说，当应用于文本而不是图像时，我们将处理代表文本的一维数组向量。我们执行相同的步骤，例如使用特征图进行卷积和最大池化，如第 4 章“构建卷积神经网络”中所述。

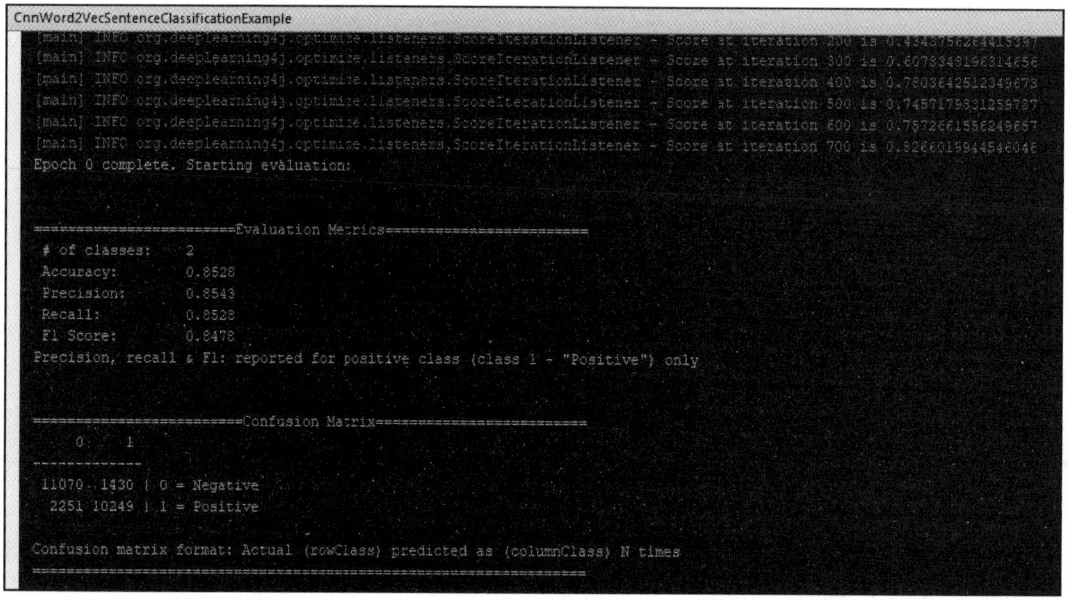

```
CnnWord2VecSentenceClassificationExample
[main] INFO org.deeplearning4j.optimize.listeners.ScoreIterationListener - Score at iteration 200 is 0.4343756264415397
[main] INFO org.deeplearning4j.optimize.listeners.ScoreIterationListener - Score at iteration 300 is 0.6078348196314856
[main] INFO org.deeplearning4j.optimize.listeners.ScoreIterationListener - Score at iteration 400 is 0.7603642512349673
[main] INFO org.deeplearning4j.optimize.listeners.ScoreIterationListener - Score at iteration 500 is 0.7457179831259737
[main] INFO org.deeplearning4j.optimize.listeners.ScoreIterationListener - Score at iteration 600 is 0.7572661556249657
[main] INFO org.deeplearning4j.optimize.listeners.ScoreIterationListener - Score at iteration 700 is 0.8266019944546046
Epoch 0 complete. Starting evaluation:


========================Evaluation Metrics========================
 # of classes:    2
 Accuracy:        0.8528
 Precision:       0.8543
 Recall:          0.8528
 F1 Score:        0.8478
Precision, recall & F1: reported for positive class (class 1 - "Positive") only


=========================Confusion Matrix=========================
     0     1
-------------
 11070  1430 | 0 = Negative
  2251 10249 | 1 = Positive

Confusion matrix format: Actual (rowClass) predicted as (columnClass) N times
==================================================================
```

图 5-10　评估指标

唯一的区别是，我们使用表示文本的向量来代替图像像素。CNN 架构随后在针对 NLP 任务方面显示了出色的成果。在 https://www.aclweb.org/anthology/D14-1181 上找到的论文将对此有进一步的了解。

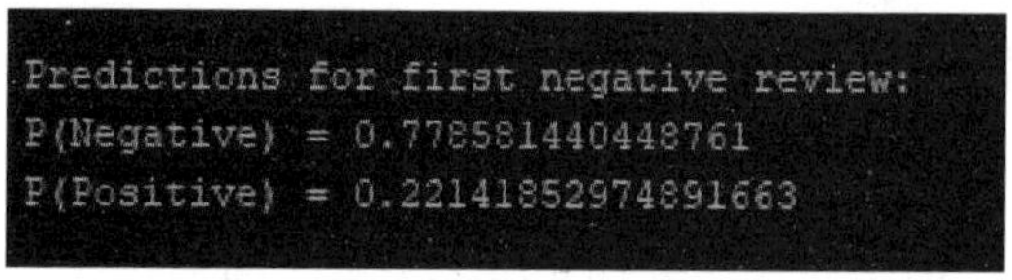

```
Predictions for first negative review:
P(Negative) = 0.778581440448761
P(Positive) = 0.22141852974891663
```

图 5-11　评估结果

计算图的网络体系结构是有向无环图，其中图中的每个顶点都是图的顶点。图顶点可以是定义随机向前/向后传功能的层或顶点。计算图可以具有随机数量的输入和输出。我们需要堆叠多个卷积层，这在普通的 CNN 架构中是不可能的。

ComputaionGraph 有一个选项可以设置称为 convolutionMode 的配置。convolutionMode 确定网络配置以及对于卷积和子采样层（对于给定的输入大小）应如何执行卷积操作。网络配置（例如 stride/padding/kernelSize）适用于给定的卷积模式。我们要使用 convolution Mode 设置卷积模式，因为我们希望将所有三个卷积层的结果堆叠为一个并生成预测。

卷积和二次采样层的输出大小在每个维度中的计算方式如下：

$$outputSize=(inputSize-kernelSize+2*padding)/stride+1$$

如果 outputSize 不是整数，则在网络初始化或正向传递过程中将引发异常。我们已经讨论了 MergeVertex，该方法用于组合两个或更多层的激活。我们使用 MergeVertex 对我们的卷积层执行相同的操作。合并将取决于输入的类型，例如，如果我们要合并两个样本大小（batchSize）为 100，深度分别为 depth1 和 depth2 的卷积层，则合并将在以下适用的地方堆叠结果：

$$depth = depth1 + depth2$$

5.11　使用 Doc2Vec 进行文档分类

Word2Vec 将单词与单词相关联，而 Doc2Vec（也称为段落向量）的目的是使标签与单词相关联。我们将在此方法中讨论 Doc2Vec。文档的标记方式使文档根目录下的子目录代表文档标签。例如，所有与财务相关的数据都应放在 Finance 子目录下。在本方法中，我们将使用 Doc2Vec 进行文档分类。

5.11.1　实现过程

（1）使用 FileLabelAwareIterator 提取并加载数据：

```
LabelAwareIterator labelAwareIterator = new
FileLabelAwareIterator.Builder()
 .addSourceFolder(new
ClassPathResource("label").getFile()).build();
```

（2）使用 TokenizerFactory 创建一个词分析器：

```
TokenizerFactory tokenizerFactory = new DefaultTokenizerFactory();
tokenizerFactory.setTokenPreProcessor(new CommonPreprocessor());
```

（3）创建一个 ParagraphVector 模型定义：

```
ParagraphVectors paragraphVectors = new ParagraphVectors.Builder()
 .learningRate(learningRate)
 .minLearningRate(minLearningRate)
 .batchSize(batchSize)
 .epochs(epochs)
 .iterate(labelAwareIterator)
 .trainWordVectors(true)
 .tokenizerFactory(tokenizerFactory)
 .build();
```

（4）通过调用 fit（）方法来训练 ParagraphVectors：

```
paragraphVectors.fit();
```

（5）为未标记的数据分配标签并评估结果：

```
ClassPathResource unClassifiedResource = new
ClassPathResource("unlabeled");
 FileLabelAwareIterator unClassifiedIterator = new
FileLabelAwareIterator.Builder()
 .addSourceFolder(unClassifiedResource.getFile())
 .build();
```

（6）存储权重查询表：

```
InMemoryLookupTable<VocabWord> lookupTable =
(InMemoryLookupTable<VocabWord>)paragraphVectors.getLookupTable();
```

（7）预测每个未分类文档的标签，如以下伪代码所示：

```
while (unClassifiedIterator.hasNextDocument()) {
//Calculate the domain vector of each document.
//Calculate the cosine similarity of the domain vector with all
//the given labels
 //Display the results
 }
```

（8）从文档中创建标记，并使用迭代器检索文档实例：

```
LabelledDocument labelledDocument =
unClassifiedIterator.nextDocument();
 List<String> documentAsTokens =
tokenizerFactory.create(labelledDocument.getContent()).getTokens();
```

（9）使用查询表来获取词汇信息（VocabCache）：

```
VocabCache vocabCache = lookupTable.getVocab();
```

（10）统计单词在 VocabCache 中匹配的所有实例：

```
AtomicInteger cnt = new AtomicInteger(0);
 for (String word: documentAsTokens) {
 if (vocabCache.containsWord(word)){
 cnt.incrementAndGet();
```

```
    }
    }
    INDArray allWords = Nd4j.create(cnt.get(),
lookupTable.layerSize());
```

（11）将匹配单词的单词向量存储在词汇表中：

```
cnt.set(0);
 for (String word: documentAsTokens) {
 if (vocabCache.containsWord(word))
 allWords.putRow(cnt.getAndIncrement(), lookupTable.vector(word));
 }
```

（12）通过计算单词嵌入的平均值来计算域向量：

```
INDArray documentVector = allWords.mean(0);
```

（13）检查文档向量与标记单词向量的余弦相似度：

```
List<String> labels =
labelAwareIterator.getLabelsSource().getLabels();
 List<Pair<String, Double>> result = new ArrayList<>();
 for (String label: labels) {
 INDArray vecLabel = lookupTable.vector(label);
 if (vecLabel == null){
 throw new IllegalStateException("Label "+ label+"has no known vector!");
 }
 double sim = Transforms.cosineSim(documentVector, vecLabel);
 result.add(new Pair<String, Double>(label, sim));
 }
```

（14）显示结果：

```
for (Pair<String, Double> score: result) {
log.info("" + score.getFirst() + ": " + score.getSecond());
}
```

5.11.2　工作原理

在步骤（1）中，我们使用FileLabelAwareIterator创建了一个数据集迭代器。FileLabelAwareIterator是一个简单的基于文件系统的LabelAwareIterator接口。它假设有一个或多个文件夹，其组织方式如下：

- First-level subfolder：标签名称。
- Second-level subfolder：标签文档。

看看这个数据结构的例子，如图 5-12 所示。

在步骤（3）中，我们通过添加所有需要的超参数来创建段落向量（ParagraphVector）。段落向量的目的是将任意文档与标签关联起来。段落向量是 Word2Vec 的扩展，它可以学习将标签和单词关联起来，而 Word2Vec 则将单词和其他单词关联起来。我们需要定义标签，让段落向量发挥作用，如图 5-13 所示。

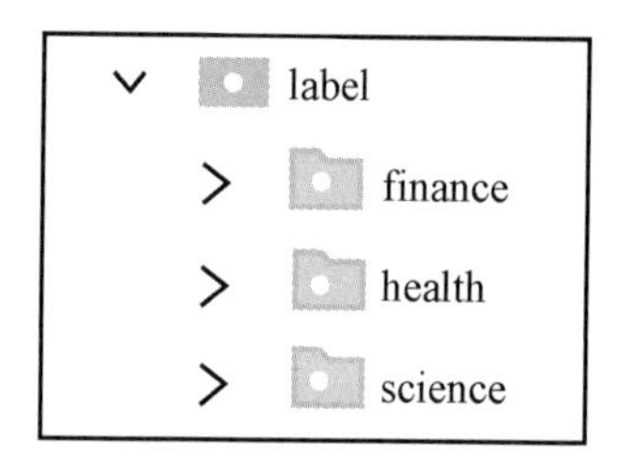

图 5-12 数据结构示例

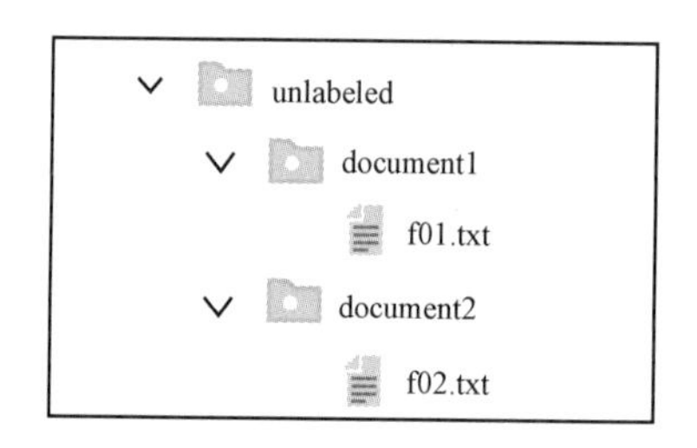

图 5-13 定义标签

关于我们在步骤（5）中所做的更多信息内容，请参考以下目录结构（在项目中的 unlabeled 目录下）：

目录名称可以是随机的，不需要特定的标签。我们的任务是为这些文档找到合适的标签（文档分类）。单词嵌入存储在查找表中。对于任何给定的单词，将返回一个数字的单词向量。

单词嵌入存储在查找表中。对于任何给定的单词，都会从查找表中返回一个单词向量。

在步骤（6）中，我们从段落向量中创建 InMemoryLookupTable。InMemoryLookupTable是 DL4J 中默认的单词查找表。基本上，查找表作为隐藏层操作，单词/文档向量的参考输出。

步骤（8）～（12）仅用于计算每个文档的域向量。

在步骤（8）中，我们使用步骤（2）中创建的词分析器为文档创建标记。在步骤（9）中，我们使用步骤（6）中创建的查找表获得 VocabCache。VocabCache 存储了操作查找表所需的信息。我们可以使用 VocabCache 在查找表中查找单词。

在步骤（11）中，我们将单词向量与特定单词的出现一起存储在 INDArray 中。

在步骤（12）中，我们计算了该 INDArray 的平均值以获得文档向量。

零维度的均值意味着它是在所有维度上计算得出的。

在步骤（13）中，通过调用ND4J提供的cosineSim（）方法计算余弦相似度。我们使用余弦相似度来计算文档向量的相似度。ND4J提供了一个计算两个域向量的余弦相似度的功能接口，vecLabel表示分类文档中标记的文档向量。然后，我们将vecLabel与未标记文档向量documentVector进行比较。

在步骤（14）之后，你应该看到一个类似于图5-14所示的输出内容。

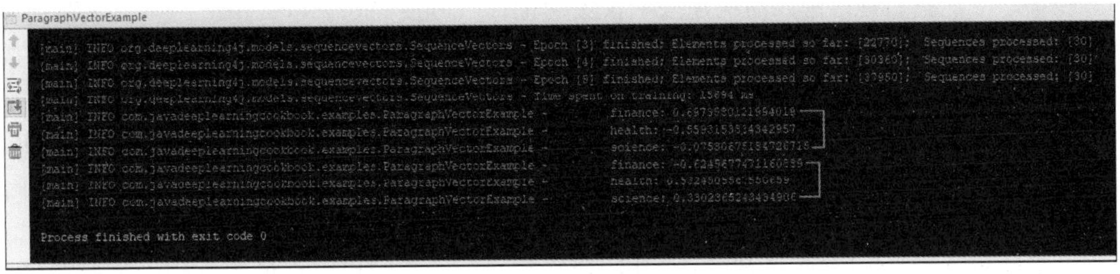

```
ParagraphVectorExample
[main] INFO org.deeplearning4j.models.sequencevectors.SequenceVectors - Epoch [3] finished; Elements processed so far: [22770]; Sequences processed: [30]
[main] INFO org.deeplearning4j.models.sequencevectors.SequenceVectors - Epoch [4] finished; Elements processed so far: [30360]; Sequences processed: [30]
[main] INFO org.deeplearning4j.models.sequencevectors.SequenceVectors - Epoch [5] finished; Elements processed so far: [37950]; Sequences processed: [30]
[main] INFO org.deeplearning4j.models.sequencevectors.SequenceVectors - Time spent on training: 15694 ms
[main] INFO com.javadeeplearningcookbook.examples.ParagraphVectorExample -       finance: 0.6979980121994019
[main] INFO com.javadeeplearningcookbook.examples.ParagraphVectorExample -       health: -0.5593153834342957
[main] INFO com.javadeeplearningcookbook.examples.ParagraphVectorExample -       science: -0.07530675184726715
[main] INFO com.javadeeplearningcookbook.examples.ParagraphVectorExample -       finance: -0.6245677471160889
[main] INFO com.javadeeplearningcookbook.examples.ParagraphVectorExample -       health: 0.5324505567550659
[main] INFO com.javadeeplearningcookbook.examples.ParagraphVectorExample -       science: 0.3302365243434906

Process finished with exit code 0
```

图5-14 输出内容

我们可以选择余弦相似度值较高的标记。从图5-14中，可以推断出第一个文档更可能是金融相关的内容，概率为69.7%。第二个文档更可能是健康相关的内容，概率为53.2%。

第 6 章　构建时间序列的 LSTM 神经网络

在本章中，我们将讨论如何构建一个长短期记忆（long short-term memory；LSTM）神经网络来解决一个医疗时间序列问题。我们将使用来自 4000 名重症监护室（ICU）患者的数据。我们的目标是使用一组给定的通用和序列特征来预测患者的死亡率。我们有 6 个通用特征，如年龄、性别和体重。此外，我们有 37 个序列特征，如胆固醇水平、温度、pH 值和葡萄糖水平。每位患者都有多个针对这些序列特征的测量记录。每个病人进行的测量次数不同。此外，不同患者的测量间隔时间也不同。

由于这些数据的顺序性，LSTM 非常适合这类问题。我们也可以使用常规的递归神经网络（recurrent neural network；RNN）来解决它，但 LSTM 的目的是避免梯度的消失和爆炸。得益于 LSTM 的单元状态，它能够捕获长期的依赖关系。

在本章中，我们将介绍以下方法：

- 提取和读取临床数据。
- 加载和转换数据。
- 构建网络的输入层。
- 构建网络的输出层。
- 训练时间序列数据。
- 评估 LSTM 网络的效率。

6.1　技术要求

本章讨论的用例的具体实现可以在这里找到：https://github.com/PacktPublishing/Java-Deep-Learning-Cookbook/blob/master/06_Constructing_LSTM_Network_for_time_series/sourceCode/cookbookapp-lstm-time-series/src/main/java/LstmTimeSeriesExample.java。

克隆 GitHub 资源库后，导航到 Java-Deep-Learning-Cookbook/06_Constructing_LSTM_Network_for_time_series/sourceCode 目录。然后，导入 pom.xml，将 cookbookapp-lstm-time-series 项目导入为 Maven 项目。

从这里下载临床时间序列数据：https://skymindacademy.blob.core.windows.net/physionet2012/physionet2012.tar.gz。数据集来自 2012 年 PhysioNet 心脏病学挑战赛。

下载后解压数据包。你应该就能看到如图 6 - 1 所示的目录结构。

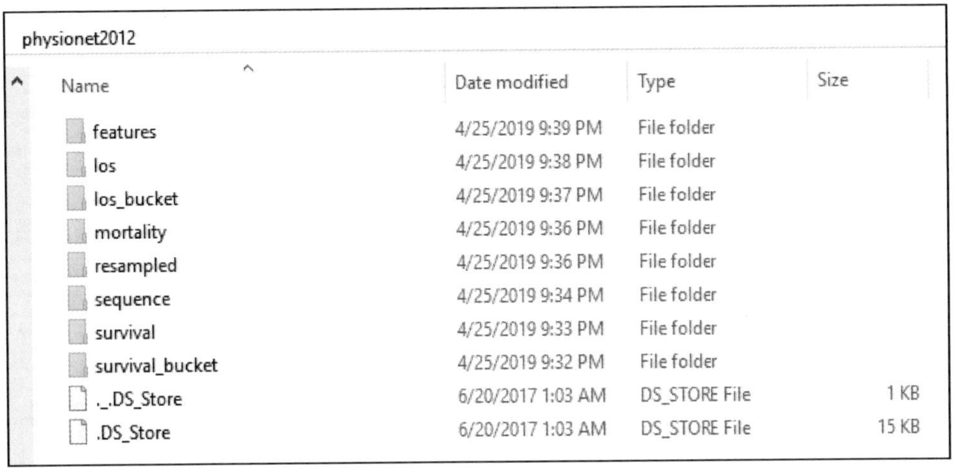

physionet2012

Name	Date modified	Type	Size
features	4/25/2019 9:39 PM	File folder	
los	4/25/2019 9:38 PM	File folder	
los_bucket	4/25/2019 9:37 PM	File folder	
mortality	4/25/2019 9:36 PM	File folder	
resampled	4/25/2019 9:36 PM	File folder	
sequence	4/25/2019 9:34 PM	File folder	
survival	4/25/2019 9:33 PM	File folder	
survival_bucket	4/25/2019 9:32 PM	File folder	
._.DS_Store	6/20/2017 1:03 AM	DS_STORE File	1 KB
.DS_Store	6/20/2017 1:03 AM	DS_STORE File	15 KB

图 6-1　目录结构

特征包含在 sequence 目录中，标签包含在 mortality 目录中，暂时忽略其他目录。你需要在源代码中更新特征/标签的文件路径来运行这个例子。

6.2　提取和读取临床数据

ETL（Extract、Transform 和 Load 的缩写）是任何深度学习问题中最重要的一步。在本篇方法中重点讨论数据提取，我们将讨论如何提取和处理临床时间序列数据。在之前的章节中，我们已经学习了常规的数据类型，比如常规的 CSV/文本数据和图像。现在，我们将讨论如何处理时间序列数据，将使用临床时间序列数据来预测患者的死亡率。

6.2.1　实现过程

（1）创建一个 NumberedFileInputSplit 的实例，将所有特征文件集中在一起：

```
new NumberedFileInputSplit(FEATURE_DIR + "/%d.csv",0,3199);
```

（2）创建一个 NumberedFileInputSplit 的实例，将所有标签文件集中在一起：

```
new NumberedFileInputSplit(LABEL_DIR + "/%d.csv",0,3199);
```

（3）为特征/标签创建记录读取器：

```
SequenceRecordReader trainFeaturesReader = new
CSVSequenceRecordReader(1, ",");
```

```
 trainFeaturesReader.initialize(new
NumberedFileInputSplit(FEATURE_DIR+"/%d.csv",0,3199));
 SequenceRecordReader trainLabelsReader = new
CSVSequenceRecordReader();
 trainLabelsReader.initialize(new
NumberedFileInputSplit(LABEL_DIR+"/%d.csv",0,3199));
```

6.2.2 工作原理

时间序列数据是三维的。每个样本都由自己的文件表示。列中的特征值是在以行表示的不同的时间步长上测量的。例如，在步骤（1）中，图 6-2 显示了时间序列数据。

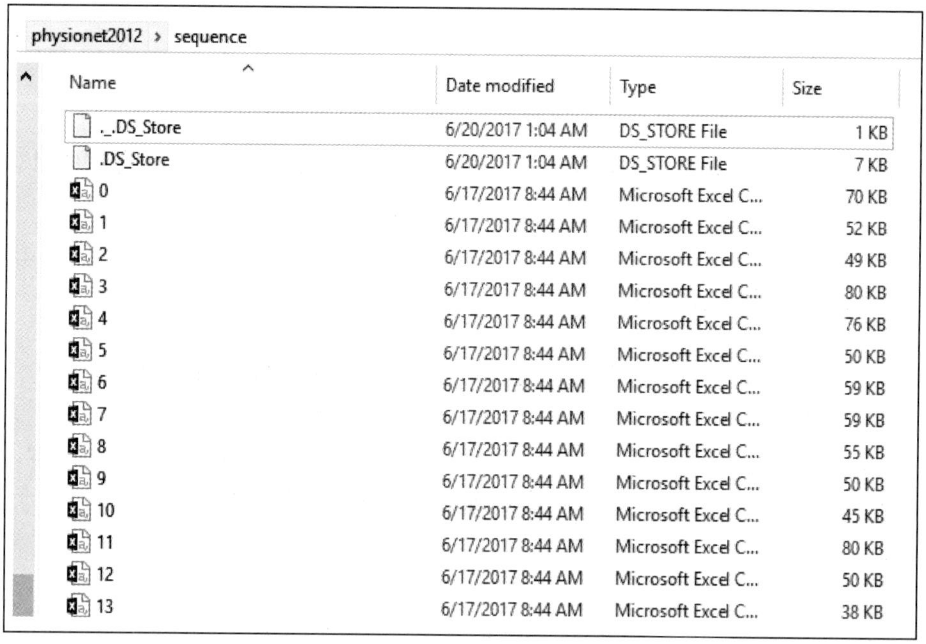

physionet2012 › sequence

Name	Date modified	Type	Size
._.DS_Store	6/20/2017 1:04 AM	DS_STORE File	1 KB
.DS_Store	6/20/2017 1:04 AM	DS_STORE File	7 KB
0	6/17/2017 8:44 AM	Microsoft Excel C...	70 KB
1	6/17/2017 8:44 AM	Microsoft Excel C...	52 KB
2	6/17/2017 8:44 AM	Microsoft Excel C...	49 KB
3	6/17/2017 8:44 AM	Microsoft Excel C...	80 KB
4	6/17/2017 8:44 AM	Microsoft Excel C...	76 KB
5	6/17/2017 8:44 AM	Microsoft Excel C...	50 KB
6	6/17/2017 8:44 AM	Microsoft Excel C...	59 KB
7	6/17/2017 8:44 AM	Microsoft Excel C...	59 KB
8	6/17/2017 8:44 AM	Microsoft Excel C...	55 KB
9	6/17/2017 8:44 AM	Microsoft Excel C...	50 KB
10	6/17/2017 8:44 AM	Microsoft Excel C...	45 KB
11	6/17/2017 8:44 AM	Microsoft Excel C...	80 KB
12	6/17/2017 8:44 AM	Microsoft Excel C...	50 KB
13	6/17/2017 8:44 AM	Microsoft Excel C...	38 KB

图 6-2 时间序列数据

每个文件都代表着不同的序列。当你打开文件时，会看到在不同时间点上记录的观测值（特征），具体如图 6-3 所示。

标签包含在一个 CSV 文件中，标签的数值为 0，表示死亡，或者数值为 1，表示存活。例如，对于 1.csv 中的特征，输出标签在死亡率目录下的 1.csv 中。注意，我们一共有 4000 个样本。我们将整个数据集分为训练/测试集，这样我们的训练数据有 3200 个样本，测试数

Time	Elapsed	ALP	ALPMissi	ALT	ALTMissin	AST	ASTMissi	Age	AgeMissi	Albumin	Albumin	BUN	BUNMissi	Bilirubin	Bilirubin
0	0	0.078056	1	0.006392	1	0.006452	1	0.914286	0	0.517241	1	0.140351	1	0.023055	1
0.25	0.25	0.078056	1	0.006392	1	0.006452	1	0.914286	0	0.517241	1	0.140351	1	0.023055	1
0.75	0.5	0.078056	1	0.006392	1	0.006452	1	0.914286	0	0.517241	1	0.140351	1	0.023055	1
1.25	0.5	0.078056	1	0.006392	1	0.006452	1	0.914286	0	0.517241	1	0.140351	1	0.023055	1
1.75	0.5	0.078056	1	0.006392	1	0.006452	1	0.914286	0	0.517241	1	0.140351	0	0.023055	1
2.25	0.5	0.078056	1	0.006392	1	0.006452	1	0.914286	0	0.517241	1	0.140351	1	0.023055	1
3	0.75	0.078056	1	0.006392	1	0.006452	1	0.914286	0	0.517241	1	0.140351	1	0.023055	1
3.25	0.25	0.078056	1	0.006392	1	0.006452	1	0.914286	0	0.517241	1	0.140351	1	0.023055	1
4.75	1.5	0.078056	1	0.006392	1	0.006452	1	0.914286	0	0.517241	1	0.140351	1	0.023055	1
5.25	0.5	0.078056	1	0.006392	1	0.006452	1	0.914286	0	0.517241	1	0.140351	1	0.023055	1
5.433333	0.183333	0.078056	1	0.006392	1	0.006452	1	0.914286	0	0.517241	1	0.131579	0	0.023055	1
5.75	0.316667	0.078056	1	0.006392	1	0.006452	1	0.914286	0	0.517241	1	0.131579	1	0.023055	1
6.25	0.5	0.078056	1	0.006392	1	0.006452	1	0.914286	0	0.517241	1	0.131579	1	0.023055	1
8.466667	2.216667	0.078056	1	0.006392	1	0.006452	1	0.914286	0	0.517241	1	0.131579	1	0.023055	1
10	1.533333	0.078056	1	0.006392	1	0.006452	1	0.914286	0	0.517241	1	0.131579	1	0.023055	1
10.08333	0.083333	0.078056	1	0.006392	1	0.006452	1	0.914286	0	0.517241	1	0.131579	1	0.023055	1

图 6-3　不同时间点上的观测值

据有 800 个样本。

在步骤（3）中，我们使用 NumberedFileInputSplit 来读取和合并所有具有编号格式的文件（特征/标签文件）。

CSVSequenceRecordReader 将读取 CSV 格式的数据序列，其中每个序列都定义在各自的文件中。

从前图 6-3 中可以看出，第一行只是用来做特征标签的，需要跳过。

因此，我们创建了以下 CSV 序列读取器：

```
SequenceRecordReader trainFeaturesReader = new CSVSequenceRecordReader(1, ",");
```

6.3　加载和转换数据

在数据提取阶段之后，我们需要在数据加载到神经网络之前对数据进行转换。在数据转换过程中，确保将数据集中的任何非数字字段转换为数字字段是非常重要的。数据转换的作用并不止于此。我们还可以去除数据中所有的噪声并调整数值。在这个方法中，我们将数据加载到数据集迭代器中，并根据需要对数据进行转换。

我们在前面的方法中把时间序列数据提取到记录读取器实例中。现在，让我们从中创建训练/测试迭代器。如果需要的话，我们还将对数据进行分析和转换。

6.3.1　准备工作

在我们继续之前，请参考图 6-4 中的数据集，了解数据的每个序列是怎样的。

Time	Elapsed	ALP	ALPMissi	ALT	ALTMissin	AST	ASTMissi	Age	AgeMissi	Albumin	Albumin	BUN	BUNMissi	Bilirubin	Bilirubin
0	0	0.078056	1	0.006392	1	0.006452	1	0.914286	0	0.517241	1	0.140351	1	0.023055	1
0.25	0.25	0.078056	1	0.006392	1	0.006452	1	0.914286	0	0.517241	1	0.140351	1	0.023055	1
0.75	0.5	0.078056	1	0.006392	1	0.006452	1	0.914286	0	0.517241	1	0.140351	1	0.023055	1
1.25	0.5	0.078056	1	0.006392	1	0.006452	1	0.914286	0	0.517241	1	0.140351	1	0.023055	1
1.75	0.5	0.078056	1	0.006392	1	0.006452	1	0.914286	0	0.517241	1	0.140351	0	0.023055	1
2.25	0.5	0.078056	1	0.006392	1	0.006452	1	0.914286	0	0.517241	1	0.140351	1	0.023055	1
3	0.75	0.078056	1	0.006392	1	0.006452	1	0.914286	0	0.517241	1	0.140351	1	0.023055	1
3.25	0.25	0.078056	1	0.006392	1	0.006452	1	0.914286	0	0.517241	1	0.140351	1	0.023055	1
4.75	1.5	0.078056	1	0.006392	1	0.006452	1	0.914286	0	0.517241	1	0.140351	1	0.023055	1
5.25	0.5	0.078056	1	0.006392	1	0.006452	1	0.914286	0	0.517241	1	0.140351	1	0.023055	1
5.433333	0.183333	0.078056	1	0.006392	1	0.006452	1	0.914286	0	0.517241	1	0.131579	0	0.023055	1
5.75	0.316667	0.078056	1	0.006392	1	0.006452	1	0.914286	0	0.517241	1	0.131579	1	0.023055	1
6.25	0.5	0.078056	1	0.006392	1	0.006452	1	0.914286	0	0.517241	1	0.131579	1	0.023055	1
8.466667	2.216667	0.078056	1	0.006392	1	0.006452	1	0.914286	0	0.517241	1	0.131579	1	0.023055	1
10	1.533333	0.078056	1	0.006392	1	0.006452	1	0.914286	0	0.517241	1	0.131579	1	0.023055	1
10.08333	0.083333	0.078056	1	0.006392	1	0.006452	1	0.914286	0	0.517241	1	0.131579	1	0.023055	1

图 6－4　数据集

首先，我们需要检查数据中是否存在任何非数字特征。需要将数据加载到神经网络中进行训练，而且数据的格式应该是神经网络能够理解的。我们有一个序列化的数据集，整体上不存在数字值。37 个特征都是数值。如果你查看特征数据的范围，会发现它接近于标准化格式。

6.3.2　实现过程

（1）使用 SequenceRecordReaderDataSetIterator 创建训练迭代器：

```
DataSetIterator trainDataSetIterator = new
SequenceRecordReaderDataSetIterator(trainFeaturesReader, trainLabels Reader, batchSize, number-
OfLabels,false,
SequenceRecordReaderDataSetIterator.AlignmentMode.ALIGN_END);
```

（2）使用 SequenceRecordReaderDataSetIterator 创建测试迭代器：

```
DataSetIterator testDataSetIterator = new
SequenceRecordReaderDataSetIterator(testFeaturesReader, testLabelsRe ader, batchSize, numberOfLa-
bels,false,
SequenceRecordReaderDataSetIterator.AlignmentMode.ALIGN_END);
```

6.3.3　工作原理

在步骤（1）和（2）中，我们使用 AlignmentMode 创建训练和测试数据集的迭代器。AlignmentMode 处理不同长度的输入/标签（例如，一对多和多对一的情况）。下面是一些对齐模式的类型。

- ALIGN _ END：这是为了在最后一个时间步中对齐标签或输入。通常，它在输入或标签的末尾添加零填充。

• ALIGN _ START：这是为了在第一个时间步中对齐标签或输入。通常，它在输入或标签的末尾添加零填充。

• EQUAL _ LENGTH：这是假设输入的时间序列和标签的长度相同，而且所有的示例都是相同的长度。

• SequenceRecordReaderDataSetIterator：这有助于从传入的记录读取器中生成一个时间序列数据集。记录读取器应该是基于序列数据的，对于时间序列数据来说是最佳的。检查传递给构造函数的属性：

```
DataSetIterator testDataSetIterator = new
SequenceRecordReaderDataSetIterator(testFeaturesReader,testLabelsReader,batchSize,numberOfLa-
bels,false,
SequenceRecordReaderDataSetIterator.AlignmentMode.ALIGN_END);
```

testFeaturesReader 和 testLabelsReader 分别是输入数据（特征）和标签（用于评估）的记录读取器对象。Boolean 属性（false）指的是我们是否有回归样本。由于我们讨论的是时间序列分类，这样设置是错误的。对于回归数据，这项必须设置为 true。

6.4　构建网络输入层

与常规 RNN 不同，LSTM 层拥有能够捕获长期依赖关系的门控神经元。让我们讨论一下如何在我们的网络配置中添加一个特殊的 LSTM 层。我们可以使用多层网络或计算图来创建模型。

在这个方法中，我们将讨论如何为 LSTM 神经网络创建输入层。在下面的例子中，我们将构建一个计算图，并为其添加自定义层。

6.4.1　实现过程

（1）使用 ComputationGraph 配置神经网络，如下所示：

```
ComputationGraphConfiguration.GraphBuilder builder = new
NeuralNetConfiguration.Builder()
 .seed(RANDOM_SEED)
.optimizationAlgo(OptimizationAlgorithm.STOCHASTIC_GRADIENT_DESCENT
)
 .weightInit(WeightInit.XAVIER)
 .updater(new Adam())
 .dropOut(0.9)
```

```
.graphBuilder()
.addInputs("trainFeatures");
```

（2）配置 LSTM 层：

```
new LSTM.Builder()
.nIn(INPUTS)
.nOut(LSTM_LAYER_SIZE)
.forgetGateBiasInit(1)
.activation(Activation.TANH)
.build(),"trainFeatures");
```

（3）将 LSTM 层添加到 ComputationGraph 配置中：

```
builder.addLayer("L1", new LSTM.Builder()
.nIn(86)
.nOut(200)
.forgetGateBiasInit(1)
.activation(Activation.TANH)
.build(),"trainFeatures");
```

6.4.2 工作原理

在步骤（1）中，我们在调用 graphBuilder（）方法后，将图顶点输入定义如下所示：

```
builder.addInputs("trainFeatures");
```

通过调用 graphBuilder（），我们实际上是在构造一个图构建器来创建计算图配置。

在步骤（3）中，一旦 LSTM 层被添加到 ComputationGraph 配置中，它们将作为 ComputationGraph 配置中的输入层。我们将前面提到的图顶点输入（trainFeatures）传递给 LSTM 层，具体如下所示：

```
builder.addLayer("L1", new LSTM.Builder()
        .nIn(INPUTS)
        .nOut(LSTM_LAYER_SIZE)
        .forgetGateBiasInit(1)
        .activation(Activation.TANH)
        .build(),"trainFeatures");
```

最后一个属性 trainFeatures 指的是图顶点输入。这里，我们指定 L1 层为输入层。

LSTM 神经网络的主要目的是捕捉数据中的长期依赖关系。tanh 函数的导数在达到零值之前可以维持很长一段的范围。因此，我们使用 Activation. TANH 作为 LSTM 层的激活函数。

forgetGateBiasInit（）用来设置遗忘门偏置初始化。将值设置在 1～5 的范围内可能对学习或长期依赖有更好的效果。

我们使用 Builder 策略来定义 LSTM 层以及所需的属性，如 nIn 和 nOut。这些都是输入/输出神经元，正如我们在第 3 章“构建二元分类的深度神经网络”和第 4 章“构建卷积神经网络”中看到的那样。我们使用 addLayer 方法添加 LSTM 层。

6.5　构建网络输出层

输出层设计是配置神经网络层的最后一步。我们的目的是实现一个时间序列预测模型。我们需要开发一个时间序列分类器来预测病人的死亡率。输出层的设计应该体现这个目的。在这个方法中，我们将讨论如何为我们的用例构建输出层。

6.5.1　实现过程

（1）使用 RnnOutputLayer 设计输出层：

```
new RnnOutputLayer. Builder(LossFunctions. LossFunction. MCXENT)
 . activation(Activation. SOFTMAX)
 . nIn(LSTM_LAYER_SIZE). nOut(labelCount). build()
```

（2）使用 addLayer（）方法将输出层添加到网络配置中：

```
builder. addLayer("predictMortality", new
RnnOutputLayer. Builder(LossFunctions. LossFunction. MCXENT)
 . activation(Activation. SOFTMAX)
 . nIn(LSTM_LAYER_SIZE). nOut(labelCount). build(),"L1");
```

6.5.2　工作原理

在构造输出层时，注意前一个 LSTM 输入层的 nOut 值，这将作为输出层的 nIn。nIn 应与前一个 LSTM 输入层的 nOut 相同。

在步骤（1）和步骤（2）中，我们本质上是在创建一个 LSTM 神经网络，即常规 RNN 的扩展版本。我们使用门控神经元来拥有某种内部存储器来保存长期依赖关系。为了使预测模型能够进行预测（患者死亡率），我们需要得到输出层输出的概率。在步骤（2）中，我们看到在神经网络的输出层使用了 SOFTMAX。这个激活函数对于计算特定标签的概率非常有帮助。MCXENT 是负损失似然误差函数的 ND4J 实现。由于我们使用的是负损失似然误差函数，所以当发现某个标签在特定迭代上的概率值很高时，它会推送结果。

RnnOutputLayer 更像是前馈网络中常规输出层的扩展版本。我们也可以将 RnnOutputLayer 用于一维 CNN 层。

还有一个名为 RnnLossLayer 的输出层，其中输入和输出的激活方式是一样的。对于 RnnLossLayer，我们有三个维度分别为［miniBatchSize，nIn，timeSeriesLength］和［miniBatchSize，nOut，timeSeriesLength］数组。

注意，我们要指定要连接到输出层的输入层。再来看看这段代码：

```
builder.addLayer("predictMortality", new
RnnOutputLayer.Builder(LossFunctions.LossFunction.MCXENT)
 .activation(Activation.SOFTMAX)
 .nIn(LSTM_LAYER_SIZE).nOut(labelCount).build(),"L1")
```

我们提到 L1 层是输出层的输入层。

6.6 训练时间序列数据

到目前为止，我们已经构建了网络层和参数来定义模型配置。现在是时候训练模型并查看结果了。然后，我们可以检查是否可改变任何之前定义的模型配置以获得最佳结果。在第一次训练中得出任何结论之前，一定要多次运行训练实例。我们需要观察到一个一致的输出，以确保性能稳定。

在这个方法中，我们将根据加载的时间序列数据训练 LSTM 神经网络。

6.6.1 实现过程

（1）从之前创建的模型配置中创建 ComputationGraph 模型：

```
ComputationGraphConfiguration configuration = builder.build();
  ComputationGraph model = new ComputationGraph(configuration);
```

（2）加载迭代器并使用 fit（）方法训练模型：

```
for(int i = 0;i<epochs;i++){
  model.fit(trainDataSetIterator);
}
```

你也可以使用以下方法：

```
model.fit(trainDataSetIterator,epochs);
```

然后，我们可以在 fit（）方法中直接指定 epochs 参数，从而避免使用 for 循环。

6.6.2　工作原理

在步骤（2）中，我们同时传递数据集迭代器和 epoch 数来开始训练阶段。我们使用了一个非常大的时间序列数据集，因此 epoch 值越大训练时间越久。同时，大的 epoch 也不一定能保证好的结果，可能最终会过度拟合。所以，我们需要多次运行训练实验，以得到 epoch 和其他重要超参数的最优值。这个最优值将是你观察到神经网络的最大性能的边界。

实际上，我们是在层中使用记忆门控神经元来优化我们的训练过程。正如我们在前面讨论的，在构建网络方法的输入层中，LSTMs 有利于保持数据集的长期依赖关系。

6.7　评估 LSTM 网络的效率

在每次训练迭代之后，我们会根据一组评估指标对模型进行评估，从而衡量网络的效率，根据评估指标在接下来的训练迭代中进一步优化模型。我们使用测试数据集进行评估。请注意，我们是针对给定用例执行二元分类，预测该患者存活的概率。对于分类问题，我们可以绘制接收器工作特征（receiver operating characteristics；ROC）曲线，并计算曲线下面积（under the curve；AUC）得分来评估模型的性能。AUC 得分的范围是 0～1。AUC 得分 0 代表 100％预测失败，1 代表 100％预测成功。

6.7.1　实现过程

（1）使用 ROC 进行模型评估：

```
ROC evaluation = new ROC(thresholdSteps);
```

（2）从测试数据中的特征生成输出：

```
DataSet batch = testDataSetIterator.next();
 INDArray[]output = model.output(batch.getFeatures());
```

（3）使用 ROC 评估实例，通过调用 evalTimeseries（）来执行评估：

```
INDArray actuals - batch.getLabels();
   INDArray predictions = output[0]
   evaluation.evalTimeSeries(actuals, predictions);
```

（4）通过调用 calculateAUC（）展示 AUC 得分（评估指标）：

```
System.out.println(evaluation.calculateAUC());
```

6.7.2 工作原理

在步骤（3）中，实际值是测试输入的实际输出，预测值是测试输入的观察输出。

评估指标是基于实际值和预测值之间的差异。我们使用 ROC 评估指标来发现这种差异。ROC 评估对于具有输出类均匀分布的数据集的二元分类问题来说是理想的。预测患者死亡率就是另一个二元分类难题。

ROC 的参数化构造函数中的 thresholdSteps 是用于计算 ROC 的阈值步数。当我们降低阈值时，我们会得到更多的正值。它提高了灵敏度，意味着神经网络在对一个类下的项目进行唯一分类时把握会降低。

在步骤（4）中，我们通过调用 calculateAUC（）打印 ROC 评估指标。

```
evaluation.calculateAUC();
```

calculateAUC（）方法将计算从测试数据绘制的 ROC 曲线下的面积。如果将结果打印出来，应该会看到一个 0～1 之间的概率值，我们也可以调用 stats（）方法来显示整个 ROC 评估指标，具体如图 6-5 所示。

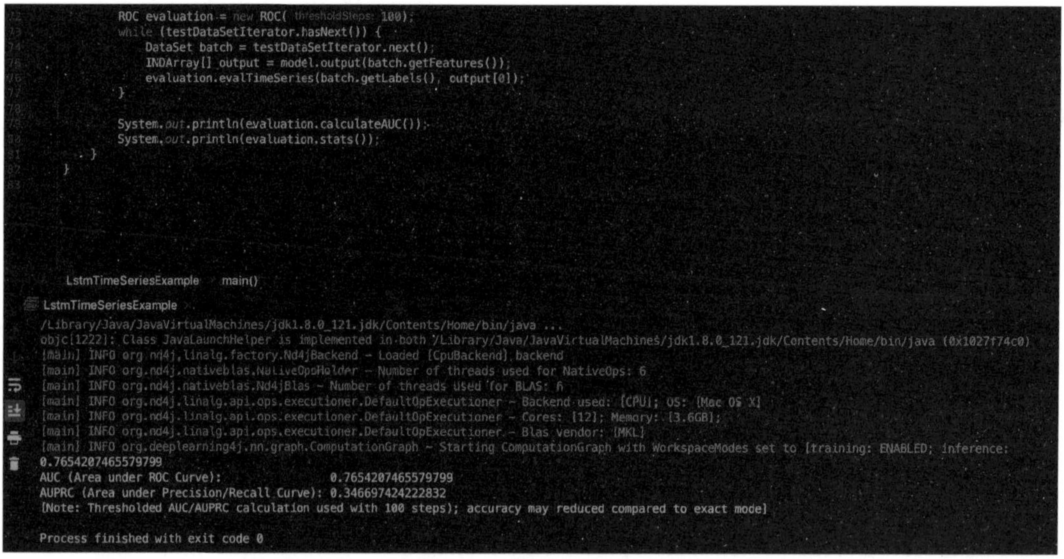

```
ROC evaluation = new ROC( thresholdSteps: 100);
while (testDataSetIterator.hasNext()) {
    DataSet batch = testDataSetIterator.next();
    INDArray[] output = model.output(batch.getFeatures());
    evaluation.evalTimeSeries(batch.getLabels(), output[0]);
}

System.out.println(evaluation.calculateAUC());
System.out.println(evaluation.stats());
}
}

LstmTimeSeriesExample > main()

LstmTimeSeriesExample
/Library/Java/JavaVirtualMachines/jdk1.8.0_121.jdk/Contents/Home/bin/java ...
objc[1222]: Class JavaLaunchHelper is implemented in both /Library/Java/JavaVirtualMachines/jdk1.8.0_121.jdk/Contents/Home/bin/java (0x1027f74c0)
[main] INFO org.nd4j.linalg.factory.Nd4jBackend - Loaded [CpuBackend] backend
[main] INFO org.nd4j.nativeblas.NativeOpsHolder - Number of threads used for NativeOps: 6
[main] INFO org.nd4j.nativeblas.Nd4jBlas - Number of threads used for BLAS: 6
[main] INFO org.nd4j.linalg.api.ops.executioner.DefaultOpExecutioner - Backend used: [CPU]; OS: [Mac OS X]
[main] INFO org.nd4j.linalg.api.ops.executioner.DefaultOpExecutioner - Cores: [12]; Memory: [3.6GB];
[main] INFO org.nd4j.linalg.api.ops.executioner.DefaultOpExecutioner - Blas vendor: [MKL]
[main] INFO org.deeplearning4j.nn.graph.ComputationGraph - Starting ComputationGraph with WorkspaceModes set to [training: ENABLED; inference:
0.7654207465579799
AUC (Area under ROC Curve):                0.7654207465579799
AUPRC (Area under Precision/Recall Curve): 0.346697424222832
[Note: Thresholded AUC/AUPRC calculation used with 100 steps); accuracy may reduced compared to exact mode]

Process finished with exit code 0
```

图 6-5 ROC 评估指标

stats（）方法将显示 AUC 得分以及 AUPRC（area under precision/recall curve 的缩写）指标。AUPRC 是另一个性能指标，曲线代表精度和召回值之间的权衡。对于一个 AUPRC 得分较高的模型，可以找到阳性样本，而假阳性结果较少。

第 7 章　构建 LSTM 神经网络序列分类

在之前的章节，我们分类讨论了一系列多数量特征的数据，在这个章节，我们将创造一个长短记忆神经网络（long short - term memory；LSTM）来分类单变量时间序列数据，我们的神经网络将学习如何分类一个单变量时间序列。我们有一个 UCI（加利福尼亚大学尔湾分校）的合成控制的顶级神经网络的训练。有 600 个数据序列，每个序列分成新的一行来使我们的工作更简单，每个序列将有效记录 60 次时间步。由于它是一个单变量时间序列，我们将只在 CSV 文件中为每个记录的例子设置列。每个序列是一个记录的例子，我们将把这些数据序列分成训练（train）/ 测试（test）集，分别进行训练和评估。类（class）/标签（labels）的可能类别如下：

- 标准。
- 循环。
- 增长趋势。
- 下降趋势。
- 上移。
- 下移。

在本章中，将介绍以下内容：

- 提取时间序列数据。
- 加载训练数据。
- 规范化训练数据。
- 为网络构建输入层。
- 为网络构建输出层。
- LSTM 神经网络分类输出评估。

让我们开始吧。

7.1　技术要求

本章的实现代码可以在以下地址找到：https://github.com/PacktPublishing/Java-Deep-Learning-Cookbook/blob/master/07_Constructing_LSTM_Neural_network_for_sequence_classification/sourceCode/cookbookapp/src/main/java/UciSequenceClassificationExample.java。

在克隆了我们的 github 资源库后，导航到 Java-Deep-Learning-Cookbook/07_Constructing_LSTM_Neural_network_for_sequence_classification/sourceCode 库，然后通过导入 pom. xml 文件将 cookbookapp 作为 Maven 项目进行导入。

从 UCI 网站下载数据：https://archive. ics. uci. edu/ml/machine-learning-databases/synthetic_control-mld/synthetic_control. data。

我们需要创建目录来存储训练和测试数据。请参阅如图 7 - 1 所示的目录结构。

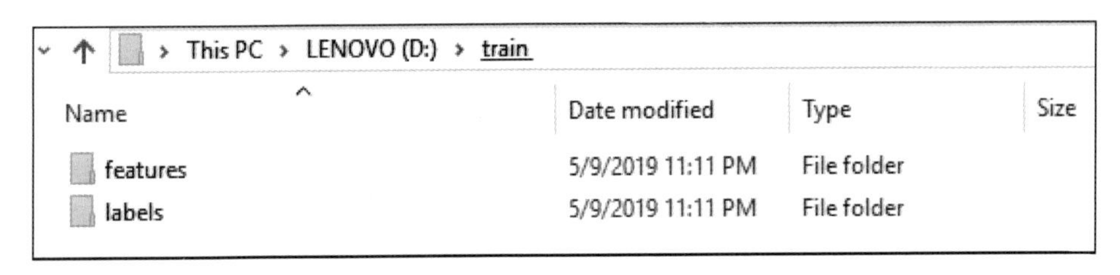

图 7 - 1　目录机构

我们需要为训练和测试数据集创建两个单独的文件夹，然后分别在两个文件夹中创建 features 和 labels 子目录，如图 7 - 2 所示。

This PC › LENOVO (D:) › test

Name	Date modified	Type
features	5/9/2019 11:11 PM	File folder
labels	5/9/2019 11:11 PM	File folder

图 7 - 2　features 和 labels 子目录

此文件夹结构是上述数据提取的先决条件。我们在执行提取时分离特征和标签。

请注意，除本章外，在本手册中，我们使用的 DL4J 版本是 1. 0. 0 - Beta3。在执行本章中讨论的代码时，你可能会遇到以下错误：

```
Exception in thread "main" java. lang. IllegalStateException: C (result)
array is not F order or is a view. Nd4j. gemm requires the result array to
be F order and not a view. C (result) array:[Rank: 2,Offset: 0 Order: f
Shape:[10,1], stride:[1,10]]
```

在撰写本文时，DL4J 的新版本已经发布，可以解决这个问题。因此，我们将使用版本 1. 0. 0—beta4 来运行本章中的示例。

7.2　提取时间序列数据

我们正在使用另一个时间序列用例，但这次我们的目标是时间序列单变量序列分类。在配置 LSTM 神经网络之前，需要讨论 ETL。数据提取是 ETL 过程的第一个阶段。这个方法涵盖了本用例的数据提取。

7.2.1　实现过程

（1）通过编程对序列数据进行分类：

```
// convert URI to string
final String data = IOUtils.toString(new URL(url),"utf-8");
// Get sequences from the raw data
final String[]sequences = data.split("\n");
final List<Pair<String,Integer>> contentAndLabels = new
ArrayList<>();
int lineCount = 0;
for(String sequence : sequences) {
// Record each time step in new line
sequence = sequence.replaceAll(" +","\n");
// Labels: first 100 examples (lines)are label 0, second 100
examples are label 1, and so on
contentAndLabels.add(new Pair<>(sequence, lineCount++ / 100));
}
```

（2）按照编号格式将特征（features）/标签（lables）存储在相应的目录中：

```
for(Pair<String,Integer> sequencePair : contentAndLabels) {
if(trainCount<450) {
featureFile = new File(trainfeatureDir + trainCount + ".csv");
labelFile = new File(trainlabelDir + trainCount + ".csv");
trainCount++;
} else {
featureFile = new File(testfeatureDir + testCount + ".csv");
labelFile = new File(testlabelDir + testCount + ".csv");
testCount++;
}
```

```
}
```

（3）使用 FileUtils 将数据写入文件：

```
FileUtils.writeStringToFile(featureFile,sequencePair.getFirst(),"utf-8");
FileUtils.writeStringToFile(labelFile,sequencePair.getSecond().toString(),"utf-8");
```

7.2.2 工作原理

下载后打开合成控制数据，如图 7-3 所示。

```
28.7812 34.4632 31.3381 31.2834 28.9207 33.7596 25.3969 27.7849 35.2479 27.1159 32.8717
29.2171 36.0253 32.337  34.5249 32.8717 34.1173 26.5235 27.6623 26.3693 25.7744 29.27
30.7326 29.5054 33.0292 25.04   28.9167 24.3437 26.1203 34.9424 25.0293 26.6311 35.6541
28.4353 29.1495 28.1584 26.1927 33.3182 30.9772 27.0443 35.5344 26.2353 28.9964 32.0036
31.0558 34.2553 28.0721 28.9402 35.4973 29.747  31.4333 24.5556 33.7431 25.0466 34.9318
34.9879 32.4721 33.3759 25.4652 25.8717
24.8923 25.741  27.5532 32.8217 27.8789 31.5926 31.4861 35.5469 27.9516 31.6595 27.5415
31.1887 27.4867 31.391  27.811  24.488  27.5918 35.6273 35.4102 31.4167 30.7447 24.1311
35.1422 30.4719 31.9874 33.6615 25.5511 30.4686 33.6472 25.0701 34.0765 32.5981 28.3038
26.1471 26.9414 31.5203 33.1089 24.1491 28.5157 25.7906 35.9519 26.5301 24.8578 25.9562
32.8357 28.5322 26.3458 30.6213 28.9861 29.4047 32.5577 31.0205 26.6418 28.4331 33.6564
26.4244 28.4661 34.2484 32.1005 26.691
31.3987 30.6316 26.3983 24.2905 27.8613 28.5491 24.9717 32.4358 25.2239 27.3068 31.8387
27.2587 28.2572 26.5819 24.0455 35.0625 31.5717 32.5614 31.0308 34.1202 26.9337 31.4781
35.0173 32.3851 24.3323 30.2001 31.2452 26.6814 31.5137 28.8778 27.3086 24.246  26.9631
25.2919 31.6114 24.7131 27.4809 24.2075 26.8059 35.1253 32.6293 31.0561 26.3583 28.0861
31.4391 27.3057 29.6082 35.9725 34.1444 27.1717 33.6318 26.5966 25.5387 32.5434 25.5772
29.9897 31.351  33.9002 29.5446 29.343
```

图 7-3 合成控制数据

在图 7-3 中标记了一个序列。共有 600 个序列，每个序列用一条新线隔开。在我们的例子中，可以这样分割数据集：450 个序列将用于训练，剩下的 150 个序列将用于评估。我们试图将 1 个给定的序列与 6 个已知的类进行分类。

注意这是一个单变量的时间序列。以单个序列记录的数据分布在不同的时间步长上。我们为每个序列创建单独的文件。单个数据单元（观测值）在文件中用空格隔开。我们将用新行字符替换空格，以便单个序列中每个时间步的度量值将出现在新行上。前 100 个序列代表类别 1，后 100 个序列代表类别 2，依此类推。因为我们有单变量的时间序列数据，所以 CSV 文件中只有一列。因此，一个单一的特征被记录在多个时间步上。

在步骤（1）中，contentAndLabels 列表将具有序列到标签（sequence-to-label）的映射。每个序列代表一个标签，序列和标签一起组成一对。

现在，我们可以使用两种不同的方法来分割用于训练/测试的数据：

- 随机打乱数据，取 450 个序列进行训练，其余 150 个序列用于评估/测试。

- 对训练/测试数据进行拆分，使不同类别在数据集中均匀分布。例如，我们可以有 420 个序列的训练数据，其中每一个类别有 70 个样本。

我们使用随机化方法来提高神经网络的泛化能力。每个序列到标签对都按照编号文件命名约定写入到单独的 CSV 文件中。

在步骤（2）中，我们提到有 450 个样本用于训练，其余 150 个样本用于评估。

在步骤（3）中，我们使用 Apache Commons 库中的 FileUtils 将数据写入文件。最终代码如下：

```
for(Pair<String,Integer> sequencePair : contentAndLabels) {
    if(trainCount<traintestSplit) {
        featureFile = new File(trainfeatureDir + trainCount + ".csv");
        labelFile = new File(trainlabelDir + trainCount + ".csv");
        trainCount++;
    } else {
        featureFile = new File(testfeatureDir + testCount + ".csv");
        labelFile = new File(testlabelDir + testCount + ".csv");
        testCount++;
    }
FileUtils.writeStringToFile(featureFile,sequencePair.getFirst(),"utf-8");
FileUtils.writeStringToFile(labelFile,sequencePair.getSecond().toString(),"
utf-8");
}
```

我们获取序列数据并将其添加到 features 目录中，每个序列将由一个单独的 CSV 文件表示。同样，我们将各自的标签添加到单独的 CSV 文件中。

label 目录中的 1.csv 将是 feature 目录中 1.csv 特征的相应标签。

7.3　加载训练数据

数据转换通常是数据提取后的第二个阶段。我们讨论的时间序列数据没有任何非数字字段或噪声（它已经被清除）。因此，我们可以专注于从数据中构建迭代器并将其直接加载到神经网络中。在这个方法中，我们将加载用于神经网络训练的单变量时间序列数据。我们提取了合成控制数据，并将其以适当的格式存储，这样神经网络就可以毫不费力地对其进行处理。每一个序列被捕获超过 60 个时间步。在这个方法中，我们将把时间序列数据加载到一个适当的数据集迭代器中，该迭代器可以被输入神经网络进行进一步处理。

7.3.1 实现过程

(1) 创建 SequenceRecordReader 实例以从时间序列数据中提取和加载特征：

```
SequenceRecordReader trainFeaturesSequenceReader = new
CSVSequenceRecordReader();
 trainFeaturesSequenceReader.initialize(new
NumberedFileInputSplit(new
File(trainfeatureDir).getAbsolutePath() + "/%d.csv",0,449));
```

(2) 创建 SequenceRecordReader 实例以从时间序列数据中提取和加载标签：

```
SequenceRecordReader trainLabelsSequenceReader = new
CSVSequenceRecordReader();
 trainLabelsSequenceReader.initialize(new
NumberedFileInputSplit(new
File(trainlabelDir).getAbsolutePath() + "/%d.csv",0,449));
```

(3) 为测试和评估创建序列读取器：

```
SequenceRecordReader testFeaturesSequenceReader = new
CSVSequenceRecordReader();
 testFeaturesSequenceReader.initialize(new
NumberedFileInputSplit(new
File(testfeatureDir).getAbsolutePath() + "/%d.csv",0,149));
 SequenceRecordReader testLabelsSequenceReader = new
CSVSequenceRecordReader();
 testLabelsSequenceReader.initialize(new NumberedFileInputSplit(new
File(testlabelDir).getAbsolutePath() + "/%d.csv",0,149));
```

(4) 使用 SequenceRecordReaderDataSetIterator 将数据输入到我们的神经网络：

```
DataSetIterator trainIterator = new
SequenceRecordReaderDataSetIterator(trainFeaturesSequenceReader,tra
inLabelsSequenceReader,batchSize,numOfClasses);

DataSetIterator testIterator = new
SequenceRecordReaderDataSetIterator(testFeaturesSequenceReader,test
LabelsSequenceReader,batchSize,numOfClasses);
```

(5) 重写训练/测试迭代器（使用 AlignmentMode）以支持不同长度的时间序列：

```
DataSetIterator trainIterator = new
SequenceRecordReaderDataSetIterator(trainFeaturesSequenceReader,tra
inLabelsSequenceReader,batchSize,numOfClasses,false,
SequenceRecordReaderDataSetIterator.AlignmentMode.ALIGN_END);
```

7.3.2　工作原理

我们在步骤（1）中使用了NumberedFileInputSplit。有必要使用NumberedFileInputSplit从遵循编号文件命名规范的多个文件中加载数据。参考本方法中的步骤（1）：

```
SequenceRecordReader trainFeaturesSequenceReader = new
CSVSequenceRecordReader();
 trainFeaturesSequenceReader.initialize(new NumberedFileInputSplit(new
File(trainfeatureDir).getAbsolutePath() + "/%d.csv",0,449));
```

在前面的方法中，我们将文件存储为一系列编号的文件。有450个文件，每一个文件代表一个序列。注意，我们已经存储了150个文件用于测试，如步骤（3）所示。

在步骤（5）中，numOfClasses指定了神经网络试图进行预测的类别数量，如示例6所示。我们在创建迭代器时提到了AlignmentMode.ALIGN_END。对齐模式处理不同长度的输入/标签。例如，我们的时间序列数据有60个时间步，而在第60个时间步的末尾只有一个标签。这就是为什么我们在迭代器定义中使用AlignmentMode.ALIGN_END的原因，如下所示：

```
DataSetIterator trainIterator = new
SequenceRecordReaderDataSetIterator(trainFeaturesSequenceReader,trainLabels
SequenceReader,batchSize,numOfClasses,false,
SequenceRecordReaderDataSetIterator.AlignmentMode.ALIGN_END);
```

我们还可以使用时间序列数据来在每个时间步生成标签。这些情况是指多对多输入/标签连接。

在步骤（4）中，我们从创建迭代器的常规方法开始，如下所示：

```
DataSetIterator trainIterator = new
SequenceRecordReaderDataSetIterator(trainFeaturesSequenceReader,trainLabels
SequenceReader,batchSize,numOfClasses);

DataSetIterator testIterator = new
SequenceRecordReaderDataSetIterator(testFeaturesSequenceReader,testLabelsSe
quenceReader,batchSize,numOfClasses);
```

请注意，这不是创建序列读取迭代器的唯一方法。DataVec 中有多种实现可以支持不同的配置。我们还可以在示例的最后一个时间步对齐输入/标签。为此，我们在迭代器定义中添加了 AlignmentMode. ALIGN _ END。如果有不同的时间步长，较短的时间序列将被填充到最长时间序列的长度。因此，如果某个序列记录的时间步数少于 60 个，则时间序列数据中会填充零值。

7.4 规范化训练数据

单靠数据转换并不能提高神经网络的效率。在同一个数据集中存在大范围和小范围的值会导致过度拟合（模型捕捉的是噪声而不是信号）。为了避免这些情况，我们将数据集规范化，并且有多种 DL4J 实现方式可以做到这一点。规范化过程将原始时间序列数据转换并拟合成一个确定的值范围，例如（0，1）。这将有助于神经网络以较少的计算量处理数据。我们在前几章中也讨论了规范化，说明它在训练神经网络时，会减少对数据集中任何特定标签的偏爱。

7.4.1 实现过程

（1）创建标准规格化器并拟合数据：

```
DataNormalization normalization = new NormalizerStandardize();
 normalization.fit(trainIterator);
```

（2）调用 setPreprocessor（）方法以及时规范化数据：

```
trainIterator.setPreProcessor(normalization);
 testIterator.setPreProcessor(normalization);
```

7.4.2 工作原理

在步骤（1）中，我们使用 NormalizerStandardize 来规范化数据集。NormalizerStandardize 对数据（特征）进行标准化，使其平均值为 0，标准偏差为 1。换言之，数据集中的所有值将规范在（0，1）范围内：

```
DataNormalization normalization = new NormalizerStandardize();
 normalization.fit(trainIterator);
```

这是 DL4J 中的一个标准规范化器，尽管 DL4J 中还有其他规范化器实现。另外，请注意，我们不需要对测试数据调用 fit（），因为我们使用训练期间学习的缩放参数来缩放测试数据。

我们需要调用 setPreprocessor（）方法，正如我们在步骤（2）中为训练/测试迭代器演示的那样。一旦我们使用 setPreprocessor（）设置了规范化器，迭代器返回的数据将使用指定的规范化器自动规范化。因此，调用 setPreprocessor（）和 fit（）方法非常重要。

7.5 为网络构建输入层

层配置是神经网络配置中的一个重要步骤。我们需要创建输入层来接收从磁盘加载的单变量时间序列数据。在本方法中，将为我们的用例创建一个输入层。我们还将添加一个 LSTM 层作为神经网络的隐藏层。我们可以使用计算图或常规多层网络来构建网络配置。在大多数情况下，一个常规的多层网络已经足够了。然而，我们在用例中使用计算图。在这个方法中，我们将为网络配置输入层。

7.5.1 实现过程

（1）使用默认配置配置神经网络：

```
NeuralNetConfiguration.Builder neuralNetConfigBuilder = new
NeuralNetConfiguration.Builder();
 neuralNetConfigBuilder.seed(123);
 neuralNetConfigBuilder.weightInit(WeightInit.XAVIER);
 neuralNetConfigBuilder.updater(new Nadam());
neuralNetConfigBuilder.gradientNormalization(GradientNormalization.
ClipElementWiseAbsoluteValue);
 neuralNetConfigBuilder.gradientNormalizationThreshold(0.5);
```

（2）通过调用 addInputs（）指定输入层标签：

```
ComputationGraphConfiguration.GraphBuilder compGraphBuilder =
neuralNetConfigBuilder.graphBuilder();
 compGraphBuilder.addInputs("trainFeatures");
```

（3）使用 addLayer（）方法添加 LSTM 层：

```
compGraphBuilder.addLayer("L1", new
LSTM.Builder().activation(Activation.TANH).nIn(1).nOut(10).build(),
"trainFeatures");
```

7.5.2 工作原理

在步骤（1）中，我们指定默认 seed 值、初始默认权重（weightInit）、权重更新器等。我们将梯度规范化策略设置为 ClipElementWiseAbsoluteValue。我们还将梯度阈值设置为 0.5，作为 gradientNormalization 策略的输入。

神经网络计算每层神经元的梯度。我们在调用规范化训练数据（normalizing training data）方法前使用一个规范化器对输入数据进行规范化。我们需要规范化梯度值以实现数据准备目标，这一点很有意义。正如我们在步骤（1）中看到的，我们使用了 ClipElementWiseAbsoluteValue 梯度规范化。它的工作方式是梯度的绝对值不能大于阈值。例如，如果梯度阈值为 3，则范围为［－3，3］。任何小于－5 的梯度值将被视为－3，高于 3 的任何梯度值将被视为 3。范围［－3，3］内的梯度值将不被修改。我们已经在网络配置中提到了梯度规范化策略和阈值，如下所示：

```
neuralNetConfigBuilder.gradientNormalization(GradientNormalization.ClipElem
entWiseAbsoluteValue);
neuralNetConfigBuilder.gradientNormalizationThreshold(thresholdValue);
```

在步骤（3）中，trainFeatures 标签指的是输入层标签。输入基本上是 graphBuilder（）方法返回的图顶点对象。在配置输出层时，将使用步骤（2）中指定的 LSTM 层名（我们例子中的 L1）。如果有不匹配，我们的程序将在执行过程中抛出一个错误，说明层的配置方式使它们断开连接。我们将在下一个方法中，为神经网络设计输出层时，更深入地讨论这一点。注意，我们还没有在配置中添加输出层。

7.6 为网络构建输出层

输入/隐藏层设计之后的下一步就是输出层设计。正如我们在前面几章中提到的，输出层应该反映出你希望从神经网络接收的输出。根据用例，你可能需要一个分类器或一个回归模型。因此，必须配置输出层。激活函数和错误函数需要在输出层配置中使用。此方法假定神经网络配置已完成，直到输入层定义为止。这将是网络配置的最后一步。

7.6.1 实现过程

（1）使用 setOutputs（）设置输出标签：

```
compGraphBuilder.setOutputs("predictSequence");
```

（2）使用 addLayer（）方法和 RnnOutputLayer 构造输出层：

```
compGraphBuilder.addLayer("predictSequence", new
RnnOutputLayer.Builder(LossFunctions.LossFunction.MCXENT)
.activation(Activation.SOFTMAX).nIn(10).nOut(numOfClasses).build(),
"L1");
```

7.6.2　工作原理

在步骤（1）中，我们为输出层添加了predictSequence标签。请注意，我们在定义输出层时提到了输入层引用。在步骤（2）中，我们将其指定为L1，这是在前面的方法中创建的LSTM输入层。我们需要提到这一点，以避免由于LSTM层和输出层之间的断开而在执行过程中出现任何错误。另外，输出层定义应该与我们在setOutput（）方法中指定的层名称相同。

在步骤（2）中，我们使用RnnOutputLayer构造输出层。这个DL4J输出层实现用于涉及循环神经网络的用例。它在功能上与多层感知器中的OutputLayer相同，但输出和标签重塑是自动处理的。

7.7　LSTM网络分类输出的评估

既然我们已经配置了神经网络，下一步就是开始训练实例，然后是评估。评估阶段对于训练实例非常重要。神经网络将尝试优化梯度以获得最佳结果。一个最优的神经网络将具有良好而稳定的评价指标。因此，对神经网络进行评估，以指导训练过程达到预期的效果。我们将使用测试数据集来评估神经网络。

在上一章中，我们探讨了时间序列二元分类的一个用例。现在我们有六个标签来预测。我们讨论了提高网络效率的各种方法。我们在下一个方法中采用相同的方法来评估神经网络以获得最佳结果。

7.7.1　实现过程

（1）使用init（）方法初始化ComputationGraph模型配置：

```
ComputationGraphConfiguration configuration =
compGraphBuilder.build();
   ComputationGraph model = new ComputationGraph(configuration);
model.init();
```

（2）设置一个得分监听器来监控训练过程：

```
model.setListeners(new ScoreIterationListener(20), new
EvaluativeListener(testIterator, 1, InvocationType.EPOCH_END));
```

(3) 通过调用 fit () 方法启动训练实例:

```
model.fit(trainIterator,numOfEpochs);
```

(4) 调用 evaluate () 计算评估指标:

```
Evaluation evaluation = model.evaluate(testIterator);
 System.out.println(evaluation.stats());
```

7.7.2 工作原理

在步骤 (1) 中，我们在配置神经网络结构时使用了计算图。计算图是循环神经网络的最佳选择。对于多层网络，我们得到了大约 78%的评估得分，而使用计算图时得到的评估得分高达 94%。与常规的多层感知器相比，ComputationGraph 得到了更好的结果。ComputationGraph 适用于复杂的网络结构，可以定制以适应不同顺序的不同类型的层。步骤 (1) 中，使用 InvocationType.EPOCH _ END (得分迭代) 在测试迭代结束时调用得分迭代器。

注意，我们为每个测试迭代调用了得分迭代器，而没有为训练集迭代调用得分迭代器。在训练事件开始记录每个测试迭代的得分之前，需要通过调用 setListeners () 来设置适当的侦听器，如下所示:

```
model.setListeners(new ScoreIterationListener(20), new
EvaluativeListener(testIterator, 1, InvocationType.EPOCH_END));
```

在步骤 (4) 中，通过调用 evaluate () 评估模型:

```
Evaluation evaluation = model.evaluate(testIterator);
```

我们将测试数据集以迭代器的形式传递给 evaluate () 方法，该迭代器是在加载训练数据 (Loading the training data) 方法之前创建的。

另外，我们使用 stats () 方法来显示结果。对于具有 100 个期的计算图，我们得到如图 7-4 所示的评估指标。

现在，以下是你可以执行以更好地优化结果的实验。

我们在例子中设置了 100 期。将期值从 100 减少或将此设置增加到特定值。注意给出更好结果的值走向，当结果最佳时停止。我们可以在每一个期评估一次结果，以了解我们可以继续前进的方向。查看如图 7-5 所示的训练实例日志。

在前面的例子中，精度在上一个期之后下降。你可以据此决定最佳的期数。如果我们选

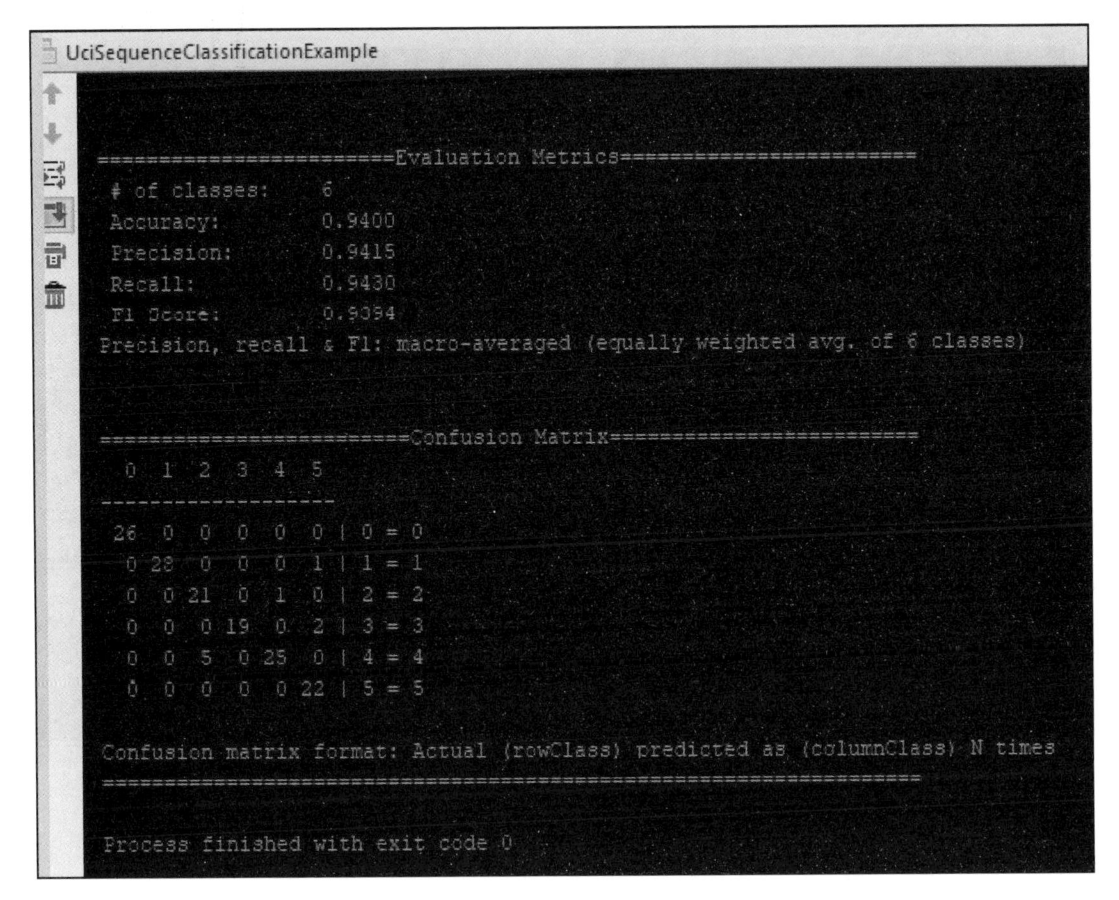

图 7-4　评估指标

择大的期数，神经网络会简单地记忆结果，这会导致过度拟合。

你可以确保这六个类别在整个训练集中均匀分布，而不是一开始就随机化数据。例如，我们可以有 420 个样本用于训练，180 个样本用于测试。然后，每个类别将由 70 个样本表示。我们现在可以执行随机化，然后创建迭代器。注意，在我们的示例中，我们有 450 个样本用于训练。在这种情况下，标签/类别的分布不是唯一的，在这种情况下，我们完全依赖于数据的随机化。

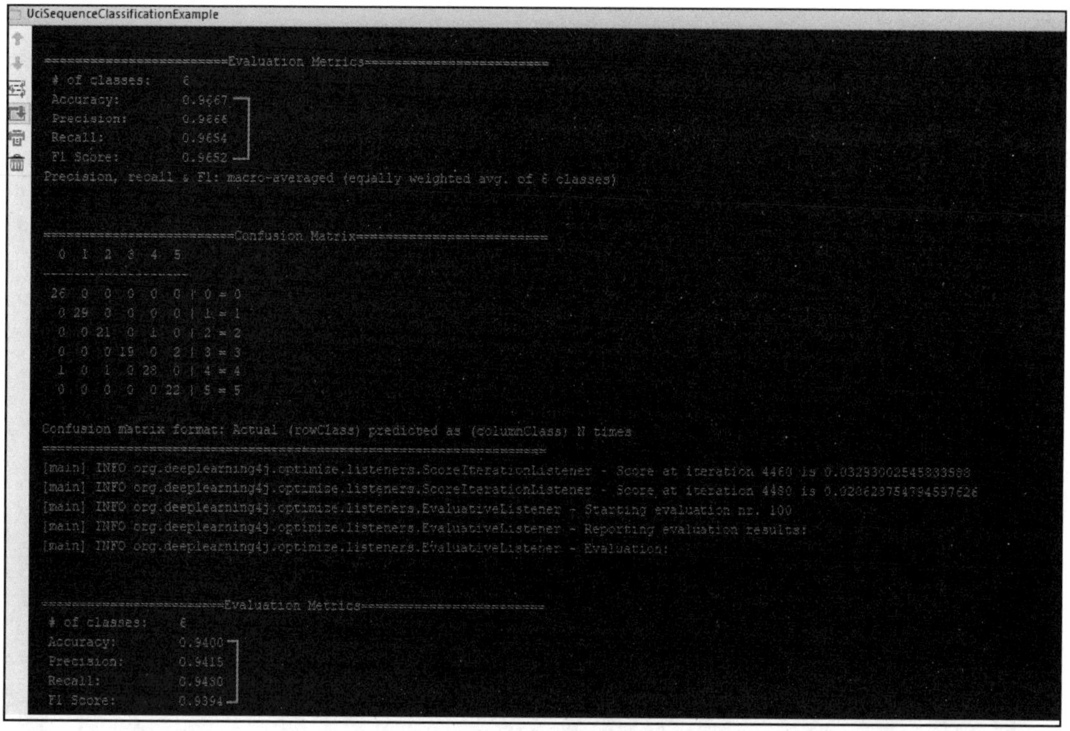

```
UciSequenceClassificationExample

========================Evaluation Metrics========================
 # of classes:    6
 Accuracy:        0.9667
 Precision:       0.9666
 Recall:          0.9654
 F1 Score:        0.9652
Precision, recall & F1: macro-averaged (equally weighted avg. of 6 classes)


=========================Confusion Matrix=========================
  0  1  2  3  4  5
-------------------
 26  0  0  0  0  0 | 0 = 0
  0 29  0  0  0  0 | 1 = 1
  0  0 21  0  1  0 | 2 = 2
  0  0  0 19  0  2 | 3 = 3
  1  0  1  0 28  0 | 4 = 4
  0  0  0  0  0 22 | 5 = 5

Confusion matrix format: Actual (rowClass) predicted as (columnClass) N times
==================================================================
[main] INFO org.deeplearning4j.optimize.listeners.ScoreIterationListener - Score at iteration 4460 is 0.03293002545833588
[main] INFO org.deeplearning4j.optimize.listeners.ScoreIterationListener - Score at iteration 4480 is 0.020628754794597626
[main] INFO org.deeplearning4j.optimize.listeners.EvaluativeListener - Starting evaluation nr. 100
[main] INFO org.deeplearning4j.optimize.listeners.EvaluativeListener - Reporting evaluation results:
[main] INFO org.deeplearning4j.optimize.listeners.EvaluativeListener - Evaluation:


========================Evaluation Metrics========================
 # of classes:    6
 Accuracy:        0.9400
 Precision:       0.9415
 Recall:          0.9430
 F1 Score:        0.9394
```

图 7-5 训练实例日志

第 8 章　对非监督数据执行异常检测

在本章中，我们将使用简单的自动编码器，使用经过修改的美国国家标准技术研究院（MNIST）数据集进行异常检测，而无需进行任何预训练。我们将在给定的 MNIST 数据中识别异常值。离群数字可以被认为是最不典型或非正常的数字。我们将对 MNIST 数据进行编码，然后将其解码回输出层。然后，我们将计算 MNIST 数据的重建误差。

与数字值非常相似的 MNIST 样本具有较低的重建误差。然后，我们将基于重建误差对它们进行排序，然后使用 JFrame 窗口显示最佳样本和最差样本（离群值）。自动编码器是使用前馈网络构建的。请注意，我们不执行任何预训练。我们可以在自动编码器中处理功能输入，并且在任何阶段都不需要 MNIST 标签。

在本章中，我们将介绍以下方法：

- 提取和准备 MNIST 数据。
- 为输入构造密集层。
- 构造输出层。
- MNIST 图像训练。
- 根据异常得分评估和排序结果。
- 保存结果模型。

让我们开始吧！

8.1　技术要求

本章的代码可以在这里找到：

https://github.com/PacktPublishing/Java - Deep-Learning-Cookbook/blob/master/08_Performing_Anomaly_detection_on_unsupervised%20data/sourceCode/cookbook-app/src/main/java/MnistAnomalyDetectionExample.java。

特定于 JFrame 的实现可以在这里找到：

https://github.com/PacktPublishing/Java-Deep-Learning-Cookbook/blob/master/08_Performing_Anomaly_detection_on_unsupervised%20data/sourceCode/cookbook-app/src/main/java/MnistAnomalyDetectionExample.java#L134。

克隆我们的 GitHub 资源库后，导航到 Java-Deep-LearningCookbook/08_Performing_

Anomaly_detection_on_unsupervised directory. Then，import the the cookbook-app project as a Maven project by importing pom. xml. 文件夹。然后，通过导入 pom. xml 将 cookbook-app 作为 Maven 项目导入。

请注意，我们使用以下 MNIST 数据集：http://yann. lecun. com/exdb/mnist/。

但是，我们不必下载本章的数据集：DL4J 有一个自定义实现，允许我们自动获取 MNIST 数据。我们将在本章中使用它。

8.2 提取和准备 MNIST 数据

与监督的图像分类用例不同，我们将在 MNIST 数据集上执行异常检测任务。最重要的是，我们使用的是非监督模型，这意味着我们将不会使用任何类型的标签来执行训练过程。要开始 ETL 过程，我们将提取此无监督的 MNIST 数据并进行准备，以使其可用于神经网络训练。

8.2.1 实现过程

（1）使用 MnistDataSetIterator 为 MNIST 数据创建迭代器：

```
DataSetIterator iter = new
MnistDataSetIterator(miniBatchSize,numOfExamples,binarize);
```

（2）使用 SplitTestAndTrain 将基本迭代器拆分为训练/测试迭代器：

```
DataSet ds = iter.next();
 SplitTestAndTrain split = ds.splitTestAndTrain(numHoldOut, new Random(12345));
```

（3）创建列表以存储来自训练/测试迭代器的功能集：

```
List<INDArray> featuresTrain = new ArrayList<>();
 List<INDArray> featuresTest = new ArrayList<>();
 List<INDArray> labelsTest = new ArrayList<>();
```

（4）将值填写到先前创建的特征（feature）/标签（label）列表中：

```
featuresTrain.add(split.getTrain().getFeatures());
 DataSetdsTest = split.getTest();
 featuresTest.add(dsTest.getFeatures());
 INDArray indexes = Nd4j.argMax(dsTest.getLabels(),1);
 labelsTest.add(indexes);
```

（5）对于每个迭代器实例，请调用 argmax（）以将标签转换为一维数据（如果是多维数据）：

```
while(iter.hasNext()){ DataSet ds = iter.next();
 DataSet ds = iter.next();
 SplitTestAndTrain split = ds.splitTestAndTrain(80, new
Random(12345)); // 80/20 split (from miniBatch = 100)
 featuresTrain.add(split.getTrain().getFeatures());
 DataSet dsTest = split.getTest();
 featuresTest.add(dsTest.getFeatures());
 INDArray indexes = Nd4j.argMax(dsTest.getLabels(),1);
 labelsTest.add(indexes);
 }
```

8.2.2　工作原理

在步骤（1）中，我们已使用 MnistDataSetIterator 在一处提取并加载 MNIST 数据。DL4J 带有专用的迭代器，可加载 MNIST 数据，而不必担心自己下载数据。你可能会注意到，官方网站上的 MNIST 数据遵循 ubyte 格式。这当然不是所需的格式，我们需要分别提取所有图像以将其正确加载到神经网络上。

因此，使用 MNIST 迭代器实现（例如 DL4J 中的 MnistDataSetIterator）非常方便。它简化了处理 ubyte 格式的 MNIST 数据的典型任务。MNIST 数据总共有 60000 个训练数字、10000 个测试数字和 10 个标签。数字图像的尺寸为 28×28，数据的形状为扁平格式：[minibatch，784]。MnistDataSetIterator 在内部使用 MnistDataFetcher 和 MnistManager 类来获取 MNIST 数据并将其加载为正确的格式。在步骤（1）中，binarize：true 或 false 表示是否将 MNIST 数据二进制化。

请注意，在步骤（2）中，numHoldOut 表示要保留进行训练的样本数。如果 miniBatch Size 为 100，numHoldOut 为 80，则其余 20 个样本用于测试和评估。我们可以使用 DataSet IteratorSplitter 而不是 SplitTestAndTrain 来拆分数据，如步骤（2）所述。

在步骤（3）中，我们创建了列表，以维护有关训练和测试的功能和标签。我们分别在训练和评估阶段需要它们。我们还创建了一个列表，用于存储测试集中的标签，以在测试和评估阶段映射带有标签的异常值。这些列表在每次批处理中填充一次。例如，对于 features Train 或 featuresTest，一批特征（数据拆分后）由 INDArray 项表示。我们还使用了 ND4J 的 argMax（）函数，该函数会将标签数组转换为一维数组。从 0～9 的 MNIST 标签实际上只需要一维空间即可表示。

在以下代码中，1 表示维度：

```
Nd4j.argMax(dsTest.getLabels(),1);
```

另外，请注意，我们使用标签将异常值映射到标签，而不是进行训练。

8.3 为输入构造密集层

神经网络设计的核心是层架构。对于自动编码器，我们需要设计密集层，这些密集层在前端进行编码，在另一端进行解码。基本上，我们以这种方式重构输入。因此，我们需要进行层设计。

让我们开始使用默认设置配置自动编码器，然后通过为自动编码器定义必要的输入层进一步进行操作。请记住，神经网络的传入连接数将等于神经网络的传出连接数。

8.3.1 实现过程

（1）使用 MultiLayerConfiguration 构造自动编码器网络：

```
NeuralNetConfiguration.Builder configBuilder = new
NeuralNetConfiguration.Builder();
 configBuilder.seed(12345);
 configBuilder.weightInit(WeightInit.XAVIER);
 configBuilder.updater(new AdaGrad(0.05)); configBuilder.activation(Activation.RELU);
 configBuilder.l2(l2RegCoefficient);
 NeuralNetConfiguration.ListBuilder builder = configBuilder.list();
```

（2）使用 DenseLayer 创建输入层：

```
builder.layer(new DenseLayer.Builder().nIn(784).nOut(250).build());
 builder.layer(new DenseLayer.Builder().nIn(250).nOut(10).build());
```

8.3.2 工作原理

在步骤（1）中，配置通用神经网络参数时，我们设置默认学习率，如下所示：

```
configBuilder.updater(new AdaGrad(learningRate));
```

Adagrad 优化器基于训练期间更新参数的频率。Adagrad 基于向量化学习率。当收到许多更新时，学习率将很低。这对于高维问题至关重要。因此，该优化器非常适合我们的自动编码器用例。

我们正在自动编码器体系结构的输入层执行降维，也称为数据编码。我们要确保从编码数据中解码出相同的特征集。我们计算重建误差，以衡量我们与编码前的真实特征集的差距。在步骤 2 中，我们尝试将数据从较高维度（784）编码到较低维度（10）。

8.4　构造输出层

最后一步，我们需要从编码状态解码回数据。我们是否能够按原样重构输入？如果是，那么一切都很好。否则，我们需要计算一个相关的重建误差。请记住，到输出层的传入连接应与上一层的传出连接相同。

8.4.1　实现过程

（1）使用 OutputLayer 创建输出层：

```
OutputLayer outputLayer = new
OutputLayer.Builder().nIn(250).nOut(784)
 .lossFunction(LossFunctions.LossFunction.MSE)
 .build();
```

（2）将 OutputLayer 添加到层定义：

```
builder.layer(new OutputLayer.Builder().nIn(250).nOut(784)
 .lossFunction(LossFunctions.LossFunction.MSE)
 .build());
```

8.4.2　工作原理

我们已经提到了均方误差（mean square error；MSE）作为与输出层关联的误差函数。在大多数情况下，自动编码器体系结构中使用的 lossFunction 是均方误差。均方误差在计算重构输入与原始输入有多接近时是最佳的。ND4J 具有均方误差的实现方法，即 LossFunction.MSE。

在输出层中，我们以原始尺寸获取重建的输入。然后，我们将使用误差函数来计算重建误差。在步骤（1）中，我们将构建一个输出层，该层计算异常检测的重建误差。重要的是，分别在输入和输出层上保持传入和传出连接相同。创建输出层定义后，我们需要将其添加到维护以创建神经网络配置的层配置堆栈中。在步骤（2）中，我们将输出层添加到先前维护的神经网络配置构建器中。为了遵循一种直观的方法，我们首先创建了配置构建器，这与此处的简单方法不同：

https://github.com/PacktPublishing/Java-Deep-Learning-Cookbook/blob/master/08_Performing_Anomaly_detection_on_unsupervised%20data/sourceCode/cookbook-app/src/main/java/MnistAnomalyDetectionExample.java。

你可以通过在 Builder 实例上调用 build () 方法来获取配置实例。

8.5 MNIST 图像训练

一旦构建了层并形成了神经网络，我们就可以开始训练阶段。在训练期间，我们多次重构输入并评估重建误差。在以前的方法中，我们通过根据需要定义输入和输出层来完成自动编码器网络的配置。请注意，我们将使用其自身的输入功能而不是标签来训练网络。由于我们使用自动编码器进行异常检测，因此对数据进行编码，然后将其解码回以测量重建误差。基于此，我们列出了 MNIST 数据中最可能出现的异常。

8.5.1 实现过程

(1) 选择正确的训练方法。这是在训练实例期间预期发生的事情：

```
Input -> Encoded Input -> Decode -> Output
```

因此，我们需要针对输入训练输出（在理想情况下，输出～输入）。

(2) 使用 fit () 方法训练每个功能集：

```
int nEpochs = 30;
for( int epoch=0; epoch<nEpochs; epoch++ ){
for(INDArray data : featuresTrain){
net.fit(data,data);
}
}
```

8.5.2 工作原理

fit () 方法同时接受要素和标签作为第一和第二属性的属性。我们针对自己重建了 MNIST 特征。换句话说，我们尝试对特征进行编码后重新创建它们，并检查它们与实际特征有多少不同。我们在训练期间测量重建误差，并且仅关注特征值。因此，针对输入对输出进行了验证，类似于自动编码器的功能。因此，步骤 (1) 对于评估阶段也至关重要。

请参考以下代码块：

```
for(INDArray data : featuresTrain){
```

```
 net.fit(data,data);
}
```

这就是为什么我们在以这种方式调用 fit () 时针对其自身功能（输入）训练自动编码器的原因：步骤（2）中的 net. fit（data，data）。

8.6 根据异常得分评估和排序结果

我们需要计算所有特征集的重建误差。基于此，我们找到所有 MNIST 数字（0～9）的异常数据。最后，我们将在 JFrame 窗口中显示异常数据，还需要测试集中的特征值进行评估。我们还需要测试集中的标签值，而不是用于评估，而是用于映射带有标签的异常。然后，可以针对每个标签绘制异常数据。标签仅用于相对于各个标签在 JFrame 中绘制异常数据。在此方法中，我们评估经过训练的自动编码器模型以进行 MNIST 异常检测，然后对结果进行排序并显示出来。

8.6.1 实现过程

（1）组成一个映射，将每个 MNIST 数字与（score，feature）列表相关联：

```
Map<Integer,List<Pair<Double,INDArray>>> listsByDigit = new HashMap<>();
```

（2）遍历每个测试特征，计算重建误差，制作 score-feature 对，以显示具有低重建误差的样本：

```
for( int i = 0; i<featuresTest.size(); i++ ){
 INDArray testData = featuresTest.get(i);
 INDArray labels = labelsTest.get(i);
 for( int j = 0; j<testData.rows(); j++){
 INDArray example = testData.getRow(j, true); int digit = (int)labels.getDouble(j);
 double score = net.score(new DataSet(example,example));
 // Add (score, example) pair to the appropriate list List digitAllPairs = listsByDigit.get(digit);
 digitAllPairs.add(new Pair<>(score, example)); } }
```

（3）创建一个自定义比较器以对映射进行排序：

```
Comparator<Pair<Double, INDArray>> sortComparator = new
Comparator<Pair<Double, INDArray>>() {
 @Override
 public int compare(Pair<Double, INDArray> o1, Pair<Double, INDArray> o2) {
```

```
 return Double.compare(o1.getLeft(),o2.getLeft());
 }
 };
```

（4）使用 Collections.sort（）对映射进行排序：

```
for(List<Pair<Double, INDArray>> digitAllPairs :
listsByDigit.values()){
 Collections.sort(digitAllPairs, sortComparator);
 }
```

（5）收集最佳/最差数据以显示在 JFrame 窗口中进行可视化：

```
List<INDArray> best = new ArrayList<>(50);
 List<INDArray> worst = new ArrayList<>(50);
 for( int i=0; i<10; i++ ){
 List<Pair<Double,INDArray>> list = listsByDigit.get(i);
 for( int j=0; j<5; j++ ){
 best.add(list.get(j).getRight());
 worst.add(list.get(list.size()-j-1).getRight());
 }
 }
```

（6）使用自定义的 JFrame 实现进行可视化，例如 MNISTVisualizer，以可视化结果：

```
//Visualize the best and worst digits
 MNISTVisualizer bestVisualizer = new
MNISTVisualizer(imageScale,best,"Best (Low Rec. Error)");
 bestVisualizer.visualize();
 MNISTVisualizer worstVisualizer = new
MNISTVisualizer(imageScale,worst,"Worst (High Rec. Error)");
 worstVisualizer.visualize();
```

8.6.2 工作原理

使用步骤（1）和步骤（2），对于每个 MNIST 数字，我们维护一个（score，feature）组合的列表。我们建立了一个映射，将每个 MNIST 数字与该对列表相关联。最后，我们只需要对它进行排序即可找到最佳/最坏的情况。

另外，我们使用了 score（）函数来计算重建误差：

```
double score = net.score(new DataSet(example,example));
```

在评估过程中，我们重建测试特征并测量其与实际特征值的差异。较高的重建误差表示存在较高百分比的异常值。

在步骤（4）之后，我们应该看到 JFrame 可视化的重建误差，如图 8-1 所示。

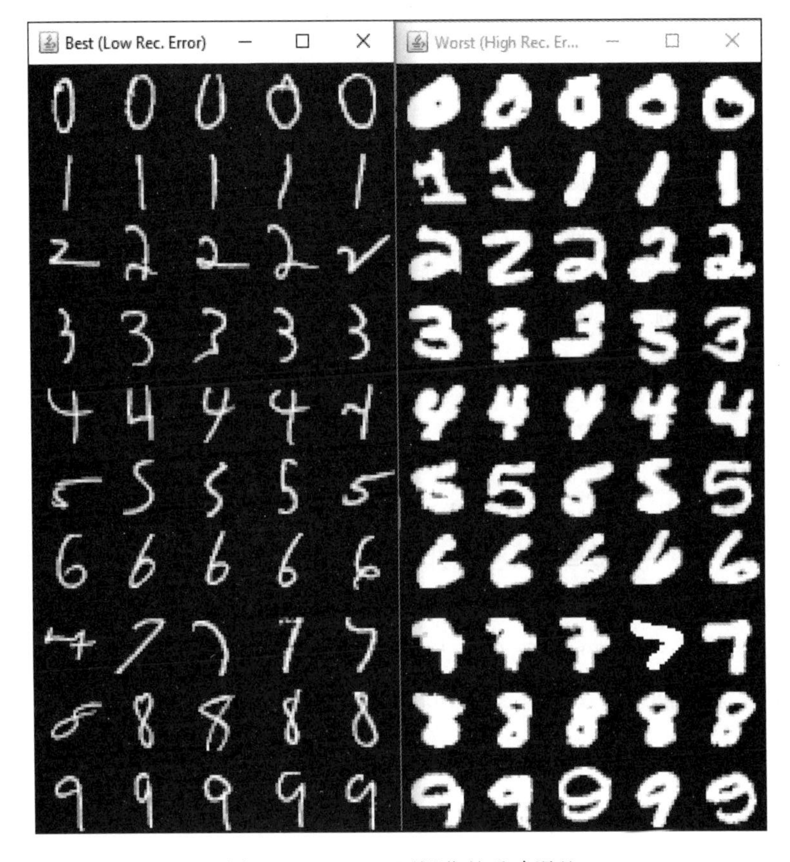

图 8-1　JFrame 可视化的重建误差

可视化依赖于 JFrame。基本上，我们要做的是在步骤（1）中从先前创建的映射中获取 N 个最佳/最差对。我们列出了最佳/最差数据列表，并将其传递给 JFrame 可视化逻辑，以在 JFrame 窗口中显示异常值。右侧的 JFrame 窗口代表异常数据。我们将 JFrame 实现放在一边，因为它超出了本书的范围有关完整的 JFrame 实施，请参阅“8.1 技术要求”中提到的 GitHub 源。

8.7 保存结果模型

模型持久性非常重要，因为它可以重用神经网络模型，而不必进行多次训练。一旦训练了自动编码器执行离群值检测，我们就可以将模型保存到磁盘以供以后使用。我们在上一章中解释了 ModelSerializer 类。我们用它来保存自动编码器模型。

8.7.1 实现过程

（1）使用 ModelSerializer 持久化模型：

```
File modelFile = new File("model.zip");
ModelSerializer.writeModel(multiLayerNetwork,file, saveUpdater);
```

（2）将标准化器添加到持久化模型：

```
ModelSerializer.addNormalizerToModel(modelFile,dataNormalization);
```

8.7.2 工作原理

在本章中，我们采用了 DL4J 1.0.0-beta 3 版本，使用 ModelSerializer 将模型保存到磁盘。若采用 1.0.0-beta 4，则建议使用 MultiLayerNetwork 提供的 save () 方法保存模型：

```
File locationToSave = new File("MyMultiLayerNetwork.zip");
model.save(locationToSave, saveUpdater);
```

如果你想以后训练网络，请配置 saveUpdater = true。

8.7.3 相关内容

要还原网络模型，请调用 restoreMultiLayerNetwork () 方法：

```
ModelSerializer.restoreMultiLayerNetwork(new File("model.zip"));
```

如果使用最新版本 1.0.0-beta 4，则可以使用 MultiLayerNetwork 提供的 load () 方法：

```
MultiLayerNetwork restored = MultiLayerNetwork.load(locationToSave, saveUpdater);
```

第9章　使用 RL4J 进行强化学习

强化学习是一种面向目标的机器学习算法，它通过训练智能体来做出一系列决策。对于深度学习模型，在现有数据上对其进行训练，并学习应用于新的或不可见的数据。强化学习是在不断反馈的基础上，通过调整自身的行为来实现奖励最大化的动态学习。我们可以将深度学习引入强化学习系统，即深度强化学习。

RL4J 是一个与 DL4J 集成的强化学习框架。RL4J 支持两种强化算法：深度 Q 学习和 A3C（asynchronous actor-critic agents；A3C）。Q 学习是一种非策略强化学习算法，它在给定的状态下寻找最佳动作。通过采取随机动作，从当前策略动作之外的动作中学习。在深度 Q 学习中，使用深度神经网络来寻找最优 Q 值，而不是常规 Q 学习中的值迭代。在本章中，将使用 Project Malmo 建立一个基于强化学习的游戏环境。Project Malmo 是一个基于 Minecraft 进行强化学习实验的平台。

在本章中，我们将介绍以下方法：

- 设置 Malmo 环境和各自的依赖项。
- 设置数据要求。
- 配置和训练深度 Q 网络（DQN）智能体。
- 评估 Malmo 智能体。

9.1　技术要求

本章的源代码如下：

https://github.com/PacktPublishing/Java-Deep-Learning-Cookbook/blob/master/09_Using_RL4J_for_Reinforcement%20learning/sourceCode/cookbookapp/src/main/java/MalmoExample.java。

克隆完 GitHub 资源库后，导航到 Java-Deep-LearningCookbook/09_Using_RL4J_for_Reinforcement learning/sourceCode 目录。然后，通过导入 pom.xml 将 cookbookapp 项目作为 Maven 项目导入。

需要配置一个 Malmo 客户端来运行源代码。首先，根据操作系统下载最新发行的 Project Malmo（https://github.com/Microsoft/Malmo/releases）：

- 对于 Linux OS，请按照此处的安装说明进行操作：

https：//github.com/ microsoft/malmo/blob/master/doc/install_linux.md。

- 对于 Windows OS，请按照此处的安装说明进行操作：

https：//github. com/ microsoft/malmo/blob/master/doc/install _ windows. md。

- 对于 macOS，请按照此处的安装说明进行操作：

https：//github. com/ microsoft/malmo/blob/master/doc/install _ macosx. md。

要启动 Minecraft 客户端，请打开 Minecraft 目录并运行客户端脚本：

- 双击 launchClient. bat（在 Windows 上）。
- 在控制台上运行 . /launchClient. sh（在 Linux 或 macOS 上）。

如果在 Windows 中，并且在启动客户端时遇到问题，可以在这里下载依赖项遍历器：https：//lucasg. github. io/Dependencies/。

然后，按照下列步骤操作：

（1）提取并运行 DependenciesGui. exe。

（2）在 Java _ Examples 目录中选择 MalmoJava. dll 以查看缺少的依赖项，如图 9 - 1 所示。

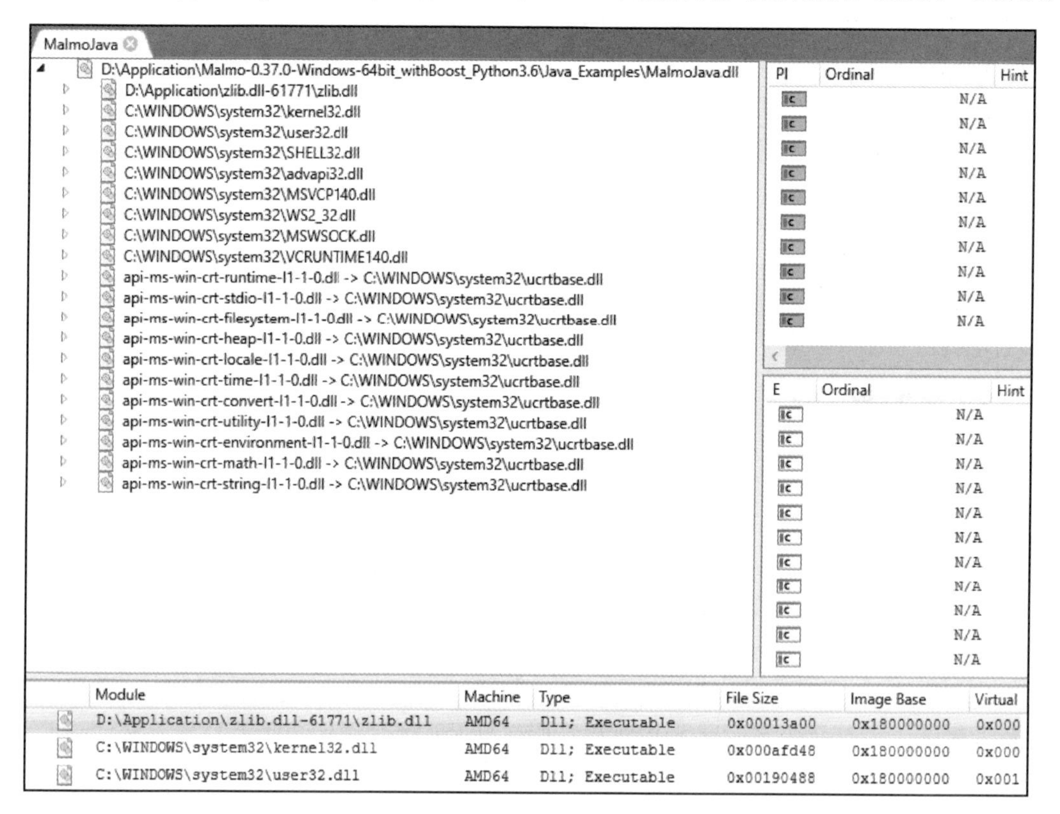

图 9 - 1 查看缺少的依赖项

如果出现任何问题，缺少的依赖项将在列表中标记出来。你需要添加缺少的依赖项才能成功重新启动客户端。PATH环境变量中应存在任何缺少的库/文件。

可以在此处参考操作系统特定的构建说明：

- https：//github.com/microsoft/malmo/blob/master/doc/build_linux.md（Linux）。
- https：//github.com/microsoft/malmo/blob/master/doc/build_windows.md（Windows）。
- https：//github.com/microsoft/malmo/blob/master/doc/build_macosx.md（macOS）。

如果一切顺利，应该看到如图9-2所示的内容。

图9-2 Minecraft的界面

此外，需要创建任务架构来为游戏窗口构建模块。完整的任务架构可以在本章的项目目录中找到，地址为：

https://github.com/PacktPublishing/Java-Deep-Learning-Cookbook/blob/master/09_Using_RL4J_for_Reinforcement%20learning/sourceCode/cookbookapp/src/main/resources/cliff_walking_rl4j.xml。

9.2 设置 Malmo 环境和各自的依赖项

需要设置 RL4J Malmo 依赖项来运行源代码。与其他所有的 DL4J 应用程序一样，还需要根据硬件（CPU/GPU）添加 ND4J 后端依赖项。在本方法中，将添加所需的 Maven 依赖项，并设置运行应用程序的环境。

9.2.1 准备工作

在运行 Malmo 示例源代码之前，应启动并运行 Malmo 客户端。源代码将与 Malmo 客户端进行通信，以便创建和运行任务。

9.2.2 实现过程

（1）添加 RL4J 核心依赖项：

```
<dependency>
  <groupId>org.deeplearning4j</groupId>
  <artifactId>rl4j-core</artifactId>
  <version>1.0.0-beta3</version>
  </dependency>
```

（2）添加 RL4J Malmo 依赖项：

```
<dependency>
  <groupId>org.deeplearning4j</groupId>
  <artifactId>rl4j-malmo</artifactId>
  <version>1.0.0-beta3</version>
  </dependency>
```

（3）为 ND4J 后端添加一个依赖项：

- 对于 CPU，使用以下命令：

```
<dependency>
  <groupId>org.nd4j</groupId>
  <artifactId>nd4j-native-platform</artifactId>
  <version>1.0.0-beta3</version>
  </dependency>
```

- 对于 GPU，使用以下命令：

```
<dependency>
  <groupId>org.nd4j</groupId>
  <artifactId>nd4j-cuda-10.0</artifactId>
  <version>1.0.0-beta3</version>
  </dependency>
```

（4）为 MalmoJavaJar 添加 Maven 依赖项：

```
<dependency>
  <groupId>com.microsoft.msr.malmo</groupId>
  <artifactId>MalmoJavaJar</artifactId>
  <version>0.30.0</version>
  </dependency>
```

9.2.3 工作原理

在步骤（1）中添加了 RL4J 核心依赖项，以便在应用程序中引入 RL4J DQN 库。在步骤（2）中添加了 RL4J Malmo 依赖项，以构建 Malmo 环境并在 RL4J 中构建任务。

此外，还需要添加特定于 CPU/GPU 的 ND4J 后端依赖项［步骤（3）］。最后，在步骤（4）中，添加了 MalmoJavaJar 的依赖项［步骤（4）］，它充当 Java 程序与 Malmo 交互的通信接口。

9.3 设置数据要求

Malmo 强化学习环境的数据包括智能体正在移动产生的图像帧。Malmo 的示例游戏窗口如图 9-3 所示，在这里，如果跨过熔岩智能体就会死亡。

图 9-3 示例游戏窗口

Malmo 要求开发人员指定 XML 模式以生成任务。在此需要为智能体和服务器创建任务数据，以便在世界（即游戏环境）上创建区块。在本方法中，将创建一个 XML 模式来指定任务数据。

9.3.1 实现过程

（1）使用<ServerInitialConditions>标签定义世界的初始条件：

```
Sample :
  <ServerInitialConditions>
  <KTime:>
  <StartTime>6000</ StartTime>
  <AllowP assageOfTime> false</AllowPassageOfTime>
  </ Time>
  <Weather>clear</Weather>
  <AllowSpawning> false</AllowSpawning>
  </ServerInitialConditions>
```

（2）打开 http：//www. minecraft101. net/super flat/并为超级平面世界创建自己的预设字符串，如图 9 - 4 所示。

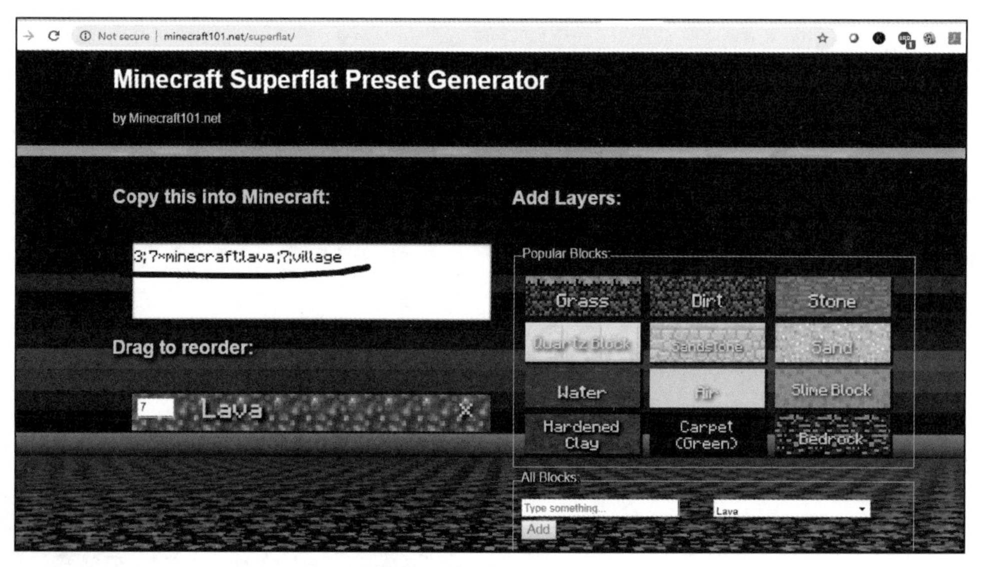

图 9 - 4　创建预设字符串

（3）使用<FlatWorldGenerator>标签使用指定的预设字符串生成超平面世界：

```
<FlatWorldGenerator generatorString = "3; 7, 220 * 1, 5 * 3,2;3; ,biome_1"/>
```

（4）使用<DrawingDecorator>标签绘制世界上的结构：

```
Sample:
 <DrawingDecorator>
 <! - - coordinates for cuboid are inclusive - - >
 <DrawCuboid x1 = " - 2" y1 = "46" z1 = " - 2" x2 = "7" y2 = "50" z2 = "18"
```

```
type = "air" />
  <DrawCuboid x1 = " - 2" y1 = "45" z1 = " - 2" x2 = "7" y2 = "45" z2 = "18"
type = "lava" />
  <DrawCuboid x1 = "1" y1 = "45" z1 = "1" x2 = "3" y2 = "45" z2 = "12"
type =  "sandstone" />
  <DrawBlock x = "4" y = "45" z = "1" type =  " cobblestone" />
  <DrawBlock x = "4" y = "45" z = "12"
type = "lapis_block" />
  <DrawItem x = "4" y = "46" z = "12" type = "diamond" />
  </DrawingDecorator>
```

（5）使用<ServerQuitFromTimeUp>标签为所有智能体指定时间限制：

```
<ServerQuitFromTimeUp timeLimitMs = "100000000"/>
```

（6）使用<ServerHandlers>标签将所有任务处理程序添加到块中：

```
<ServerHandlers>
  <FlatWorldGenerator>{Copy from step 3}</FlatWorldGenerator>
  <DrawingDecorator>{Copy from step 4}</DrawingDecorator>
  <ServerQuitFromTimeUp> {Copy from step 5}</ServerQuitFromTimeUp>
  </ServerHandlers>
```

（7）在<ServerSection>标签下添加<ServerHandlers>和<ServerInitialConditions>：

```
<ServerSection>
  <ServerInitialConditions>{Copy from step
1 }</ServerInitialConditions>
  <ServerHandlers>{Copy from step 6}</ServerHandlers>
  </ServerSection>
```

（8）定义智能体名称和起始位置：

```
Sample :
  <Name>Cristina</ Name>
  <AgentStart>
      <Placement x = "4. 5" y = "46. 0" z = "1. 5" pitch = "30" yaw = "0"/>
  </AgentStart>
```

（9）使用<ObservationFromGrid>标签定义块类型：

```
Sample :
```

```
<ObservationFromGrid>
  <Grid name = " floor">
  <min x = " - 4" y = " - 1" z = " - 13"/>
  <max x = "4" y = " - 1" z = "13"/>
  </Grid>
</ObservationFromGrid>
```

（10）使用<VideoProducer>标签配置视频帧：

```
Sample:
 <VideoProducer viewpoint = "1" want_depth = "false">
 <Width> 320</Width>
 <Height>240</Height>
 </VideoProducer>
```

（11）使用<RewardForTouchingBlockType>标签提及座席接触到块类型时要获得的奖励积分：

```
Sample:
 <RewardForTouchingBlockType>
 <Block reward = " - 100. 0" type = "lava" behaviour =  "onceOnly"/>
 <Block reward = "100. 0" type = "lapis_block" behaviour =  "onceOnly"/>
 </RewardForTouchingBlockType>
```

（12）使用<RewardForSendingCommand>标签提及奖励点以向智能体发布命令：

```
Sample:
 <RewardForSendingCommand reward = " -- 1"/>
```

（13）使用<AgentQuitFromTouchingBlockType>标签指定智能体的任务终结点：

```
<AgentQuitFromTouchingBlockType>
  <Block type = "lava" />
  <Block type = "lapis_ block" />
</AgentQuitFromTouchingBlockType>
```

（14）在<AgentHandlers>标签下添加所有智能体处理程序功能：

```
<AgentHandlers>
    <ObservationFromGrid>{Copy from step 9}</ ObservationFromGrid>
    <VideoProducer></VideoProducer> // Copy from step 10
    <RewardForTouchingBlockType>{Copy from step
```

```
11 }</RewardForTouchingBlockType>
    <RewardFor SendingCommand> // Copy from step 12
    <AgentQuitFromTouchingBlockType>{Copy from step 13}
</AgentQuitFromTouchingBlockType>
 </AgentHandlers>
```

（15）将所有智能体处理程序添加到<AgentSection>：

```
<AgentSection mode = "Survival ">
      <AgentHandlers>
          {Copy from step 14}
      </AgentHandlers>
</AgentSection>
```

（16）创建一个DataManager实例来记录训练数据：

```
DataManager manager = new DataManager(false);
```

9.3.2　工作原理

在步骤（1）中，添加以下配置作为世界的初始条件：

- StartTime：指定任务开始时的一天时间，以千分之一小时为单位。6000指正午。
- AllowPassageOfTime：如果设置为false，则它将停止昼夜循环。任务期间天气和太阳位置将保持不变。
- Weather：指定任务开始时的天气类型。
- AllowSpawning：如果设置为true，那么它将在任务期间产生动物和敌人。

在步骤（2）中，创建了一个预设字符串来表示在步骤（3）中使用的超平面类型。一个超扁平的类型只是在任务中看到的表面类型。

在步骤（4）中，使用DrawCuboid和DrawBlock绘制了世界各地的结构。

遵循三维空间（x1，y1，z1）—>（x2，y2，z2）来指定边界。type属性用于表示块类型。可以为实验添加198个可用块的任何一个。

在步骤（6）中，在<ServerHandlers>标签下添加所有特定于创建世界的任务处理程序。然后，在步骤7中将它们添加到<ServerSection>父标签中。

在步骤（8）中，使用<Placement>标签指定玩家的起始位置。如果未指定起点，则将随机选择起点。

在步骤（9）中，在游戏窗口中指定了地板块的位置。在步骤（10）中，viewpoint用来设置相机视角：

```
viewpoint = 0 -> first - person //第一视角
viewpoint = 1 -> behind//后视角
viewpoint = 2 -> facing//前视角
```

在步骤（13）中，指定在步骤结束后停止智能体移动的块类型。最后，步骤（15）将所有特定于智能体的任务处理程序添加到 AgentSection 标签中。任务模式创建将在步骤（15）结束。

现在，需要存储任务的训练数据。使用 DataManager（数据管理器）来处理训练数据的记录。如果 rl4j - data 目录不存在，将自动创建该目录，并在强化学习训练过程中存储训练数据。在步骤（16）中创建 DataManager 时，将 false 作为属性传递。这意味着没有持久化训练数据或模型。如果要持久化训练数据和模型，将其设置为 true。注意，在配置 DQN 时，需要使用数据管理器实例。

9.3.3 参考资料

请参考以下文档为 Minecraft 世界创建自己的自定义 XML 模式：

- http：//microsoft. github. io/malmo/0. 14. 0/Schemas/Mission. html。
- http：//crosoft. github. io/malmo/0. 30. 0/Schemas/MissionHandlers. html。

9.4 配置和训练 DQN 智能体

DQN 是强化学习的一个重要类别，称为值学习。在这里，使用深度神经网络来学习最优 *Q* 值函数。对于每次迭代，神经网络会对 *Q* 值进行近似处理，并根据 Bellman 方程对其进行评估以测量智能体准确性。当智能体在世界范围内运动时，*Q* 值被认为是最优的。因此，对 Q 学习进行配置的过程是非常重要的。在本方法中，将为 Malmo 任务配置 DQN，并训练智能体来完成任务。

9.4.1 准备工作

以下基本知识是本方法的先决条件：

- Q - learning。
- DQN。

对 Q 学习等基础知识的学习，将有助于为 DQN 配置 Q 学习超参数。

9.4.2 实现过程

（1）为任务创建一个动作空间：

```
Sample:
 MalmoActionSpaceDiscrete actionSpace =
 new MalmoActionSpaceDiscrete ("movenorth 1", "movesouth 1",
"movewest 1", "moveeast 1") ;
 actionSpace. setRandomSeed (rndSeed) ;
```

（2）为任务创建观察空间：

```
MalmoObservationSpace observationSpace = new
MalmoObservationSpacePixels (xSize,ySize) ;
```

（3）创建Malmo一致性策略：

```
MalmoDescretePositionPolicy obsPolicy = new
MalmoDescretePositionPolicy() ;
```

（4）围绕Malmo Java客户端创建MDP（马尔可夫决策过程的缩写）包装器：

```
Sample:
 MalmoEnvmdp = new MalmoEnv ("cliff_walking_rl4j. xml",actionSpace,
observationSpace, obsPolicy) ;
```

（5）使用DQNFactoryStdConv创建DQN：

```
Sample:
 public static DQNFactoryStdConv. Configuration MALMO_NET = new
DQNFactoryStdConv. Configuration (
 learingRate,
 l2RegParam,
 updaters,
 listeners
 );
```

（6）使用HistoryProcessor缩放像素图像输入：

```
Sample:
 public static HistoryProcessor. Configuration MALMO_HPROC = new
Hi storyP rocessor. Configuration (
 numOfFrames ,
 rescaledWidth,
 rescaledHeight,
 croppingWidth,
```

```
croppingHeight,
offsetX,
offsetY,
numFramesSkip
);
```

（7）通过指定超参数创建 Q 学习配置：

```
Sample :
public static QLearning.QLConfiguration MALMO_QL = new
QLearning.QLConfiguration(
rndSeed,
maxEpochStep,
maxStep,
expRepMaxSize,
batchSize,
targetDqnUpdateFreq,
updateStart,
rewardFactor ,
gamma,
errorClamp,
minEpsilon,
epsilonNbStep,
doubleDQN
);
```

（8）通过在 QLearningDiscreteConv 构造函数中传递 MDP 包装器和 DataManager，使用 QLearningDiscreteConv 创建 DQN 模型：

```
Sample:
QLearningDiscreteConv<MalmoBox> dql = new
QlearningDiscreteConv <MalmoBox> (mdp, MALMO_NET,
MALMO_HPROC, MALMO_ QL, manager) ;
```

（9）训练 DQN：

```
dql.train();
```

9.4.3 工作原理

在步骤（1）中，通过指定一组定义的 Malmo 动作为智能体定义了一个动作空间。例如，

movenorth 1 意味着将智能体向北移动一个单位块。向 MalmoActionSpaceDiscrete 传递了一个字符串列表，以指示智能体在 Malmo 空间上的动作。

在步骤（2）中，根据输入图像的位图大小（由 xSize 和 ySize 组成）创建了一个观察空间（来自 Malmo 空间）。同时，假设了三个颜色通道（R，G，B）。智能体在移动之前需要知道观察空间。使用 MalmoObservationSpacePixels 的目的是从像素层面进行观察。

在步骤（3）中，使用 MalmoDescretePositionPolicy 创建了一个 Malmo 一致性策略，以确保即将进行的观察处于一致状态。

MDP 是网格世界环境下强化学习的一种方法。任务具有网格形式的状态。MDP 需要一项策略，而强化学习的目标就是为 MDP 找到最优策略。MalmoEnv 是一个围绕 Java 客户端的 MDP 包装器。

在步骤（4）中，使用任务模式、动作空间、观察空间和观察策略创建了一个 MDP 包装器。注意，观察策略与智能体在学习过程结束时要形成的策略不相同。

在步骤（5）中，使用 DQNFactoryStdConv 通过添加卷积层来构建 DQN。

在步骤（6）中，通过配置 HistoryProcessor 来缩放和移除不需要的像素。HistoryProcessor的实际目的是执行经验回放，在决定当前状态的动作时，将考虑来自智能体的先前体验。通过使用 HistoryProcessor，可以将状态的部分观测改变为完全观测状态，即当前状态是先前状态的累积。

以下是创建 Q 学习配置时在步骤（7）中使用的超参数：

- maxEpochStep：每期允许的最大步数。
- maxStep：允许的最大步数。当迭代次数超过 maxStep 值时，训练将结束。
- expRepMaxSize：经验回放的最大值。经验回放是指智能体可以根据过去的转换次数来决定下一步要执行的动作。
- double DQN：决定是否在配置中启用 doubleDQN（如果启用，则为 true）。
- targetDqnUpdateFreq：常规 Q 学习在某些条件下会高估动作值。双 Q 学习增加了学习的稳定性。双 DQN 的主要思想是在每 *M* 次更新后冻结网络，或者使每 *M* 次更新更加平滑、平均。*M* 的值被定义为 targetDqnUpdateFreq。
- updateStart：开始时不执行任何操作（什么也不做）的次数，以确保 Malmo 任务以随机配置开始。如果智能体每次都以相同的方式启动游戏，那么智能体将记住动作序列，而不是根据当前状态学习采取下一个动作。
- gamma：也被称为折现系数。折现系数乘以未来的奖励，以防止智能体被高额奖励所吸引，而不是学习动作。接近 1 的折现系数表示考虑了来自遥远未来的回报。另外，接近于 0 的折现系数表明正在考虑近期的回报。
- rewardFactor：这是一个奖励比例因子，用来衡量每一步训练的奖励。

• errorClamp：在反向传播期间，将裁剪相对于输出的损耗函数梯度。对于 errorClamp =1，梯度分量被剪裁到范围（−1，1）内。

• minEpsilon：Epsilon 是损失函数相对于激活函数输出的导数。根据给定的 epsilon 值计算反向传播的每个激活节点的梯度。

• epsilonNbStrp：epsilon（ε）值在 epsilonNbStep 步数上退火为 minEpsilon。

9.4.4 相关内容

在执行了一定数量的动作后，可以把熔岩放在智能体的路径上，从而使任务更加困难。首先，使用模式 XML 创建一个任务规范：

```
MissionSpec mission = MalmoEnv.loadMissionXML("cliff_walking_rl4j.xml");
```

现在，很容易在任务中设置熔岩挑战，如下所示：

```
mission.drawBlock(xValue, yValue, zValue, "lava");"
malmoEnv.setMission(mission);
```

MissionSpec 是包含在 MalmoJavaJar 依赖项中的类文件，可以使用它在 Malmo 空间中设置任务。

9.5 评估 Malmo 智能体

需要对智能体进行评估，以了解其在游戏中的学习表现如何。通过训练智能体，让其在世界各地航行以达到目的。在本方法中，将对训练后的 Malmo 智能体进行评估。

9.5.1 准备工作

作为先决条件，需要保留智能体策略，并在评估期间重新加载它们。

对于智能体在训练后采用的最终策略（在 Malmo 空间中的移动策略），可以将其保存，如下所示：

```
DQNPolicy<MalmoBox> pol = dql.getPolicy();
pol.save("cliffwalk_pixel.policy");
```

dql 是指 DQN 模型。通过检索最终策略并将其存储为 DQNPolicy。DQN 策略提供由模型估算的最优 Q 值动作。

可以稍后还原以进行评估/推断：

```
DQNPolicy<MalmoBox> pol = DQNPolicy.load("cliffwalk_pixel.policy");
```

9.5.2　实现过程

（1）创建 MDP 包装器以加载任务：

```
Sample:
 MalmoEnv mdp = new MalmoEnv("cliff_walking_rl4j.xml",
actionSpace, observationSpace, obsPolicy);
```

（2）评估智能体：

```
Sample:
 double rewards = 0;
 for (int i = 0; i < 10; i++) {
 double reward = pol.play(mdp, new HistoryProcessor(MALMO_HPROC));
 rewards += reward;
 Logger.getAnonymousLogger().info("Reward: " + reward);
 }
```

9.5.3　工作原理

Malmo 任务/世界在步骤（1）中启动。在步骤（2）中，MALMO_HPROC 是历史处理器配置。对于示例配置，可以参考上一个方法中的步骤（6）。对智能体进行评估后，应看到如图 9-5 所示的结果。

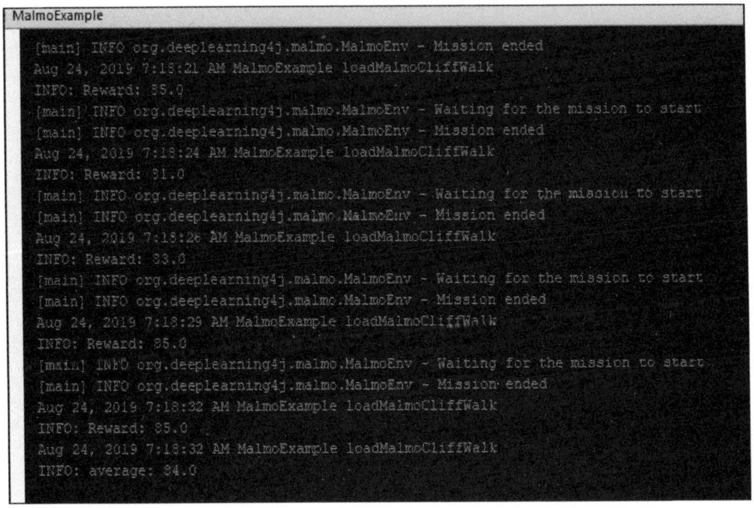

```
MalmoExample
[main] INFO org.deeplearning4j.malmo.MalmoEnv - Mission ended
Aug 24, 2019 7:18:21 AM MalmoExample loadMalmoCliffWalk
INFO: Reward: 85.0
[main] INFO org.deeplearning4j.malmo.MalmoEnv - Waiting for the mission to start
[main] INFO org.deeplearning4j.malmo.MalmoEnv - Mission ended
Aug 24, 2019 7:18:24 AM MalmoExample loadMalmoCliffWalk
INFO: Reward: 81.0
[main] INFO org.deeplearning4j.malmo.MalmoEnv - Waiting for the mission to start
[main] INFO org.deeplearning4j.malmo.MalmoEnv - Mission ended
Aug 24, 2019 7:18:26 AM MalmoExample loadMalmoCliffWalk
INFO: Reward: 83.0
[main] INFO org.deeplearning4j.malmo.MalmoEnv - Waiting for the mission to start
[main] INFO org.deeplearning4j.malmo.MalmoEnv - Mission ended
Aug 24, 2019 7:18:29 AM MalmoExample loadMalmoCliffWalk
INFO: Reward: 85.0
[main] INFO org.deeplearning4j.malmo.MalmoEnv - Waiting for the mission to start
[main] INFO org.deeplearning4j.malmo.MalmoEnv - Mission ended
Aug 24, 2019 7:18:32 AM MalmoExample loadMalmoCliffWalk
INFO: Reward: 85.0
Aug 24, 2019 7:18:32 AM MalmoExample loadMalmoCliffWalk
INFO: average: 84.0
```

图 9-5　智能体进行评估

对于每次任务评估，都会计算奖励得分。奖励得分为正表示智能体已达到目标。最后，计算了智能体的平均奖励得分，如图 9-6 所示。

图 9-6 计算奖励分界面

在图 9-6 中，可以看到智能体已经到达目标。无论智能体决定如何跨块进行移动，这都是理想的目标位置。训练结束后，智能体将形成一个最终的策略，智能体可以使用这个策略在不掉进熔岩的情况下到达目标。评估过程将确保智能体接受足够的训练，使其可以独立的玩 Malmo 游戏。

第 10 章　在分布式环境中开发应用程序

随着并行计算对数据量和资源需求的增加，传统方法可能无法很好地执行。到目前为止，我们已经看到了大数据开发已经名声大振，并且由于同样的原因，它也成为企业最为关注的方法。DL4J 支持分布式集群上的神经网络训练、评估和推理。

为了应对现代高强度的训练或输出生成任务，需要将训练工作分布在多台机器上。这也带来了更多的挑战。在使用 Spark 执行分布式训练/评估/推理之前，我们需要检查确保满足以下约束条件：

• 我们的数据应该足够大，足以证明需要分布式集群。在这种分布式情况下，Spark 上的小型网络/数据实际上并没有获得任何性能提升，本地机器执行可能会有更好的结果。

• 我们有不止一台机器来执行训练/评估或推理。

假设我们有一台带有多个 GPU 处理器的机器。在这种情况下，我们可以简单地使用并行包装器而不是 Spark。并行包装器允许在具有多核的单机上进行并行训练。并行包装器将在第 12 章“基准测试和神经网络优化”中讨论，你将了解如何配置它们。另外，如果神经网络一次迭代的时间超过 100ms，那么可以考虑分布式训练。

在本章中，我们将讨论如何配置 DL4J 来进行分布式训练、评估和推理。我们将为 Tiny-ImageNet 分类器开发一个分布式神经网络。在本章中，我们将介绍以下方法：

- 设置 DL4J 和所需的依赖项。
- 创建一个用于训练的 uber-JAR。
- 训练用的 CPU/GPU 特定配置。
- Spark 的内存设置和垃圾回收。
- 配置编码阈值。
- 执行分布式测试集评估。
- 保存和加载训练过的神经网络模型。
- 执行分布式推理。

10.1　技术要求

本章的源代码可以在 https://github.com/PacktPublishing/Java-Deep-Learning-Cookbook/tree/master/10_Developing_applications_in_distributed_environment/sourceCode/cook bookapp/src/main/java/com/javacookbook/app 上找到。

克隆 GitHub 资源库后，切换到 Java-Deep-Learning-Cookbook/10_Developing_applications_in_distributed_environment/sourceCode 目录。然后，通过文件 pom. xml，将 cookbookapp 项目作为一个 Maven 项目进行导入。

在运行实际源代码之前，你需要运行以下两个给定预处理器脚本中的任何一个（PreProcessLocal. java 或 PreProcessSpark. java）：

https://github. com/PacktPublishing/Java-Deep-Learning-Cookbook/blob/master/10_Developing_applications_in_distributed_environment/sourceCode/cookbookapp/src/main/java/com/javacookbook/app/PreProcessLocal. java。

https://github. com/PacktPublishing/Java-Deep-Learning-Cookbook/blob/master/10_Developing_applications_in_distributed_environment/sourceCode/cookbookapp/src/main/java/com/javacookbook/app/PreprocessSpark. java。

你还需要 TinyImageNet 数据集，可以在 http://cs231n. stanford. edu/tiny-imagenet-200. zip 上找到。主页位于 https：//tiny-imagenet. herokuapp. com/。

如果你对使用 Apache Spark 和 Hadoop 有一定的了解，那么最好能充分利用这一章。此外，本章假设 Java 已经安装在你的计算机上，并且已经添加到你的环境变量中。我们推荐 Java1. 8 版本。

注意，就内存/处理能力方面而言，源代码需要良好的硬件条件。如果在笔记本/台式计算机上运行源代码，我们建议你的主机上至少有 16GB 的 RAM。

10. 2　设置 DL4J 和所需的依赖项

我们再次讨论设置 DL4J，因为我们现在处理的是一个分布式环境。为了演示，我们将使用 Spark 的本地模式。因此，我们可以将重点放在 DL4J 上，而不是设置集群、工作节点等。在这个方法中，我们将建立一个单节点 Spark 集群（Spark local），并配置特定于 DL4J 的依赖项。

10. 2. 1　准备工作

为了演示分布式神经网络的使用，你需要：

- 用于文件管理的分布式文件系统（Hadoop）。
- 用于处理大数据的分布式计算（Spark）。

10.2.2　实现过程

（1）为 Apache Spark 添加以下 Maven 依赖项：

```
<dependency>
    <groupId>org.apache.spark</groupId>
    <artifactId>spark-core_2.11</artifactId>
    <version>2.1.0</version>
</dependency>
```

（2）为 Spark 中的 DataVec 添加以下 Maven 依赖项：

```
<dependency>
    <groupId>org.datavec</groupId>
    <artifactId>datavec-spark_2.11</artifactId>
    <version>1.0.0-beta3_spark_2</version>
</dependency>
```

（3）为保证参数平均添加以下 Maven 依赖项：

```
<dependency>
    <groupId>org.datavec</groupId>
    <artifactId>datavec-spark_2.11</artifactId>
    <version>1.0.0-beta3_spark_2</version>
</dependency>
```

（4）为进行渐变共享添加以下 Maven 依赖项：

```
<dependency>
    <groupId>org.deeplearning4j</groupId>
    <artifactId>dl4j-spark-parameterserver_2.11</artifactId>
    <version>1.0.0-beta3_spark_2</version>
</dependency>
```

（5）为 ND4J 后端添加以下 Maven 依赖项：

```
<dependency>
    <groupId>org.nd4j</groupId>
    <artifactId>nd4j-native-platform</artifactId>
    <version>1.0.0-beta3</version>
</dependency>
```

（6）为 CUDA 添加以下 Maven 依赖项：

```
<dependency>
    <groupId>org.nd4j</groupId>
    <artifactId>nd4j-cuda-x.x</artifactId>
    <version>1.0.0-beta3</version>
</dependency>
```

（7）为 JCommander 添加以下 Maven 依赖项：

```
<dependency>
    <groupId>com.beust</groupId>
    <artifactId>jcommander</artifactId>
    <version>1.72</version>
</dependency>
```

（8）从官方网站 https://Hadoop.apache.org/releases.html 下载 Hadoop 并添加所需的环境变量。

解压缩下载的 Hadoop 包并创建以下环境变量：

```
HADOOP_HOME = {PathDownloaded}/hadoop-x.x
 HADOOP_HDFS_HOME = {PathDownloaded}/hadoop-x.x
 HADOOP_MAPRED_HOME = {PathDownloaded}/hadoop-x.x
 HADOOP_YARN_HOME = {PathDownloaded}/hadoop-x.x
```

将以下条目添加到 PATH 环境变量中：

```
${HADOOP_HOME}\bin
```

（9）为 Hadoop 创建名称/数据节点目录。导航到 Hadoop home 目录（在 Hadoop_home 环境变量中设置）并创建一个名为 data 的目录。然后，在下面创建两个子目录 datanode 和 namenode。确保已为这些目录提供了读/写/删除权限。

（10）导航到 hadoop-x.x/etc/hadoop 并打开 hdfs-site.xml。然后，添加以下配置：

```
<configuration>
      <property>
        <name>dfs.replication</name>
        <value>1</value>
      </property>
      <property>
        <name>dfs.namenode.name.dir</name>
```

```
      <value>file:/{NameNodeDirectoryPath}</value>
    </property>
    <property>
      <name>dfs.datanode.data.dir</name>
      <value>file:/{DataNodeDirectoryPath}</value>
    </property>
</configuration>
```

（11）导航到 hadoop - x. x/etc/hadoop 并打开 mapred - site. xml。然后，添加以下配置：

```
<configuration>
  <property>
    <name>mapreduce.framework.name</name>
    <value>yarn</value>
  </property>
</configuration>
```

（12）导航到 hadoop - x. x/etc/hadoop 并打开 yarn - site. xml。然后，添加以下配置：

```
<configuration>
   <!-- Site specific YARN configuration properties -->
   <property>
     <name>yarn.nodemanager.aux-services</name>
     <value>mapreduce_shuffle</value>
   </property>
   <property>
<name>yarn.nodemanager.auxservices.mapreduce.shuffle.class</name>
     <value>org.apache.hadoop.mapred.ShuffleHandler</value>
   </property>
 </configuration>
```

（13）导航到 hadoop - x. x/etc/hadoop 并打开 core - site. xml。然后，添加以下配置：

```
<configuration>
   <property>
     <name>fs.default.name</name>
     <value>hdfs://localhost:9000</value>
   </property>
  </configuration>
```

（14）导航到 hadoop-x. x/etc/hadoop 并打开 hadoop-env. cmd。然后，将 set JAVA _ HOME=%JAVA _ HOME%替换为 set JAVA _ HOME= {JavaHomeAbsolutePath}。

添加 winutils Hadoop 修复程序（仅适用于 Windows）。你可以从 http://tiny. cc/hadoop-config-windows 下载。或者，你可以导航到相应的 GitHub。

资源库，https://github. com/steveloughran/winutils，并获取与已安装的 Hadoop 版本匹配的修复程序。将 ${HADOOP _ HOME} 中的 bin 文件夹替换为修订中的 bin 文件夹。

（15）运行以下 Hadoop 命令格式化 namenode：

```
hdfs namenode - format
```

你应该看到如图 10 - 1 所示结果。

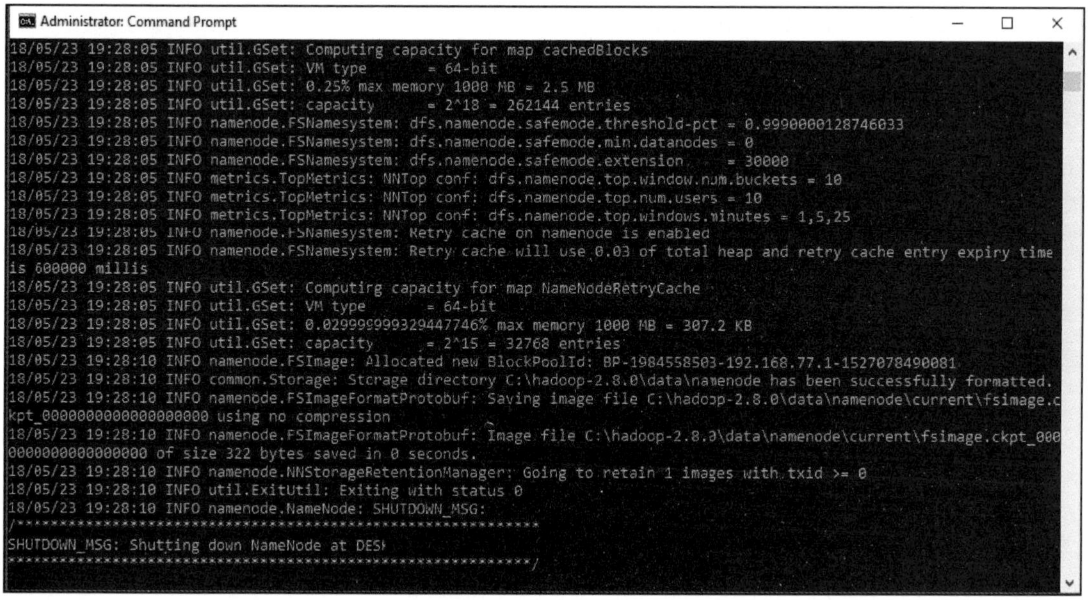

```
Administrator: Command Prompt
18/05/23 19:28:05 INFO util.GSet: Computing capacity for map cachedBlocks
18/05/23 19:28:05 INFO util.GSet: VM type       = 64-bit
18/05/23 19:28:05 INFO util.GSet: 0.25% max memory 1000 MB = 2.5 MB
18/05/23 19:28:05 INFO util.GSet: capacity      = 2^18 = 262144 entries
18/05/23 19:28:05 INFO namenode.FSNamesystem: dfs.namenode.safemode.threshold-pct = 0.9990000128746033
18/05/23 19:28:05 INFO namenode.FSNamesystem: dfs.namenode.safemode.min.datanodes = 0
18/05/23 19:28:05 INFO namenode.FSNamesystem: dfs.namenode.safemode.extension     = 30000
18/05/23 19:28:05 INFO metrics.TopMetrics: NNTop conf: dfs.namenode.top.window.num.buckets = 10
18/05/23 19:28:05 INFO metrics.TopMetrics: NNTop conf: dfs.namenode.top.num.users = 10
18/05/23 19:28:05 INFO metrics.TopMetrics: NNTop conf: dfs.namenode.top.windows.minutes = 1,5,25
18/05/23 19:28:05 INFO namenode.FSNamesystem: Retry cache on namenode is enabled
18/05/23 19:28:05 INFO namenode.FSNamesystem: Retry cache will use 0.03 of total heap and retry cache entry expiry time
is 600000 millis
18/05/23 19:28:05 INFO util.GSet: Computing capacity for map NameNodeRetryCache
18/05/23 19:28:05 INFO util.GSet: VM type       = 64-bit
18/05/23 19:28:05 INFO util.GSet: 0.029999999329447746% max memory 1000 MB = 307.2 KB
18/05/23 19:28:05 INFO util.GSet: capacity      = 2^15 = 32768 entries
18/05/23 19:28:10 INFO namenode.FSImage: Allocated new BlockPoolId: BP-1984558503-192.168.77.1-1527078490081
18/05/23 19:28:10 INFO common.Storage: Storage directory C:\hadoop-2.8.0\data\namenode has been successfully formatted.
18/05/23 19:28:10 INFO namenode.FSImageFormatProtobuf: Saving image file C:\hadoop-2.8.0\data\namenode\current\fsimage.c
kpt_0000000000000000000 using no compression
18/05/23 19:28:10 INFO namenode.FSImageFormatProtobuf: Image file C:\hadoop-2.8.0\data\namenode\current\fsimage.ckpt_000
0000000000000000 of size 322 bytes saved in 0 seconds.
18/05/23 19:28:10 INFO namenode.NNStorageRetentionManager: Going to retain 1 images with txid >= 0
18/05/23 19:28:10 INFO util.ExitUtil: Exiting with status 0
18/05/23 19:28:10 INFO namenode.NameNode: SHUTDOWN_MSG:
/************************************************************
SHUTDOWN_MSG: Shutting down NameNode at DES
************************************************************/
```

图 10 - 1　格式化后的结果

（16）导航到 ${HADOOP _ HOME} \ sbin 并启动 Hadoop 服务：

- 对于 Windows，运行 start-all. cmd。
- 对于 Linux 或任何其他操作系统，请从终端运行 start-all. sh。

你将会看到如图 10 - 2 所示的结果。

（17）在浏览器中键入 http - //localhost：50070/并验证 Hadoop 是否已启动并正在运行，如图 10 - 3 所示。

图 10 - 2　启动 Hadoop 服务

localhost:50070/dfshealth.html#tab-overview

Hadoop　Overview　Datanodes　Datanode Volume Failures　Snapshot　Startup Progress　Utilities

Overview 'localhost:9000' (active)

Started:	Wed Aug 07 19:18:40 IST 2019
Version:	2.7.3, rbaa91f7c6bc9cb92be5982de4719c1c8af91ccff
Compiled:	2016-08-18T01:41Z by root from branch-2.7.3
Cluster ID:	CID-546e21ac-afe4-4de3-859a-79d6addce5b2
Block Pool ID:	BP-1118898502-192.168.99.1-1565019552080

Summary

Security is off.

Safemode is off.

115328 files and directories, 114915 blocks = 230243 total filesystem object(s).

图 10 - 3　验证 Hadoop 是否已启动

（18）从 https：//Spark. apache. org/downloads. html 安装 Spark 并添加所需的环境变量。提取包并添加以下环境变量：

```
SPARK_HOME = {PathDownloaded}/spark - x. x - bin - hadoopx. xSPARK_CONF_DIR = $ {SPARK_HOME}\conf
```

（19）配置 Spark 的属性。导航到 SPARK _ CONF _ DIR 目录并打开 spark-env. sh 文件。然后，添加以下配置：

```
SPARK_MASTER_HOST = localhost
```

（20）通过运行以下命令运行 Spark master：

```
spark - class org. apache. spark. deploy. master. Master
```

你应该看到如图 10 - 4 所示的结果。

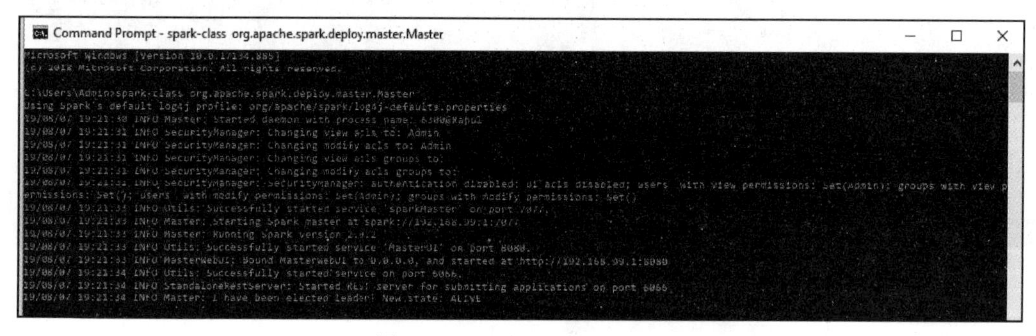

图 10 - 4　运行 Spark master

（21）在浏览器中键入 http://localhost:8080/并验证 Hadoop 是否已启动并正在运行，如图 10 - 5 所示。

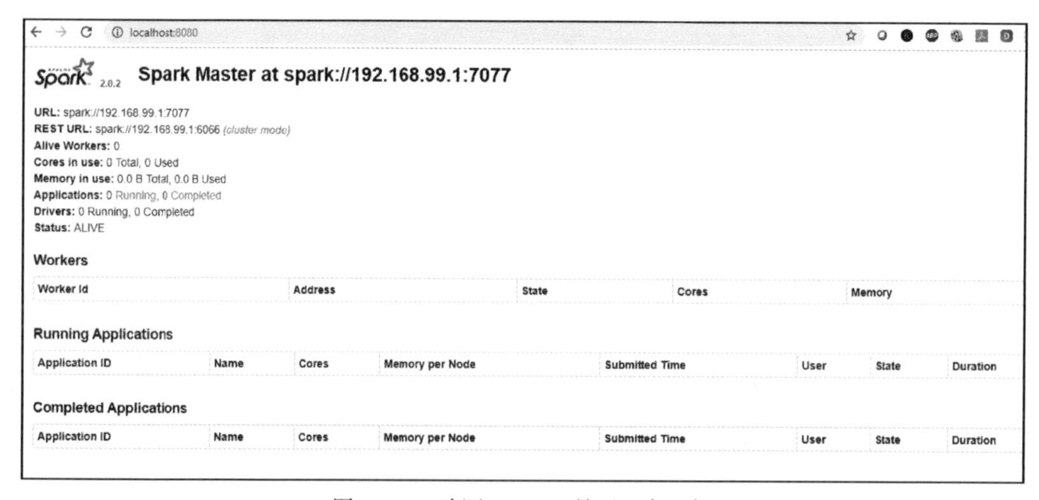

图 10 - 5　验证 Hadoop 是否正在运行

10.2.3 工作原理

在步骤（2）中，为 DataVec 添加了依赖项。我们需要在中使用数据转换函数，就像在常规训练中一样。转换是神经网络的数据要求，并不是 Spark 特有的。

例如，我们在第 2 章“数据提取、转换和加载”中讨论了 LocalTransformExecutor。LocalTransformExecutor 用于非分布式环境中的 DataVec 转换。SparkTransformExecutor 将用于 Spark 中的 DataVec 转换过程。

在步骤（4）中，我们添加了梯度共享的依赖项。梯度共享的训练时间更快，而且它被设计成可扩展和容错的。因此，梯度共享优于参数平均。在梯度共享中，它不会更新整个网络中的所有参数更新/梯度，而只会更新那些超过指定阈值的参数。假设我们在开始时有一个更新向量，我们希望通过网络进行通信。因此，我们将为更新向量中的较大值（由阈值指定）创建一个稀疏二进制向量。我们将使用这个稀疏的二进制向量进行进一步的通信。其主要思想是减少沟通的工作量。请注意，其余的更新不会被丢弃，而是添加到一个剩余向量中以供以后处理已启动并。剩余向量将被保留以备将来更新（延迟通信）而不会丢失。DL4J 中的梯度共享是一种异步 SGD 实现。你可以在 http://nikkostrom.com/publications/interspeech2015/strom_interspeech2015.pdf 上详细了解有关此内容的更多信息。

在步骤（5）中，我们为 Spark 分布式训练应用程序添加了 CUDA 依赖项。以下是关于 uber-JAR 的要求：

• 如果构建 uber-JAR 的操作系统与集群操作系统相同（例如，在 Linux 上运行，然后在 Spark Linux 集群上执行），则在 pom.xml 文件中包含 nd4j-cuda-x.x 依赖项。

• 如果构建 uber-JAR 的操作系统与集群操作系统不相同（例如，在 Windows 上运行，然后在 Spark Linux 集群上执行），请在 pom.xml 文件中包含 nd4j-cuda-x.x-platform 依赖项。

只需将 x.x 替换为你安装的 CUDA 版本（例如，nd4j-cuda-9.2 代表 CUDA 9.2）。

如果集群没有配置 CUDA/cuDNN，我们可以为集群系统添加 redistjavacpp 的预设。你可以在这里参考相应的依赖项：https://deeplearning4j.org/docs/latest/deeplearning4j-config-cuDNN。这样，我们就不必在每个集群计算机中安装 CUDA 或 cuDNN。

在步骤（6）中，我们为 JCommander 添加了一个 Maven 依赖项。JCommander 用于解析 spark-submit 提供的命令行参数。我们之所以这样做，是因为我们将把训练/测试数据的目录位置（HDFS/local）作为 spark-submit 中的命令行参数。

从步骤（7）～（16），我们下载并配置了 Hadoop。请记住用提取的 Hadoop 包的实际位置替换 {PathDownloaded}。另外，用你下载的 Hadoop 版本替换 x.x。我们需要指定存储元数据和 HDFS 中表示的数据的磁盘位置。因此，我们在步骤（8）/步骤（9）中创建了名称/数据目录。为了进行更改，在步骤（10）中，我们配置了 mapred-site.xml。如果在目录中找不到该文件，只需将 mapred - site. XML. template 文件中的所有内容复制过来，创建一个 XML 文件，然后进行步骤（10）中提到的更改。

在步骤（13）中，我们用实际的 JAVA 主目录位置替换了 JAVA _ HOME 路径变量。这样做是为了避免在运行时遇到某些 ClassNotFound 异常。

在步骤（18）中，确保你正在下载与 Hadoop 版本匹配的 Spark 版本。例如，如果你 hadoop 的版本为 2. 7. 3，那么就下载 Spark - x. x - bin - hadoop2. 7 格式的 Spark 版本。当我们在步骤（19）中进行更改时，如果 spark - env. sh 文件不存在，那么只需通过从 spark - env. sh. template 文件复制内容来创建一个名为 spark - env. sh 的新文件。然后，进行步骤（19）中提到的更改。完成本方法中的所有步骤后，你应该能够通过 spark - submit 命令进行分布式神经网络训练。

10. 3 创建用于训练的 uber - JAR

由 spark - submit 执行的训练任务需要在运行时解决所有必需的依赖项。为了管理这个任务，我们将创建一个 uber - JAR，其中包含应用程序运行时及其所需依赖项。我们将使用 pom. xml 中的 Maven 配置来创建一个 uber - JAR，以便执行分布式训练。实际上，我们将创建一个 uber - JAR 并提交给 spark - submit 来执行 spark 中的训练工作。

在这个方法中，我们将使用 Maven shade 插件创建一个 uber - JAR 用于 Spark 训练。

10. 3. 1 实现过程

（1）通过将 Maven shade 插件添加到 pom. xml 文件中，创建一个 uber - JAR（shaded JAR），如图 10 - 6 所示。

```
<plugin>
    <groupId>org.apache.maven.plugins</groupId>
    <artifactId>maven-shade-plugin</artifactId>
    <version>3.2.0</version>
    <executions>
        <execution>
            <phase>package</phase>
            <goals>
                <goal>shade</goal>
            </goals>
            <configuration>
                <transformers>
                    <transformer implementation="org.apache.maven.plugins.shade.resource.ApacheLicenseResourceTransformer" />
                    <transformer implementation="org.apache.maven.plugins.shade.resource.ManifestResourceTransformer">
                        <mainClass>com.javacookbook.app.SparkExample</mainClass>
                    </transformer>
                </transformers>
            </configuration>
        </execution>
    </executions>
</plugin>
```

图 10 - 6 创建一个 uber - JAR

有关更多信息，请参阅本书 GitHub 存储库中的 pom. xml 文件：https://github.com/PacktPublishing/Java-Deep-Learning-Cookbook/blob/master/10_Developing%20applications%20in%20distributed%20environment/sourceCode/cookbookapp/pom.xml. 向 Maven 配置添加以下筛选器：

```
<filters>
  <filter>
    <artifact>*:*</artifact>
    <excludes>
      <exclude>META-INF/*.SF</exclude>
      <exclude>META-INF/*.DSA</exclude>
      <exclude>META-INF/*.RSA</exclude>
    </excludes>
  </filter>
</filters>
```

（2）点击 Maven 命令为项目构建一个 uber-JAR：

```
mvn package -DskipTests
```

10.3.2 工作原理

在步骤（1）中，需要指定在执行 JAR 文件时应该运行的主类。在前面的演示中，SparkExample 是调用训练会话的主要类。你可能会遇到以下异常：

```
Exception in thread"main" java.lang.SecurityException: Invalidsignature file digest for Manifest main attributes.
```

添加到 Maven 配置中的一些依赖项可能有一个签名的 JAR，这可能会导致如下问题。

在步骤（2）中，我们添加了过滤器，以防止在 Maven 构建期间添加 signed. jars。

在步骤（3）中，我们生成了一个包含所有必需依赖项的 .jar 可执行文件。我们可以将这个 .jar 文件提交给 spark-submit，以在 spark 上训练我们的网络。.jar 文件是在项目的目标目录中创建的，如图 10-7 所示。

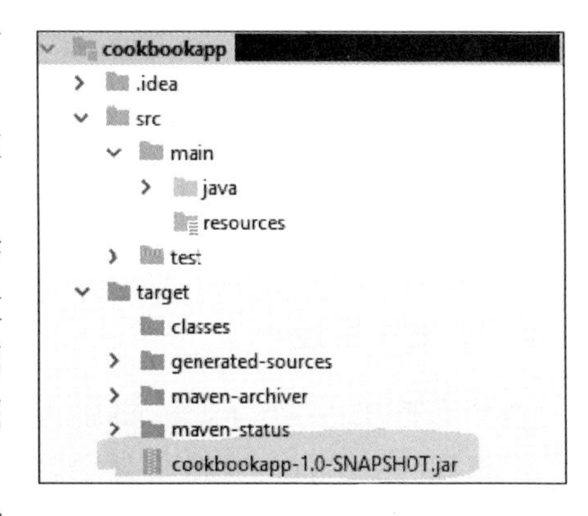

图 10-7 .jar 文件的目标目录

Maven shade 插件并不是构建 uber-JAR 文件的

唯一方法。但是，推荐使用 Maven shade 插件，而不是其他替代方案。其他替代方案可能无法包含 source. jars 中所需的文件。其中一些文件充当 Java 服务加载程序功能的依赖项。ND4J 使用了 Java 的服务加载程序功能。

因此，其他替代插件可能会导致问题。

10.4 训练用的 CPU/GPU 特定配置

特定于硬件的更改是在分布式环境中不可忽略的通用配置。DL4J 支持在启用 CUDA/cuDNN 的 NVIDIA GPU 中进行 GPU 加速训练。我们还可以使用多个 GPU 执行 Spark 分布式训练。

在这个方法中，我们将配置 CPU/GPU 进行特定的更改。

10.4.1 实现过程

（1）从 https：//developer. nvidia. com/cuda - downloads 下载、安装和设置 CUDA 工具包。NVIDIA CUDA 官方网站上提供了操作系统特定的安装说明。

（2）通过为 ND4J 的 CUDA 后端添加 Maven 依赖项，为 Spark 分布式训练配置 GPU：

```
<dependency>
    <groupId>org.nd4j</groupId>
    <artifactId>nd4j-cuda-x.x</artifactId>
    <version>1.0.0-beta3</version>
</dependency>
```

（3）通过添加 ND4J - native 依赖项，为 Spark 分布式训练配置 CPU：

```
<dependency>
    <groupId>org.nd4j</groupId>
    <artifactId>nd4j-native-platform</artifactId>
    <version>1.0.0-beta3</version>
</dependency>
```

10.4.2 工作原理

我们需要启用一个合适的 ND4J 后端，这样我们就可以利用 GPU 资源，正如我们在步骤（1）中提到的。在 pom. xml 文件中启用 nd4j - cuda - x. x 依赖项用来进行 GPU 训练，其中 x. x 是指已安装的 CUDA 版本。

如果主节点在 CPU 上运行，而工作节点在 GPU 上运行，我们可以调用两个 ND4J 后端（CUDA/native 依赖），正如前一个方法所述。如果类路径中存在两个后端，则将首先尝试 CUDA 后端。如果由于某种原因没有加载，那么将加载 CPU 后端（本机），也可以通过更改主节点中的 BACKEND _ PRIORITY _ CPU 和 BACKEND _ PRIORITY _ GPU 环境变量来更改优先级。后端将根据这两环境变量中哪个具有最高的值来选择。

在步骤（3）中，我们添加了 CPU 特定配置，该配置仅针对 CPU 硬件。如果主/工作节点都有 GPU 硬件，则不必保留此配置。

10.4.3 更多内容

我们可以通过将 cuDNN 配置到 CUDA 设备中，进一步优化训练吞吐量。我们可以在每个节点没有安装 CUDA/cuDNN 的情况下，在 Spark 中运行一个训练实例。为了获得 cuDNN 支持的最佳性能，我们可以添加 DL4J CUDA 依赖项。为此，必须添加并提供以下组件：

- DL4J CUDA Maven 依赖关系：

```
<dependency>
    <groupId>org.deeplearning4j</groupId>
    <artifactId>deeplearning4j-cuda-x.x</artifactId>
    <version>1.0.0-beta3</version>
</dependency>
```

- cuDNN 库文件位于 https://developer.nvidia.com/cuDNN。请注意，你需要注册到 NVIDIA 网站才能下载 cuDNN 库。注册是免费的。请参阅此处的安装指南：https://docs.nvidia.com/deeplearning/sdk/cuDNN-install/index.html。

10.5 Spark 的内存设置和垃圾回收

内存管理对于生产中的大型数据集的分布式训练至关重要。它直接影响神经网络的资源消耗和性能。内存管理涉及配置堆外和堆内内存空间。DL4J/ND4J 特定的内存配置将在第 12 章“基准测试和神经网络优化”中详细讨论。

在这个方法中，我们将重点讨论 Spark 上下文中的内存配置。

10.5.1 实现过程

（1）在将任务提交给 spark-submit 时，添加 --executor-memory 命令行参数，为工作节点设置堆内存。例如，我们可以使用 --executor-memory 4g 来分配 4GB 内存。

（2）添加 --conf 命令行参数以设置工作节点的堆外内存：

```
--conf"spark.executor.extraJavaOptions=-Dorg.bytedeco.javacpp.maxbytes=8G"
```

（3）添加 -- conf 命令行参数以设置主节点的堆外内存。例如，我们可以使用 -- conf "spark.driver.memoryOverhead = -Dorg.bytedeco.javacpp.maxbytes = 8G" 来分配 8GB 内存。

（4）添加 -- driver - memory 命令行参数以指定主节点的堆上内存。例如，我们可以使用 -- driver - memory 4g 来分配 4g 内存。

（5）在使用 SharedTrainingMaster 设置分布式神经网络时，通过调用 workerTogglePeriodicGC（）和 workerPeriodicGCFrequency（）为工作节点配置垃圾回收：

```
new SharedTrainingMaster.Builder(voidConfiguration,minibatch)
    .workerTogglePeriodicGC(true)
    .workerPeriodicGCFrequency(frequencyIntervalInMs)
    .build();
```

（6）通过向 pom.xml 文件添加以下依赖项，在 DL4J 中启用 Kryo 优化：

```
<dependency>
    <groupId>org.nd4j</groupId>
    <artifactId>nd4j-kryo_2.11</artifactId>
  <version>1.0.0-beta3</version>
</dependency>
```

（7）使用 SparkConf 配置 KryoSerializer：

```
SparkConf conf = newSparkConf();
 conf.set("spark.serializer",
"org.apache.spark.serializer.KryoSerializer");
 conf.set("spark.kryo.registrator","org.nd4j.Nd4jRegistrator");
```

（8）将本地配置添加到 spark - submit，如下所示：

```
--confspark.locality.wait=0
```

10.5.2　工作原理

在步骤（1）中，我们讨论了 Spark 特定的内存配置。我们提到可以为主/工作节点执行此配置。此外，这些内存配置可以依赖于集群资源管理器。

请注意，-- executor - memory 4g 命令行参数是针对 YARN 的。请参考各自的集群资源管理器文档，以了解以下各自的命令行参数。

- SparkStandalone 参考：https://spark.apache.org/docs/latest/spark-standalone.html。
- Mesos 参考：https://spark.apache.org/docs/latest/running-on-mesos.html。
- YARN 参考：https://spark.apache.org/docs/latest/running-on-yarn.html。

对于 Spark Standalone，请使用以下命令行选项来配置内存空间：

- 可以这样配置驱动程序的堆内内存（8G－>8GB 内存）：

SPARK_DRIVER_MEMORY=8G

- 驱动程序的堆外内存可以这样配置：

SPARK_DRIVER_OPTS=-Dorg.bytedeco.javacpp.maxbytes=8G

- 工作进程的堆内内存可以这样配置：

SPARK_WORKER_MEMORY=8G

- 工作机的堆外内存可以如下配置：

SPARK_WORKER_OPTS=-Dorg.bytedeco.javacpp.maxbytes=8G

在步骤（5）中，我们讨论了工作节点的垃圾回收。一般来说，有两种方法可以控制垃圾回收的频率。第一种方法：

```
Nd4j.getMemoryManager().setAutoGcWindow(frequencyIntervalInMs);
```

这将垃圾回收器调用的频率限制在指定的时间间隔内，即 frequencyIntervalInMs。第二种方法如下：

```
Nd4j.getMemoryManager().togglePeriodicGc(false);
```

这将完全禁用垃圾回收器的调用。但是，这些方法不会改变工作节点的内存配置。我们可以使用 SharedTrainingMaster 中可用的构建方法来配置工作节点的内存。

我们调用 workerTogglePeriodicGC（）来禁用/启用定期垃圾回收器（GC）调用，并调用 workerPeriodicGCFrequency（）来设置需要调用 GC 的频率。

在步骤（6）中，我们在 ND4J 中添加了对 Kryo 序列化的支持，Kryo 序列化器是一个 Java 序列化框架，它有助于提高在 Spark 中训练时的速度/效率。

有关更多信息，请参阅 https://spark.apache.org/docs/latest/tuning.html。在步骤 8 中，本地配置是可用于提高训练性能的可选配置。数据局部性会对 Spark 任务的性能产生重大影响。其思想是将数据和代码一起传送，以便能够真正快速地执行计算。有关更多信息，请参阅 https://spark.apache。org/docs/latest/tuning.html#数据位置。

10.5.3　更多内容

内存配置通常分别应用于主/工作节点。因此，仅工作节点上的内存配置可能无法带来所需的结果。我们采用的方法可能会有所不同，这取决于我们使用的集群资源管理器。因此，对于不同的集群资源管理器，参考不同方法的所对应的文档是很重要的。另外，请注意，对于严重依赖堆外内存空间的库（ND4J/DL4J）来说，集群资源管理器中的默认内存设置是不适合的（默认值太低）。Spark - submit 可以以两种不同的方式加载配置。一种方法是使用命令行，正如我们前面讨论过的，另一种方法是在 spark - defaults. conf 文件中指定配置，如下所示：

```
spark.master spark://5.6.7.8:7077
spark.executor.memory 4g
```

Spark 可以使用 -- conf 标志接受任何 Spark 属性配置。我们用它来指定这个方法中的堆外内存空间。有关 Spark 配置的更多信息，请访问：http://spark. apache. org/docs/latest/configuration. html。

• 数据集应该证明驱动程序/执行程序中的内存分配是合理的。对于 10MB 的数据，我们不必为执行器/驱动程序分配太多内存。在这种情况下，2～4GB 的内存就足够了。分配过多的内存不会有任何区别，它实际上会降低性能。

• 驱动程序是运行主要 Spark 任务的进程。执行程序是具有分配的单独任务以运行的工作程序节点任务。如果应用程序以本地模式运行，则不必分配驱动程序内存。驱动程序内存已连接到主节点，与应用程序在集群模式下运行时相关。在集群模式下，Spark 任务将不会在从其提交的本地计算机上运行。Spark 驱动程序组件将在集群内启动。

• Kryo 是一个快速高效的 Java 序列化框架。Kryo 还可以执行对象的自动深层/浅层复制，以实现高速、小巧且易于使用的 API。DL4J API 可以利用 Kryo 序列化进一步优化性能。但是，请注意由于 INDArrays 消耗堆外内存空间，Kryo 可能不会带来太多性能提升。在使用 Kryo 时，请检查相应的日志以确保你的 Kryo 配置在与 SparkDl4jMultiLayer 或 SparkComputationGraph 类一起使用时是正确无误。

• 就像在常规的训练中一样，我们需要为 DL4J Spark 添加合适的 ND4J 后端。对于较新版本的 YARN，可能需要一些附加配置。有关更多详细信息，请参阅 YARN 文档：https://hadoop. apache. org/docs/r3. 1. 0/hadoop - yarn/hadoop - yarn - site/UsingGpus. html。

• 如果执行 Spark 训练，则需要了解数据的局部性，以便优化吞吐量。数据局部性确保在 Spark 任务上操作的数据和代码在一起而不是分开的。数据局部性将序列化的代码（而不是数据块）从数据运行的地方传输到另一个地方。这样可以提高性能，并且不会引入其他问题，因为代码的大小显著小于数据的大小。Spark 提供一个名为 Spark. locality. wait 的配置属性，用于在将数据移至空闲 CPU 之前指定超时。如果将其设置为零，那么数据将立即移至空闲的执行器，而不是等待特定的执行器变为空闲状态。如果空闲状态的执行器与执行当前任务的执行器相距较远，则需要额外的开销。所以，我们通过等待附近的执行器转换为空闲状态来节省时间。因此，计算时间仍然可以减少。你可以在此处阅读有关 Spark 上数据本地性的更多信息：https：//spark. apache. org/docs/latest/tuning. html#data - locality。

10.6　配置编码阈值

DL4J - Spark 实现使用阈值编码方案来跨节点执行参数更新，以减少整个网络上交换的消息大小，从而降低通信成本。阈值编码方案引入了一种新的分布式训练专用超参数，称为编码阈值。

在这个方法中，我们将在分布式训练中实现配置阈值算法。

10.6.1　实现过程

（1）在 SharedTrainingMaster 中配置阈值算法：

```
TrainingMaster tm = new
SharedTrainingMaster.Builder(voidConfiguration,minibatchSize)
    .thresholdAlgorithm(new
AdaptiveThresholdAlgorithm(gradientThreshold))
    .build();
```

（2）通过调用 residualPostProcessor（）配置残差向量：

```
TrainingMaster tm
 = newSharedTrainingMaster.Builder(voidConfiguration,minibatch)
  .residualPostProcessor(newResidualClippingPostProcessor(clipValue,frequency))
  .build();
```

10.6.2　工作原理

在步骤（1）中，我们在 SharedTrainingMaster 中配置了阈值算法，其中默认算法是 AdaptiveThresholdAlgorithm。阈值算法将确定分布式训练的编码阈值，这是分布式训练特有的超参数。另外，请注意，我们并没有抛弃其余的参数更新。如前所述，我们将它们放入单独的残差向量中，稍后再对它们进行处理。我们这样做是为了减少训练期间的网络流量/负载。在大多数情况下，为了获得更好的性能，首选 AdaptiveThresholdAlgorithm。

在步骤（2）中，我们使用 ResidualPostProcessor 对残差向量进行后处理。残差向量是由梯度共享实现在内部创建的，用于收集未被指定边界标记的参数更新。ResidualPostProcessor 的大多数实现会对残差向量进行剪辑/衰减，使其中的值与阈值不会相差过大。

ResidualPostProcessor 将防止残差向量变得过大，因为这可能需要太多时间进行通信，并可能导致陈旧的梯度问题。

在步骤（1）中，我们调用 stresholdAlgorithm（）来设置阈值算法。在步骤（2）中，我们调用 residualPostProcessor（）对 DL4J 中梯度共享实现的残差向量进行后处理。ResidualClippingPostProcessor 接受两个属性：clipValue 和 frequency，clipValue 是我们用于剪切的当前阈值的倍数。例如，如果阈值为 t，clipValue 为 c，那么残差向量将被剪切到［-c * t，c * t］的范围内。

10.6.3 更多内容

阈值（在我们的上下文中是编码阈值）背后的思想是，参数更新在集群中发生，但仅限于用户定义的限制（阈值）下的值。这个阈值就是我们所说的编码阈值。参数更新是指训练过程中梯度值的变化。过高/过低的编码阈值不利于获得最佳结果。因此，为编码阈值提供一个可接受范围是合理的。这也被称为稀疏度比，其中参数更新发生在各个簇中。

在这个方法中，我们还讨论了如何为分布式训练配置阈值算法。即使 AdaptiveThresholdAlgorithm 提供了不理想的结果，默认选择还是使用 AdaptiveThresholdAlgorithm。

以下是 DL4J 中提供的各种阈值算法：

- AdaptiveThresholdAlgorithm：默认的阈值算法，在大多数情况下都能很好地执行。
- FixedThresholdAlgorithm：一种固定的、非自适应的阈值策略。
- TargetSparsityThresholdAlgorithm：一种针对特定目标的自适应阈值策略。它会减少或增加阈值以尝试匹配目标。

10.7 执行分布式测试集评估

分布式神经网络训练中涉及一些挑战。其中一些挑战包括跨主节点和工作节点管理不同的硬件依赖关系、配置分布式训练以展现良好的性能、跨分布式集群的内存基准等等。我们在之前的方法中讨论了其中的一些问题。在保留这些配置的同时，我们将继续进行实际的分布式训练/评估。在此方法中，我们将执行以下任务：

- 针对 DL4J Spark 训练的 ETL（Extract、Transform 和 Load 的缩写）。
- 创建一个神经网络，用于 Spark 训练。
- 执行测试集评估。

10.7.1 实现过程

（1）下载、提取 TinyImageNet 数据集的内容并将其复制到以下目录位置：

```
* Windows:
C:\Users\<username>\.deeplearning4j\data\TINYIMAGENET_200
 * Linux:~/.deeplearning4j/data/TINYIMAGENET_200
```

（2）使用 TinyImageNet 数据集创建批量的图像进行训练：

```
File saveDirTrain = new
 File(batchSavedLocation,"train");SparkDataUtils.createFileBatchesLo
 cal(dirPathDataSet,
NativeImageLoader.ALLOWED_FORMATS, true, saveDirTrain,batchSize);
```

（3）使用 TinyImageNet 数据集创建用于测试的批量图像：

```
File saveDirTest = new
 File(batchSavedLocation,"test");SparkDataUtils.createFileBatchesLoc
 al(dirPathDataSet,
NativeImageLoader.ALLOWED_FORMATS, true, saveDirTest,batchSize);
```

（4）创建一个 ImageRecordReader 来保存数据集的引用：

```
PathLabelGenerator labelMaker =
 newParentPathLabelGenerator();ImageRecordReader rr =
 newImageRecordReader(imageHeightWidth,
imageHeightWidth, imageChannels,labelMaker);
 rr.setLabels(newTinyImageNetDataSetIterator(1).getLabels());
```

（5）从 ImageRecordReader 中创建 RecordReaderFileBatchLoader 来加载批处理数据：

```
RecordReaderFileBatchLoader loader = newRecordReaderFileBatchLoader(rr, batchSize, 1, TinyImageNetFetcher.NUM_LABELS);
 loader.setPreProcessor(newImagePreProcessingScaler());
```

（6）在源代码的开头使用 JCommander 来解析命令行参数：

```
JCommander jcmdr =
 newJCommander(this);jcmdr.parse(args);
```

（7）使用 VoidConfiguration 为 Spark 训练创建一个参数服务器配置（梯度共享），如下代码所示：

```
VoidConfiguration voidConfiguration = VoidConfiguration.builder()
 .unicastPort(portNumber)
 .networkMask(netWorkMask)
```

```
.controllerAddress(masterNodeIPAddress)
.build();
```

（8）使用 SharedTrainingMaster 配置一个分布式训练网络，如下面的代码所示：

```
TrainingMaster tm = newSharedTrainingMaster.Builder(voidConfiguration,batchSize)
 .rngSeed(12345)
 .collectTrainingStats(false)
 .batchSizePerWorker(batchSize) // Minibatch size for eachworker
 .thresholdAlgorithm(newAdaptiveThresholdAlgorithm(1E-3))
//Threshold algorithm determines the encoding threshold to beuse.
 .workersPerNode(1) // Workers pernode
 .build();
```

（9）为 ComputationGraphConfguration 创建一个 GraphBuilder，如以下代码所示：

```
ComputationGraphConfiguration.GraphBuilder builder = newNeuralNetConfiguration.Builder()
 .convolutionMode(ConvolutionMode.Same)
 .l2(1e-4)
 .updater(newAMSGrad(lrSchedule))
 .weightInit(WeightInit.RELU)
 .graphBuilder()
 .addInputs("input")
 .setOutputs("output");
```

（10）使用 DL4J Model Zoo 中的 DarknetHelper 来增强我们的 CNN 架构，如以下代码所示：

```
DarknetHelper.addLayers(builder,0,3,3,32,0);//64x64out
 DarknetHelper.addLayers(builder,1,3,32,64,2);//32x32out
 DarknetHelper.addLayers(builder,2,2,64,128,0);//32x32out
 DarknetHelper.addLayers(builder,3,2,128,256,2);//16x16out
 DarknetHelper.addLayers(builder,4,2,256,256,0);//16x16out
 DarknetHelper.addLayers(builder,5,2,256,512,2);//8x8out
```

（11）在考虑标签数量和丢失功能的情况下配置输出层，如以下代码所示：

```
builder.addLayer("convolution2d_6", newConvolutionLayer.Builder(1,1)
 .nIn(512)
 .nOut(TinyImageNetFetcher.NUM_LABELS) // number oflabels
(classified outputs) = 200
```

```
.weightInit(WeightInit.XAVIER)
.stride(1,1)
.activation(Activation.IDENTITY)
.build(),"maxpooling2d_5")
.addLayer("globalpooling",new
GlobalPoolingLayer.Builder(PoolingType.AVG).build(),
"convolution2d_6")
.addLayer("loss",new
LossLayer.Builder(LossFunctions.LossFunction.NEGATIVELOGLIKELIHOOD)
.activation(Activation.SOFTMAX).build(),"globalpooling")
.setOutputs("loss");
```

(12) 从 GraphBuilder 中创建 ComputationGraphConfguration。

```
ComputationGraphConfiguration configuration = builder.build();
```

(13) 从定义的配置中创建 SparkComputationGraph 模型，并为其设置训练监听器。

```
SparkComputationGraph sparkNet = new
SparkComputationGraph(context,configuration,tm);
sparkNct.setListeners(new PerformanceListener(10,true));
```

(14) 创建 JavaRDD 对象，这些对象代表我们之前创建的用于训练的批处理文件的 HDFS 路径：

```
StringtrainPath = dataPath + (dataPath.endsWith("/") ? "" : "/") + "train";
JavaRDD<String> pathsTrain = SparkUtils.listPaths(context,trainPath);
```

(15) 通过调用 fitPaths () 来调用训练实例：

```
for (int i = 0; i < numEpochs;i + + ){
  sparkNet.fitPaths(pathsTrain,loader);
}
```

(16) 创建 JavaRDD 对象，这些对象代表我们先前创建的用于测试的批处理文件的 HDFS 路径：

```
String testPath = dataPath + (dataPath.endsWith("/") ? "" : "/") + "test";
JavaRDD<String> pathsTest = SparkUtils.listPaths(context,testPath);
```

(17) 通过调用 doEvaluation () 对分布式神经网络进行评估：

```
Evaluation evaluation = new
```

```
Evaluation(TinyImageNetDataSetIterator.getLabels(false),5);
 evaluation = (Evaluation)
sparkNet.doEvaluation(pathsTest,loader,evaluation)[0];
 log.info("Evaluation statistics: {}",evaluation.stats());
```

（18）在 spark - submit 上运行分布式训练实例，格式如下：

```
spark - submit - - master spark://{sparkHostIp}:{sparkHostPort} - - class
{clssName} {JAR File location absolute path} - - dataPath
{hdfsPathToPreprocessedData} - - masterIP{masterIP}
```

具体案例：

```
 spark - submit - - master spark://192.168.99.1:7077 - - classcom.javacookbook.app.SparkExample
cookbookapp - 1.0 - SNAPSHOT.jar - - dataPathhdfs://localhost:9000/user/had
oop/batches/imagenet - preprocessed - - masterIP192.168.99.1
```

10.7.2 工作原理

步骤（1）可以使用 TinyImageNetFetcher 自动执行，如下所示：

```
TinyImageNetFetcher fetcher = new TinyImageNetFetcher();
 fetcher.downloadAndExtract();
```

对于任何操作系统，都需要将数据复制到用户的主目录中。执行后，我们可以获得对训练/测试数据集目录的引用，如下所示：

```
File baseDirTrain = DL4JResources.getDirectory(ResourceType.DATASET,
f.localCacheName() + "/train");
 File baseDirTest = DL4JResources.getDirectory(ResourceType.DATASET,
f.localCacheName() + "/test");
```

你还可以从本地磁盘或 HDFS 中设定自己的输入目录位置。你需要在步骤 2 中对 dirPathDataSet 进行替换。

在步骤（2）和步骤（3）中，我们创建了一批图像，以便优化分布式训练。我们使用 createFileBatchesLocal（）来创建这些批次，其中数据的来源是本地磁盘。如果想要从 HDFS 源创建批处理，则请使用 createFileBatchesSpark（）代替。这些压缩的批处理文件将节省空间并减少计算瓶颈。假设我们在一个压缩的批处理中加载了 64 个图像，我们不需要 64 个不同的磁盘用于读取处理批处理文件。这些批处理包含来自多个原始文件的内容。

在步骤（5）中，我们使用 RecordReaderFileBatchLoader 来处理使用 createFileBatches Local（）或 createFileBatchESPark（）创建的文件批处理对象。正如我们在步骤（6）中提

到的，你可以使用 JCommander 来处理 spark - submit 中的命令行参数，或者编写自己的逻辑来处理它们。

在步骤（7）中，我们使用 VoidConfiguration 类配置参数服务器。这是参数服务器的基本配置 POJO 类。我们可以提到参数服务器的端口号、网络掩码等。在共享网络环境和 YARN 中，网络掩码是一个非常重要的配置。

在步骤（8）中，我们开始使用 SharedTrainingMaster 配置训练用的分布式网络。我们添加了阈值算法、工作节点数、最小批量大小等重要配置。

从步骤（9）和（10）开始，我们专注于分布式神经网络层的配置。我们使用 DL4J Model Zoo 中的 DarknetHelper 来实现 DarkNet、TinyYOLO 和 YOLO2 的功能。

在步骤（11）中，我们为微型 ImageNet 分类器添加了输出层配置。有 200 个标签，图像分类器在其中进行预测。在步骤（13）中，我们使用 Spark ComputationGraph 创建了一个基于 Spark 的计算图。如果底层网络结构是多层网络，那么可以使用 SparkDl4jMultiLayer。

在步骤（17）中，我们创建了一个评估实例，如下所示：

```
Evaluation evaluation = new
Evaluation(TinyImageNetDataSetIterator.getLabels(false),5);
```

第二个属性（前面代码中的 5）表示值 N，该值用于测量前 N 个精度指标。例如，如果真实类别的概率是最高 N 值之一，则对样本的评估将是正确的。

10.8　保存和加载训练过的神经网络模型

反复训练神经网络来进行评估并不是一个好方法，因为训练是一个非常耗费成本的操作。这就是为什么模型持久性在分布式系统中也很重要的原因。

在这个方法中，我们将把分布式神经网络模型持久化到磁盘并加载它们以供进一步使用。

10.8.1　实现过程

（1）使用 ModelSerializer 保存分布式神经网络模型：

```
MultiLayerNetwork model = sparkModel.getNetwork();
 File file = newFile("MySparkMultiLayerNetwork.bin");
 ModelSerializer.writeModel(model,file,saveUpdater);
```

（2）使用 Save（）保存分布式神经网络模型：

```
MultiLayerNetwork model = sparkModel.getNetwork();
  File locationToSave = newFile("MySparkMultiLayerNetwork.bin);
```

```
model.save(locationToSave,saveUpdater);
```

（3）使用 ModelSerializer 加载分布式神经网络模型：

```
ModelSerializer.restoreMultiLayerNetwork(new
File("MySparkMultiLayerNetwork.bin"));
```

（4）使用 Load（）加载分布式神经网络模型：

```
MultiLayerNetwork restored =
MultiLayerNetwork.load(savedModelLocation,saveUpdater);
```

10.8.2 工作原理

尽管我们使用 save（）或 load（）来实现模型在本地机器中的持久性，但在生产中这并不是一个理想做法。对于分布式集群环境，我们可以在步骤（1）和步骤（2）中使用 Buffered InputStream/BufferedOutputStream 将模型保存/加载到集群或从集群加载模型。我们可以像前面演示的那样使用 ModelSerializer 或 save（）/load（）。我们只需要关注集群资源管理器和模型持久性，它们可以跨集群执行。

10.8.3 更多内容

SparkDl4jMultiLayer 和 SparkComputationGraph 在内部分别使用了 MultiLayerNetwork 和 ComputationGraph 的标准实现。因此，可以通过调用 getNetwork（）方法访问它们的内部结构。

10.9 执行分布式推理

在本章中，我们讨论了如何使用 DL4J 执行分布式训练。我们还对训练后的分布式模型进行了分布式评估。现在，让我们讨论如何利用分布式模型来解决诸如预测之类的用例。这个过程被称为推理。让我们来看看如何在 Spark 环境中执行分布式推理。

在这个方法中，我们将使用 DL4J 在 Spark 上进行分布式推理。

10.9.1 实现过程

（1）通过调用 feedForwardWithKey（）对 SparkDl4jMultiLayer 进行分布式推理，如下所示：

```
SparkDl4jMultiLayer.feedForwardWithKey(JavaPairRDD<K,INDArray>
```

```
featuresData, intbatchSize);
```

（2）通过调用 feedForwardWithKey（）对 SparkComputationGraph 进行分布式推理：

```
SparkComputationGraph.feedForwardWithKey(JavaPairRDD<K,INDArray[]>
featuresData, int batchSize);
```

10.9.2 工作原理

步骤（1）和（2）中的 feedForwardWithKey（）方法的目的是为给定的输入数据集生成输出/预测结果。从该方法返回一个映射。输入数据由映射中的键表示，结果（输出）由值（INDArray）表示。

feedForwardWithKey（）接受两个参数：输入数据和用于前馈操作的最小批量大小。输入数据（特性）的格式为 javapairdd<K，INDArray>。

注意，RDD 数据是无序的。我们需要一种方法将每个输入映射到相应的结果（输出）。因此，我们需要一个键值对，将每个输入映射到其各自的输出。这就是我们在这里使用键值的主要原因。这与推理过程无关。最小批量大小的值用于在内存和计算效率之间进行权衡。

第 11 章　迁移学习在网络模型中的应用

在本章中，我们将讨论迁移学习方法，这些方法对于复用先前开发的模型至关重要。我们将看到如何将迁移学习应用到第 3 章“二元分类的深层神经网络构建”中创建的模型中，以及从 DL4J Model Zoo API 中预先训练的模型。我们可以使用 DL4J 的迁移学习 API 来修改网络架构，在训练时保留特定的层参数，并微调模型配置。迁移学习能提高学习性能，并能发展出熟练的模型。我们将从另一个模型学习到的参数为例引入到当前的训练案例。如果你已经为前面的章节设置了 DL4J 工作区，那么你不必在 pom. xml 中添加任何新的依赖项；否则，你需要在 pom. xml 中添加基本的 Deeplearning4j Maven 依赖项，如第 3 章“二元分类的深层神经网络构建”中所述。

在本章中，我们将介绍以下方法：

- 修改当前的客户保留模型。
- 微调学习配置。
- 冻结层的实现。
- 导入和加载 Keras 模型和层。

11.1　技术要求

本章的源代码可以在这里找到：https://github.com/PacktPublishing/Java-Deep-Learning-Cookbook/tree/master/11_Applying_Transfer_Learning_to_network_models/sourceCode/cookbookapp/src/main/java。

在克隆 GitHub 资源库之后，导航到 Java-Deep-Learning-Cookbook/11_Applying_Transfer_Learning_to_network_models/sourceCode 目录，然后通过 pom. xml 将 cookbookapp 项目导入为 Maven 项目。

11.2　修改当前的客户保留模型

在第 3 章“二元分类的深层神经网络构建”中，我们建立了一个客户流失模型，它能够根据特定的数据预测客户是否会离开一个组织。我们可能希望根据新获得的数据训练现有的模型。当一个现有的模型接收类似模型的最新训练时，就会发生迁移学习。我们使用 Model

Serializer 类来保存神经网络训练后的模型。我们使用前馈网络架构来建立客户保留模型。

在这个方法中，我们将导入一个现有的客户保留模型，并使用 DL4J 迁移学习 API 进一步优化它。

11.2.1　实现过程

（1）调用 load（）方法从保存的位置导入模型：

```
File savedLocation =
 newFile("model.zip");
 boolean saveUpdater = true;
MultiLayerNetwork restored = MultiLayerNetwork.load(savedLocation,saveUpdater);
```

（2）添加使用 deeplearning4j-zoo 模块所需的 pom 依赖项：

```
<dependency>
  <groupId>org.deeplearning4j</groupId>
  <artifactId>deeplearning4j-zoo</artifactId>
  <version>1.0.0-beta3</version>
  </dependency>
```

（3）使用 TransferLearning API 为 MultiLayerNetwork 添加微调配置：

```
MultiLayerNetwork newModel = newTransferLearning.Builder(oldModel)
 .fineTuneConfiguration(fineTuneConf)
 .build();
```

（4）使用 TransferLearning API 为 ComputationGraph 添加微调配置：

```
ComputationGraph newModel = newTransferLearning.GraphBuilder(oldModel).
 .fineTuneConfiguration(fineTuneConf)
 .build();
```

（5）使用 TransferLearningHelper 配置训练会话。TransferLearningHelper 可以通过以下两种方式创建：

- 传递使用 transfer learning builder［步骤（2）］创建的模型对象，其中包含提到的冻结层：

```
TransferLearningHelper tHelper
 = newTransferLearningHelper(newModel);
```

- 通过明确指定的冻结层，直接从导入的模型中创建。

```
TransferLearningHelper tHelper
 = newTransferLearningHelper(oldModel,"layer1")
```

（6）使用 featurize（）方法对训练/测试数据进行特征化处理：

```
  while(iterator.hasNext()){
          DataSet currentFeaturized =
transferLearningHelper.featurize(iterator.next());
          saveToDisk(current Featurized); //save the featurizeddate
to disk
          }
```

（7）使用 ExistingMiniBatchDataSetIterator 创建训练/测试迭代器：

```
DataSetIterator existingTrainingData
 = newExistingMiniBatchDataSetIterator(newFile("trainFolder"),"churn-
" + featureExtractorLayer + "-train-%d.bin");
 DataSetIterator existingTestData
 = newExistingMiniBatchDataSetIterator(newFile("testFolder"),"churn-
" + featureExtractorLayer + "-test-%d.bin");
```

（8）通过调用 fitFeaturized（）在特征数据之上开始训练实例：

```
transferLearningHelper.fitFeaturized(existingTrainingData);
```

（9）通过调用 evaluate（）来评估解冻层的模型：

```
transferLearningHelper.unfrozenMLN().evaluate(existingTestData);
```

11.2.2 工作原理

在步骤（1）中，如果我们计划在以后训练模型，则设置 saveUpdater 的值为 true。我们还讨论了 DL4J 的模型 Zoo API 提供的预训练模型。如步骤（1）所述，一旦添加了 deeplearning4j-zoo 的依赖关系，就可以加载预先训练的模型，如下 VGG16 所示：

```
ZooModel zooModel = VGG16.builder().build();
 ComputationGraph pretrainedNet = (ComputationGraph)
zooModel.initPretrained(PretrainedType.IMAGENET);
```

DL4J 在其迁移学习 API 下支持更多的预训练模型。

微调配置是将一个被训练成执行任务的模型，训练成执行另一个类似任务的过程。微调配置是针对迁移学习而言的。在步骤（3）和步骤（4）中，我们添加了一个针对神经网络类型的微调配置。以下是使用 DL4J 迁移学习 API 可进行的更改。

- 更新权重初始化方案、梯度更新策略、优化算法（微调）。
- 在不改变其他层的情况下修改特定层。
- 将新层附加到模型上。

所有这些修改都可以使用迁移学习 API 来实现。DL4J 迁移学习 API 自带一个构建器类来支持这些修改。我们将通过调用 fineTuneConfiguration（）构建器方法来添加一个微调配置。

正如我们前面所看到的，在步骤（4）中，我们使用 GraphBuilder 进行计算图的迁移学习。具体的例子请参考我们的 GitHub 仓库。需要注意的是，迁移学习 API 在应用了所有指定的修改后，会从导入的模型中返回一个模型的实例。常规的 Builder 类将构建一个 MultiLayerNetwork 的实例，而 GraphBuilder 将构建一个 ComputationGraph 的实例。

我们也可能只对某些层进行更改，而不是跨层进行全局更改。主要的目的是对某些确定要进一步优化的层进行应用。这也引出了另一个问题：我们如何知道一个存储模型的模型细节？为了指定要保持不变的层，迁移学习 API 需要层属性，如层名称/层编号。

我们可以使用 getLayerWiseConfigurations（）方法获得这些，如下所示：

```
oldModel.getLayerWiseConfigurations().toJson()
```

一旦我们执行了上述操作，你应该会看到如图 11-1 所示的网络配置。

完整网络配置 JSON 的 Gist URL 在 https://gist.github.com/rahul-raj/ee71f64706fa47b6518020071711070b。

从显示的 JSON 内容中可以验证神经网络的配置，如学习率、神经元使用的权重、使用的优化算法、特定层配置等。

下面是 DL4J 迁移学习 API 中支持模型修改的一些可选的配置。我们需要层的详细信息（名称/ID）来调用这些方法。

- setFeatureExtractor（）：冻结特定层上的更改方法。
- addLayer（）：向模型添加一个或多个层的方法。
- nInReplace（）/nOutReplace（）：通过改变指定层的 nIn 或 nOut 来修改该层的体系结构的方法。
- removeLayersFromOutput（）：从模型中删除最后的 n 个层方法（从输出层必须被添加回来的地方开始）。
- setInputPreProcessor（）：将指定的预处理器添加到指定的层的方法

在步骤（5）中，我们看到了在 DL4J 中应用迁移学习的另一种方法，即使用 TransferLearningHelper。我们讨论了它的两种实现方式。当你从迁移学习构建器中创建 Transfer

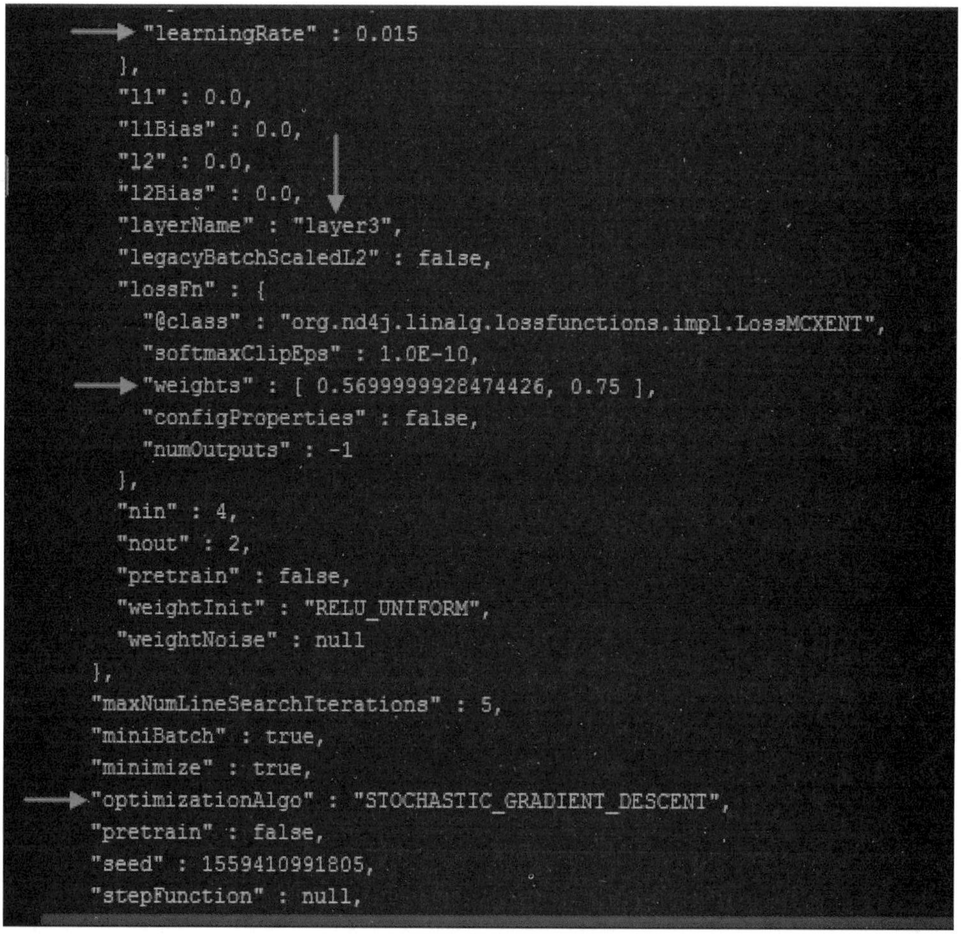

```
        "learningRate" : 0.015
      },
      "l1" : 0.0,
      "l1Bias" : 0.0,
      "l2" : 0.0,
      "l2Bias" : 0.0,
      "layerName" : "layer3",
      "legacyBatchScaledL2" : false,
      "lossFn" : {
        "@class" : "org.nd4j.linalg.lossfunctions.impl.LossMCXENT",
        "softmaxClipEps" : 1.0E-10,
        "weights" : [ 0.5699999928474426, 0.75 ],
        "configProperties" : false,
        "numOutputs" : -1
      },
      "nin" : 4,
      "nout" : 2,
      "pretrain" : false,
      "weightInit" : "RELU_UNIFORM",
      "weightNoise" : null
    },
    "maxNumLineSearchIterations" : 5,
    "miniBatch" : true,
    "minimize" : true,
    "optimizationAlgo" : "STOCHASTIC_GRADIENT_DESCENT",
    "pretrain" : false,
    "seed" : 1559410991805,
    "stepFunction" : null,
```


图 11-1　网络配置

LearningHelper 时，你也需要指定 FineTuneConfiguration。FineTuneConfiguration 中配置的值将覆盖所有非冻结层。

TransferLearningHelper 在处理迁移学习的常规方式中脱颖而出是有原因的。迁移学习模型的冻结层通常在整个训练过程中的数值都是恒定的。冻结层的目的取决于对现有模型性能的观察。我们还提到了 setFeatureExtractor（）方法，它用于冻结特定的层。使用这个方法可以跳过某层。但是，模型实例仍然包含整个冻结和未冻结的部分。所以，我们在训练过程中仍然使用整个模型（包括冻结和未冻结的部分）进行计算。

使用 TransferLearningHelper，我们可以通过只创建未冻结部分的模型实例来减少整体训练时间。冻结的数据集（包含所有冻结的参数）被保存到磁盘上，我们使用未冻结部分的模型实例进行训练。如果我们要训练的只是一个周期，那么 setFeatureExtractor（）和迁移学习助手 API 的性能几乎一样。假设有 100 层，其中 99 个为冻结层，要进行 N 个周期的训练。如果我们使用 setFeatureExtractor（），那么我们最终会对这 99 个层做 N 次正向传递，这实际上需要额外的时间和内存。

为了节省训练时间，我们在使用迁移学习助手 API 保存冻结层的激活结果后再创建模型实例。这个过程也被称为特征化。其目的是跳过冻结层的计算，在未冻结层上进行训练。

TransferLearningHelper 是在步骤（3）中创建的，如下所示：

```
TransferLearningHelper tHelper = newTransferLearningHelper(oldModel,"layer2")
```

在前面的例子中，我们明确指定冻结了到第 2 层为止的所有层结构。

在步骤（6）中，我们讨论了特征化后如何保存数据集。特征化之后，我们将数据保存到磁盘上。我们需要获取这个特征化的数据，以便在此基础上进行训练。

如果我们将训练/评估分开会更容易进行，然后将其保存到磁盘上。可以使用 save（）方法将数据集保存到磁盘，如下所示：

```
currentFeaturized.save(newFile(fileFolder,fileName));
```

saveTodisk（）是保存训练或测试数据集的惯用方法。实现方法很简单，因为它就是创建两个不同的目录（train/test），并决定可以用于训练/测试的文件范围。我们将把这个实现留给你。你可以参考我们在 GitHub 仓库中的例子（SaveFeaturizedDataExample.java）：https://github.com/PacktPublishing/Java-Deep-Learning-Cookbook/blob/master/11_Applying%20Transfer%20Learning%20to%20network%20models/sourceCode/cookbookapp/src/main/java/SaveFeaturizedDataExample.java。

在步骤（7）/（8）中，我们讨论了在特征化数据的基础上训练我们的神经网络。我们的客户保留模型遵循 MultiLayerNetwork 架构。这个训练实例将改变未冻结层的网络配置。因此，我们需要评估未冻结层。在步骤（5）中，我们只在特征化测试数据上评估了模型，如下所示：

```
transferLearningHelper.unfrozenMLN().evaluate(existingTestData);
```

如果你的网络具有 ComputationGraph 结构，那么你可以使用 unfrozenGraph（）方法代替 unfrozenMLN（）来实现同样的结果。

11.2.3 更多内容

下面是 DL4J Model Zoo API 提供的一些重要的预训练模型：

• VGG16：VGG-16 在该论文中被提及：https：//arxiv. org/abs/1409. 1556。

这是一个非常深度的卷积神经网络，针对大规模的图像识别任务。我们可以使用迁移学习来进一步训练模型。我们要做的就是从模型 Zoo 导入 VGG16：

```
ZooModel zooModel = VGG16.builder().build();
ComputationGraph network =
(ComputationGraph)zooModel.initPretrained();
```

需要注意的是，DL4J Model Zoo API 中 VGG16 模型的底层架构是 ComputationGraph。

• TinyYOLO：TinyYOLO 在该论文中被提及：https://arxiv. org/pdf/1612. 08242. pdf。

这是一个实时对象检测模型，用于快速准确的图像分类。我们从这个模型中导入模型 Zoo 后，也可以将迁移学习应用于该模型，如下所示：

```
ComputationGraph pretrained =
(ComputationGraph)TinyYOLO.builder().build().initPretrained();
```

需要注意的是，DL4J 模型 Zoo API 中 TinyYOLO 模型的底层架构是 ComputationGraph。

• Darknet19：Darknet19 在该论文中被提及：https：//arxiv. org/pdf/1612. 08242. pdf.

这也就是所谓的 YOLOV2，是一种更快的物体检测模型，用于实时物体检测。我们从模型 zoo 导入这个模型后，就可以将迁移学习应用于该模型，具体如下所示：

```
ComputationGraph pretrained =
(ComputationGraph)Darknet19.builder().build().initPretrained();
```

11.3 微调学习配置

在进行转移学习的时候，我们可能要更新策略，比如如何初始化权重，更新哪些梯度，使用哪些激活函数等等。为此，我们对配置进行微调。在这个方法中，我们将对迁移学习的配置进行微调。

11.3.1 实现过程

（1）使用 FineTuneConfiguration（）来管理模型配置中的修改：

```
FineTuneConfiguration fineTuneConf = newFineTuneConfiguration.Builder()
.optimizationAlgo(OptimizationAlgorithm.STOCHASTIC_GRADIENT_DESCENT
)
```

```
    .updater(newNesterovs(5e-5))
    .activation(Activation.RELU6)
    .biasInit(0.001)
    .dropOut(0.85)
   .gradientNormalization(GradientNormalization.RenormalizeL2PerLayer)
    .l2(0.0001)
    .weightInit(WeightInit.DISTRIBUTION)
    .seed(seed)
    .build();
```

（2）调用 fineTuneConfiguration（）来微调模型配置：

```
MultiLayerNetwork newModel = newTransferLearning.Builder(oldModel)
.fineTuneConfiguration(fineTuneConf)
.build();
```

11.3.2　工作原理

我们在步骤（1）中看到了一个微调实现的示例。微调配置的目的是为了适用于跨层的默认/全局变化。因此，如果我们不想考虑微调配置中某些特定的层，那么我们需要将这些层冻结。如果不这么做，指定修改类型的所有当前值（梯度、激活等）将在新模型中被覆盖。

在步骤（2）中，如果我们原来的 MultiLayerNetwork 模型有卷积层，那么也可以对卷积模式进行修改。正如你可能已经猜到的那样，如果你对第 4 章“构建卷积神经网络”中的图像分类模型进行迁移学习，这一点是适用的。另外，如果你的卷积神经网络在支持 CUDA 的 GPU 模式下运行，那么你也可以用你的迁移学习 API 提到 cuDNN algo 模式。我们可以为 cuDNN 指定一种算法方法（PREFER_FASTEST、NO_WORKSPACE 或 USER_SPECIFIED）。它将影响 cuDNN 的性能和内存使用。使用 cudnnAlgoMode（）方法与 PREFER_FASTEST 模式可以提高性能。

11.4　冻结层的实现

我们可能会希望将训练实例限制在某些层上，这意味着可以对训练实例的某些层进行冻结，这样我们就可以在冻结层保持不变的情况下专注于优化其他层。我们在前面看到了两种实现冻结层的方法：使用常规的迁移学习构建器和使用迁移学习帮助器。在这个方法中，我们将为传输层实现冻结层。

11.4.1 实现过程

（1）通过调用 setFeatureExtractor（）定义冻结层：

```
MultiLayerNetwork newModel =
newTransferLearning.Builder(oldModel)
 .setFeatureExtractor(featurizeExtractionLayer)
 .build();
```

（2）调用 fit（）来启动训练实例：

```
newModel.fit(numOfEpochs);
```

11.4.2 工作原理

在步骤（1）中，我们使用 MultiLayerNetwork 进行演示。对于 MultiLayerNetwork，featurizeExtractionLayer 指的是层号（整数）。对于 ComputationGraph，featurizeExtraction Layer 指的是层名（字符串）。通过将冻结层管理转移到迁移学习构建器中，它可以与所有其他迁移学习功能（如微调）一起分组。这样可以更好地实现模块化。但是，正如我们在前面的方法中已经讨论过，迁移学习助手也有其自身的优势。

11.5 导入和加载 Keras 模型和层

有时你可能会想导入一个 DL4J Model Zoo API 中没有的模型。你可能已经在 Keras/TensorFlow 中创建了自己的模型，或者你可能正在使用 Keras/TensorFlow 中的预训练模型。无论哪种方式，我们仍然可以使用 DL4J 模型导入 API 从 Keras/TensorFlow 中加载模型。

11.5.1 准备工作

本方法假设你已经设置好了 Keras 模型（预训练/未预训练），并准备好导入 DL4J。我们将跳过关于如何将 Keras 模型保存到磁盘的细节，因为这超出了本书的范围。通常，Keras 模型以 .h5 格式存储，但这并不是限制，因为模型导入 API 也可以从其他格式导入。作为前提条件，我们需要在 pom.xml 中添加以下 Maven 依赖。

```
<dependency>
  <groupId>org.deeplearning4j</groupId>
  <artifactId>deeplearning4j-modelimport</artifactId>
  <version>1.0.0-beta3</version>
```

```
</dependency>
```

11.5.2　实现过程

（1）使用 KerasModelImport 加载外部 MultiLayerNetwork 模型：

```
String modelFileLocation = new
ClassPathResource("kerasModel.h5").getFile().getPath();
 MultiLayerNetwork model =
KerasModelImport.importKerasSequentialModelAndWeights(modelFileLocation);
```

（2）使用 KerasModelImport 加载外部 ComputationGraph 模型：

```
String modelFileLocation = new
ClassPathResource("kerasModel.h5").getFile().getPath();
 ComputationGraph model =
KerasModelImport.importKerasModelAndWeights(modelFileLocation);
```

（3）使用 KerasModelBuilder 导入外部模型：

```
KerasModelBuilder builder = new
KerasModel().modelBuilder().modelHdf5Filename(modelFile.getAbsolutePath())
 .enforceTrainingConfig(trainConfigToEnforceOrNot);
 if (inputShape != null){
 builder.inputShape(inputShape);
 }
 KerasModel model = builder.buildModel();
 ComputationGraph newModel = model.getComputationGraph();
```

11.5.3　工作原理

在步骤（1）中，我们使用 KerasModelImport 从磁盘中加载外部 Keras 模型。如果模型是通过调用 model.to_json（）和 model.save_weights（）（在 Keras 中）单独保存的，那么我们需要使用以下变体：

```
String modelJsonFileLocation = new
ClassPathResource("kerasModel.json").getFile().getPath();
 String modelWeightsFileLocation = new
ClassPathResource("kerasModelWeights.h5").getFile().getPath();
 MultiLayerNetwork model =
```

```
KerasModelImport.importKerasSequentialModelAndWeights(modelJsonFileLocation
, modelWeightsFileLocation,enforceTrainConfig);
```

请注意以下几点：

- importKerasSequentialModelAndWeights ()：从 Keras 模型中导入并创建 MultiLayerNetwork
- importKerasModelAndWeights ()：从 Keras 模型中导入并创建 ComputationGraph

考虑以下 importKerasModelAndWeights () 方法的实现来执行步骤（2）：

```
KerasModelImport.importKerasModelAndWeights(modelJsonFileLocation, modelWeightsFileLocation, en-
forceTrainConfig);
```

第三个参数 enforceTrainConfig，是一个布尔类型，表示是否执行训练配置。同样，如果模型是使用 model.to_json () 和 model.save_weights () Keras 调用单独保存的，那么我们需要使用以下变体：

```
String modelJsonFileLocation = new
ClassPathResource("kerasModel.json").getFile().getPath();
StringmodelWeightsFileLocation = new
ClassPathResource("kerasModelWeights.h5").getFile().getPath();
ComputationGraph model =
KerasModelImport.importKerasModelAndWeights(modelJsonFileLocation, modelWeightsFileLocation, en-
forceTrainConfig);
```

在步骤（3）中，我们讨论了如何使用 KerasModelBuilder 从外部模型加载 ComputationGraph。其中一个构建器方法是 inputShape ()。它为导入的 Keras 模型分配输入形状。DL4J 要求指定输入形状。然而，如果你使用前面讨论的前两个方法来导入 Keras 模型，你就不必处理这些问题。这些方法（importKerasModelAndWeights () 和 importKerasSequential ModelAndWeights ()）在内部利用 KerasModelBuilder 来导入模型。

第 12 章　基准测试和神经网络优化

基准测试是一个标准，我们可以对照这个标准来比较解决方案是否优秀。在深度学习的背景下，我们可以为运行良好的现有模型设定基准。我们可能会根据准确率、处理的数据量、内存消耗和 JVM 垃圾回收调优等因素来测试我们的模型。在这一章中，我们简要地讨论一下使用 DL4J 应用程序进行基准测试的可能性。我们将从一般准则开始，然后继续讨论更多 DL4J 特定的基准测试设置。在本章的最后，我们将看一个超参数调优的例子，该例子展示了如何找到最佳的神经网络参数以产生最佳结果。

在本章中，我们将介绍以下方法：

- DL4J / ND4J 特定的配置。
- 设置堆空间和垃圾回收。
- 使用异步 ETL。
- 使用仲裁器监控神经网络行为。
- 执行超参数调整。

12.1　技术要求

本章的代码位于 https://github.com/PacktPublishing/Java-Deep-Learning-Cookbook/tree/master/12_Benchmarking_and_Neural_Network_Optimization/sourceCode/cookbookapp/src/main/java。

克隆我们的 GitHub 资源库后，导航到 Java-Deep-Learning-Cookbook/12_Benchmarking_and_Neural_Network_Optimization/sourceCode 目录。然后通过导入 pom.xml 将 cookbookapp 项目导入为 Maven 项目。

下面是两个例子的链接：

- 超参数调优实例：https://github.com/PacktPublishing/Java-Deep-Learning-Cookbook/blob/master/12_Benchmarking_and_Neural_Network_Optimization/sourceCode/cookbookapp/src/main/java/HyperParameterTuning.java。
- 仲裁器 UI 示例：https://github.com/PacktPublishing/Java-Deep-Learning-Cookbook/blob/master/12_Benchmarking_and_Neural_Network_Optimization/sourceCode/cookbookapp/src/main/java/HyperParameterTuningArbiterUiExample.java。

本章的例子基于客户流失数据集（https://github.com/PacktPublishing/Java-Deep-Learning-Cookbook/tree/master/03_Building_Deep_Neural_Networks_for_Binary_classification/sourceCode/cookbookapp/src/main/resources）。此数据集包含在项目目录中。

虽然我们在本章中分析的是特定于 DL4J/ND4J 的基准，但建议你遵循通用基准准则。以下是一些重要的通用基准，这些基准对于任何神经网络都是通用的：

- 在实际的基准任务之前，执行预热迭代：预热迭代指的是在开始实际 ETL 操作或网络训练之前，对基准任务进行的一系列迭代。预热迭代很重要，因为前几次迭代的执行速度会很慢。这可能会增加基准任务的总持续时间，我们可能最终得到错误/不一致的结论。前几次迭代的执行速度很慢，可能是因为 JVM 的编译时间、DL4J/ND4J 库的延迟加载方式或 DL4J/ND4J 库的学习阶段。这个学习阶段指的是学习执行内存需求所花费的时间。
- 多次执行基准任务：为了确保基准测试结果的可靠性，我们需要多次运行基准测试任务。除基准实例外，主机系统可能有多个应用程序/进程并行运行。因此，运行时性能会随着时间的推移而变化。为了评估这种情况，我们需要多次运行基准任务。
- 理解设置基准的位置，以及原因：我们需要评估设定的基准是否正确。如果我们的目标是操作 a，那么要确保只有操作 a 被定时进行基准测试。另外，我们还要确保在正确的情况下使用了正确的库。最好使用最新版本的库。评估我们代码中使用的 DL4J/ND4J 配置也很重要。默认配置在常规情况下可能已经足够，但为了获得最佳性能，可能需要手动配置。以下是一些默认的配置选项，供参考：
- 内存配置（堆空间设置）。
- 垃圾回收和工作空间配置（更改调用垃圾回收器的频率）。
- 增加对 cuDNN 的支持（利用 CUDA 驱动的 GPU 机器，性能更好）。
- 启用 DL4J 缓存模式（为训练实例引入缓存内存）。这将是 DL4J 特有的变化。

我们在第 1 章“Java 中的深度学习介绍”中讨论了 cuDNN，同时我们也谈到了 GPU 环境下的 DL4J。这些配置选项将在接下来的方法中进一步讨论。

- 在一系列尺寸上运行基准测试：在多种不同的输入尺寸/形状上运行基准测试很重要，以获得其性能的完整情况。诸如矩阵乘法之类的数学计算在不同维度上会有所不同。
- 了解硬件的情况：具有最小的小批量的训练实例在 CPU 上的性能要比在 GPU 系统上更好。当我们使用较大的小批量时，观察结果将完全相反。训练实例此时能够利用 GPU 资源。同样，较大的层可以更好地利用 GPU 资源。在不了解底层硬件的情况下编写网络配置将无法使我们充分利用其功能。
- 重现基准并了解其局限性：为了对照设定的基准解决性能瓶颈问题，我们总是需要重现这些基准。评估在什么情况下会出现性能不佳的情况是很有帮助的。除此之外，我们还需要了解对某些基准施加的限制。某些设置在特定层上的基准不会告诉你任何关于其他层的性能因素。

- 避免常见的基准测试错误：
- 考虑使用最新版本的 DL4J/ND4J。为了应用最新的性能改进，请尝试快照版本。
- 注意使用的原生库的类型（如 cuDNN）。
- 运行足够的迭代，并使用合理的小批量大小来产生一致的结果。
- 不要在没有考虑到差异的情况下跨硬件比较结果。

为了从最新的性能问题修复中获益，你需要在本地有最新的版本。如果你想在最新的修复版本上运行源码，而且新版本还没有发布，那么你可以使用快照版本。要了解更多关于使用快照版本的信息，请访问 https://deeplearning4j.org/docs/latest/deeplearning4j-config-snapshots。

12.2　DL4J/ND4J 特定的配置

除了一般的基准测试指南，我们还需要遵循针对 DL4J/ND4J 的额外基准测试配置。这些是针对硬件和数学计算的重要基准测试配置。

因为 ND4J 是 DL4J 的 JVM 计算库，所以基准测试主要针对数学计算。任何针对 ND4J 讨论的基准测试也可以应用于 DL4J。我们来讨论一下特定于 DL4J/ND4J 的基准测试。

12.2.1　准备工作

确保你已经从以下链接下载：cudNN：https://developer.nvidia.com/cudnn。在尝试用 DL4J 配置它之前，请先安装它。请注意，cuDNNN 并不是 CUDA 的捆绑包。因此，仅添加 CUDA 依赖项是不够的。

12.2.2　实现过程

（1）分离 INDArray 数据，以便在不同的工作空间使用它：

```
INDArray array =
Nd4j.rand(6,6);INDArray mean
= array.mean(1);INDArray result
= mean.detach();
```

（2）删除所有在训练/评估期间创建的工作空间，以防内存不足：

```
Nd4j.getWorkspaceManager().destroyAllWorkspacesForCurrentThread();
```

（3）通过调用 leverageTo（）来利用当前工作区中另一个工作区中的数组实例：

```
LayerWorkspaceMgr.leverageTo(ArrayType.ACTIVATIONS,myArray);
```

（4）在训练过程中，使用 PerformanceListener 跟踪每次迭代所花费的时间。

```
model.setListeners(newPerformanceListener(frequency,reportScore));
```

（5）添加以下 Maven 依赖关系以支持 cuDNN：

```
<dependency>
    <groupId>org.deeplearning4j</groupId>
    <artifactId>deeplearning4j-cuda-x.x</artifactId> //需要指定 cuda 版本
    <version>1.0.0-beta4</version>
</dependency>
```

（6）配置 DL4J/cuDNN，优先考虑性能而非内存：

```
MultiLayerNetwork config = newNeuralNetConfiguration.Builder()
 .cudnnAlgoMode(ConvolutionLayer.AlgoMode.PREFER_FASTEST)//优先考虑性能而不是内存
 .build();
```

（7）配置 ParallelWrapper 以支持多 GPU 训练/推理：

```
ParallelWrapper wrapper = newParallelWrapper.Builder(model)
 .prefetchBuffer(deviceCount)
.workers(Nd4j.getAffinityManager().getNumberOfDevices())
.trainingMode(ParallelWrapper.TrainingMode.SHARED_GRADIENTS)
.thresholdAlgorithm(newAdaptiveThresholdAlgorithm())
 .build();
```

（8）配置 ParallelInference 的方法如下：

```
ParallelInference inference = newParallelInference.Builder(model)
 .inferenceMode(InferenceMode.BATCHED)
.batchLimit(maxBatchSize)
 .workers(workerCount)
 .build();
```

12.2.3 工作原理

工作空间是一种内存管理模型，它可以在不引入 JVM 垃圾回收器的情况下为循环工作负载重用内存。INDArray 内存内容在每个工作空间循环中都会失效一次。工作空间可以被集成到训练或推理中。

在步骤（1）中，我们从工作空间基准测试开始。detach（）方法将从工作空间中分离特定的INDArray，并返回一个副本。那么，我们如何为训练实例启用工作区模式呢？如果你使用的是最新的DL4J版本（从1.0.0-alpha开始），那么默认情况下这个特性是启用的。在这本书中，我们的目标版本是1.0.0-beta 3。

在步骤（2）中，我们从内存中删除了工作空间，如下所示：

```
Nd4j.getWorkspaceManager().destroyAllWorkspacesForCurrentThread();
```

这将只销毁当前运行线程的工作空间。我们可以通过在相关线程中运行这段代码，以这种方式释放工作空间的内存。

DL4J还可以让你为层实现自己的工作空间管理器。例如，在训练过程中，一个层的激活结果可以放在一个工作空间中，而推理的结果可以放在另一个工作空间中。正如步骤（3）中提到的，使用DL4J的LayerWorkspaceMgr可以实现这一点。确保返回的数组［步骤（3）中的myArray］被定义为ArrayType.ACTIVATIONS：

```
LayerWorkspaceMgr.create(ArrayType.ACTIVATIONS,myArray);
```

可以使用不同的工作空间模式来进行训练/推理，但建议你使用SEPARATE模式进行训练，而使用SINGLE模式进行推理，因为推理只涉及前传，不涉及后传。但是，对于资源消耗/内存较高的训练实例，选择SEPARATE工作空间模式可能更好，因为它消耗的内存更少。请注意，SEPARATE是DL4J中默认的工作空间模式。

在步骤（4）中，在创建PerformanceListener时使用了两个参数：reportScore和frequency。reportScore是一个布尔变量，frequency是需要跟踪时间的迭代次数。如果reportScore为真，那么它将报告分数（就像在ScoreIterationListener中一样）以及每次迭代花费的时间信息。

在步骤（7）中，我们使用ParallelWrapper或ParallelInference来处理多GPU设备。一旦我们创建了一个神经网络模型，我们就可以使用它创建一个并行包装器。我们为并行包装器指定设备数量、训练模式和工作节点数量。

我们需要确保训练实例是经济有效的。花费大量成本添加多个GPU，然后在训练中只利用一个GPU是不可行的。理想情况下，我们希望利用所有的GPU硬件来加快训练/推理过程，并获得更好的结果。ParallelWrapper和ParallelInference就可以达到这个目的。

以下是ParallelWrapper和ParallelInference支持的一些配置：

- prefetchBuffer（deviceCount）：这个并行包装器方法指定了数据集预取选项。我们在这里提到设备的数量。
- trainingMode（mode）：这个并行包装器方法指定了分布式训练方法。SHARED_GRADIENTS是指用于分布式训练的梯度共享方法。
- workers（Nd4j.getAffinityManager（）.getNumberOfDevices（））：这个并行包装器

方法指定了工作节点的数量。我们将工作节点的数量设置为可用系统的数量。

• inferenceMode（mode）：是一种并行分布式推理方法。BATCHED 模式是一种优化，如果请求多就会批量运行；如果请求少就会照常运行，不进行批量处理。在生产环境中，这是一个优化的选择。

• batchLimit（batchSize）：这个并行推理方法指定了批量大小限制，并且只适用于在 inferenceMode（）中使用 BATCHED 模式的情况。

12.2.4 更多内容

ND4J 操作的性能也会根据输入数组的排序而变化。ND4J 强制执行数组的排序。数学运算（包括一般的 ND4J 运算）的性能取决于输入和结果数组的顺序。例如，简单加法等操作的性能，如 z=x+y，将随着输入数组顺序的变化而变化。这是由内存跨度引起的：如果它们彼此靠近/相邻，比它们相隔很远时更容易读取内存序列。ND4J 在计算较大的矩阵时速度更快。默认情况下，ND4J 数组是 C 排序的。IC 排序指的是行－主排序，内存分配类似于 C 中的数组，如图 12 - 1 所示。

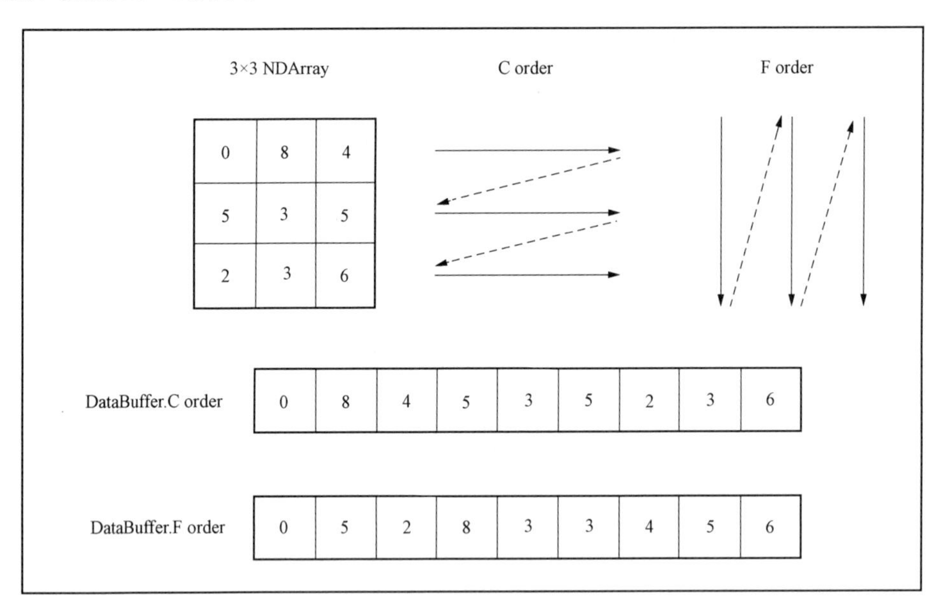

图 12 - 1 C 排序与 F 排序

（图片来源：Eclipse Deeplearning4j Development Team. Deeplearning4j：Open - source distributed deep learning for the JVM，Apache Software Foundation License2. 0. http：//deeplearning4j. org）

ND4J 提供了 gemm（）方法，用于两个 INDArrays 之间的高级矩阵乘法，这取决于我们是否需要在转置后进行乘法。该方法以 F 排序方式返回结果，这意味着内存分配类似于 Fortran 中的数组。F 排序指的是列一主排序。比方说，我们传递了一个 C 排序的数组来收集 gemm（）方法的结果，ND4J 会自动检测，创建一个 F 排序的数组，然后将结果传递给 C 排序的数组。

要了解更多关于数组排序和 ND4J 如何处理数组排序的信息，请访问 https://deeplearning4j.org/docs/latest/nd4j-overview。

评估用于训练的小批量大小也很关键。我们需要在确认硬件规格、数据和评估指标的同时，进行不同数量的小批量试验，同时执行多个训练任务。对于支持 CUDA 的 GPU 环境来说，如果你使用一个足够大的值，则最小批处理大小对于基准测试将发挥重要作用。当我们讨论大的小批量时，我们指的是可以针对整个数据集证明合理的小批量。对于非常小的小批量大小，在基准测试之后，我们不会观察到 CPU / GPU 的任何明显性能差异。同时，我们还需要注意模型精度的变化。理想的最小批量大小是能够让我们充分利用硬件而不影响模型准确性。事实上，我们的目标是用更好的性能（更短的训练时间）获得更好的结果。

12.3　设置堆空间和垃圾回收

内存堆空间和垃圾回收经常被讨论，但往往是最经常被忽略的基准测试。通过 DL4J/ND4J，你可以配置两种类型的内存限制：堆内内存和堆外内存。每当 JVM 垃圾回收器回收 INDArray 时，假设未在其他任何地方使用堆外内存，则会对其进行分配。在本方法中，我们将设置堆空间和垃圾回收以进行基准测试。

12.3.1　实现过程

（1）将所需的 VM 参数添加到 Eclipse/IntelliJ IDE 中，如下所示：

```
-Xms1G -Xmx6G -Dorg.bytedeco.javacpp.maxbytes=16G -
Dorg.bytedeco.javacpp.maxphysicalbytes=20G
```

例如，在 IntelliJ IDE 中，我们可以在运行时配置中添加 VM 参数，如图 12-2 所示。

（2）在改变内存限制以适应你的硬件后，运行以下命令（用命令行执行）：

```
java -Xms1G -Xmx6G -Dorg.bytedeco.javacpp.maxbytes=16G -
Dorg.bytedeco.javacpp.maxphysicalbytes=20G YourClassName
```

（3）为 JVM 配置一个服务器风格的生成式垃圾回收器：

```
java -XX:+UseG1GC
```

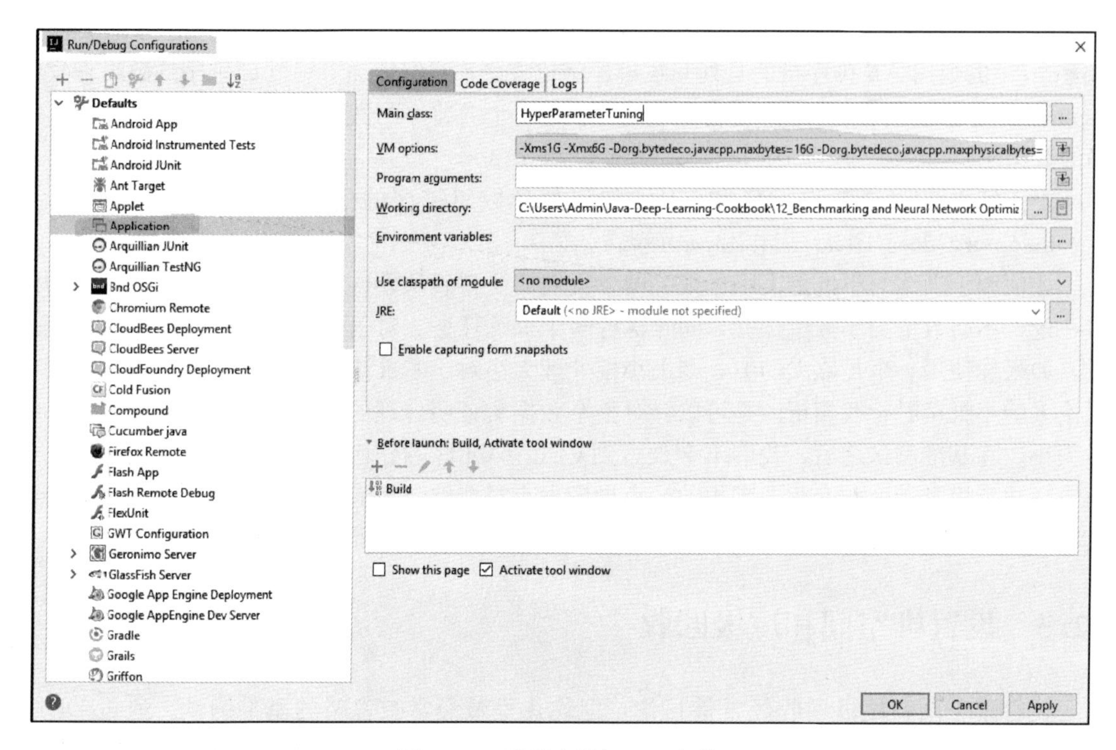

图 12-2 配置中添加 VM 参数

（4）使用 ND4J 降低垃圾回收器的调用频率：

```
Nd4j.getMemoryManager().setAutoGcWindow(3000);
```

（5）禁用垃圾回收器调用，用于替换步骤（4）：

```
Nd4j.getMemoryManager().togglePeriodicGc(false);
```

（6）在内存映射文件（而不是 RAM）中分配内存块：

```
WorkspaceConfiguration memoryMap = WorkspaceConfiguration.builder()
 .initialSize(2000000000)
 .policyLocation(LocationPolicy.MMAP)
 .build();
 try (MemoryWorkspace workspace = Nd4j.getWorkspaceManager().getAndActivateWorkspace(memoryMap,"
M"))
{
 INDArray example = Nd4j.create(10000);
```

```
}
```

12.3.2 工作原理

在步骤（1）中，我们进行了堆内/堆外内存配置。堆内内存简单来说就是指由 JVM 堆（垃圾回收器）管理的内存。堆外内存指的是不直接管理的内存，比如与 INDArrays 一起使用的内存。可以使用 Java 命令行参数中的以下 VM 选项来控制堆外和堆内内存的限制：

- －Xms：这定义了应用程序启动时 JVM 堆将消耗多少内存。
- －Xmx：这定义了 JVM 堆在运行时任何时候可以消耗的最大内存。这涉及只在需要时才分配内存。
- －Dorg. bytedeco. javacpp. maxbytes：这指定了堆外内存限制。
- －Dorg. bytedeco. javacpp. maxphysicalbytes：这指定了在任何时候可以分配给应用程序的最大字节数。通常，这个值比－Xmx 和 maxbytes 的总和要大。

假设我们要为堆配置最初的 1GB 堆内内存、堆内内存最大 6GB、16GB 堆外内存和进程的最大 20GB。VM 参数如下，并如步骤（1）所示：

```
-Xms1G -Xmx6G -Dorg.bytedeco.javacpp.maxbytes=16G -
Dorg.bytedeco.javacpp.maxphysicalbytes=20G
```

请注意，你需要根据你的硬件中可用的内存来调整。

我们可以将这些 VM 选项设置为环境变量。也可以创建一个名为 MAVEN _ OPTS 的环境变量，并在其中放置 VM 选项。你可以选择步骤（1）或（2），或者用环境变量来设置它们。完成后，就可以跳到步骤（3）。

在步骤（3）、（4）、（5）中，我们讨论了内存自动使用垃圾回收器的一些调整。垃圾回收器管理内存管理器并消耗堆内内存。DL4J 与垃圾回收器是紧密耦合的。如果我们谈论 ETL，每个 DataSetIterator 对象需要 8 字节的内存。垃圾回收器会诱发系统的进一步延迟。为此，我们在步骤（3）中配置 G1GC（Garbage First Garbage Collector 的简称）调优。

如果我们像步骤（4）那样，将 0ms（毫秒）作为属性传递给 setAutoGcWindow（）方法，它就会禁用这个特定的选项。getMemoryManager（）将返回一个特定于后台的 Memory Manager 实现，用于低级别内存管理。

在步骤（6）中，我们讨论了配置内存映射文件，以便为 INDArrays 分配更多的内存。我们在步骤（4）中创建了一个 1GB 的内存映射文件。请注意，只有在使用 nd4j - native 库时才能创建和支持内存映射文件。内存映射文件比 RAM 中的内存分配要慢。如果最小批量的内存需求高于可用的 RAM 数量，可以执行步骤（4）。

12.3.3 更多内容

DL4J 与 JavaCPP 有一个依赖关系，作为 Java 和 C++之间的桥梁，具体参见：https://github.com/bytedeco/javacpp。

JavaCPP 的工作原理是在堆空间（堆外内存）上设置-Xmx 值，并且整体内存消耗不会超过这个值。DL4J 寻求垃圾回收器和 JavaCPP 的帮助来释放内存。

对于涉及大量数据的训练任务，重要的是要为堆外内存空间提供更多的 RAM，而不要为堆内内存（JVM）提供更多的 RAM。为什么这么说呢？因为我们的数据集和计算与 INDArrays 有关，并且存储在堆外内存空间中。

确定正在运行的应用程序的内存限制很重要。以下是一些需要正确配置内存限制的情况：

• 对于 GPU 系统，maxbytes 和 maxphysicalbytes 是重要的内存限制设置。我们这里处理的是堆外内存。为这些设置分配合理的内存可以使我们消耗更多的 GPU 资源。

• 对于涉及内存分配问题的 RunTimeException，一种可能的原因可能是堆外内存空间不可用。如果我们不使用“设置堆空间和垃圾回收”方法中讨论的内存限制（堆外空间）设置，则 JVM 垃圾回收器可以回收堆外内存空间。然后，这可能会导致内存分配问题。

• 如果你的内存环境有限，则不建议对-Xmx 和-Xms 选项使用较大的值。例如，如果我们对 8gb 的 RAM 系统使用-Xms 6G，那么只剩下 2GB 用于堆外内存空间、操作系统和其他进程。

12.3.4 其他参阅

• 如果你有兴趣了解更多关于 G1GC 垃圾回收器调优的内容，可以阅读以下链接：https://www.oracle.com/technetwork/articles/java/g1gc-1984535.html。

12.4 使用异步 ETL

我们使用同步 ETL 进行演示。但是对于生产而言，异步 ETL 是更可取的。在生产中，单个低性能 ETA 组件的存在会导致性能瓶颈。在 DL4J 中，我们使用 DataSetIterator 将数据加载到磁盘。它可以从磁盘或内存中加载数据，或简单地异步加载数据。异步 ETL 在后台使用异步加载程序。利用多线程，它将数据加载到 GPU/CPU 中，其他线程负责计算任务。在下面的方法中，我们将在 DL4J 中执行异步 ETL 操作。

12.4.1 实现过程

（1）使用异步预取创建异步迭代器：

```
DatasetIterator asyncIterator = new
AsyncMultiDataSetIterator(iterator);
```

（2）使用同步预取创建异步迭代器：

```
DataSetIterator shieldIterator = new
AsyncShieldDataSetIterator(iterator);
```

12.4.2　工作原理

在步骤（1）中，我们使用 AsyncMultiDataSetIterator 创建了一个迭代器。我们可以使用 AsyncMultiDataSetIterator 或 AsyncDataSetIterator 来创建异步迭代器。你可以通过多种方式配置 AsyncMultiDataSetIterator。有多种方法可以通过传递其他参数来创建 AsyncMulti DataSetitorator，例如 queSize（可以一次预取的小批量数）和 useWorkSpace（指示是否应使用工作空间配置的布尔类型）。在使用 AsyncDataSetIterator 时，我们在调用 next（）获取下一个数据集之前使用当前数据集。还要注意，我们不应该在没有 detach（）调用的情况下存储数据集。如果这样做，那么数据集中的 INDArray 数据使用的内存最终将在 AsyncData SetIterator中被覆盖。对于自定义迭代器实现，请确保在训练/评估过程中不要调用 next（）来初始化一些大型空间。相反，请将所有此类初始化保留在构造函数中，以避免意外的工作空间内存消耗。

在步骤（2）中，我们使用 AsyncShieldDataSetIterator 创建了一个迭代器。如果要选择不进行异步预取，我们可以使用 AsyncShieldMultiDataSetIterator 或 AsyncShieldDataSetIterator。这些封装器将防止数据密集型操作（如训练）中的异步预取，并可用于调试目的。

如果训练实例每次运行都执行 ETL，那么我们基本上每次运行都在重新创建数据。最终，整个过程（训练和评估）会变得更慢。我们可以使用预保存的数据集更好地处理这个问题。我们在上一章讨论了使用 ExistingMiniBatchDataSetIterator 进行预保存，当时我们预保存了特征数据，之后使用 ExistingMiniBatchDataSetIterator 进行加载。我们可以将其转换为异步迭代器［如步骤（1）或步骤（2）］，一举两得：使用异步加载预先保存的数据。这本质上是一个性能基准测试，可以进一步优化 ETL 过程。

12.4.3　更多内容

假设我们的小批量有 100 个样本，我们指定 queSize 为 10，每次将预取 1000 个样本。工作空间的内存需求取决于数据集的大小，而数据集是由底层迭代器产生的。工作空间将根据不同的内存需求（例如，不同长度的时间序列）进行调整。请注意，异步迭代器是由 Linked BlockingQueue 内部支持的。这种队列数据结构以先进先出（FIFO）模式对元素进行排序。

在并发环境中，链接队列一般比基于数组的队列有更高的吞吐量。

12.5 利用仲裁器监测神经网络行为

超参数优化/调优是指在学习过程中寻找超参数的最优值的过程。超参数优化利用一定的搜索策略，将寻找最优超参数的过程部分自动化。仲裁器是 DL4J 深度学习库的一部分，用于超参数优化。仲裁器可以通过调整神经网络的超参数来寻找高性能的模型。仲裁器有一个 UI 界面，可以将超参数调优过程的结果可视化。

在这个方法中，我们将设置仲裁器，并将训练实例可视化，以查看神经网络行为。

12.5.1 实现过程

（1）在 pom. xml 中添加仲裁器 Maven 依赖项：

```
<dependency>
    <groupId>org.deeplearning4j</groupId>
    <artifactId>arbiter-deeplearning4j</artifactId>
    <version>1.0.0-beta3</version>
</dependency>
<dependency>
    <groupId>org.deeplearning4j</groupId>
    <artifactId>arbiter-ui_2.11</artifactId>
    <version>1.0.0-beta3</version>
</dependency>
```

（2）使用 ContinuousParameterSpace 配置搜索空间：

```
ParameterSpace<Double> learningRateParam = new
ContinuousParameterSpace(0.0001,0.01);
```

（3）使用 IntegerParameterSpace 配置搜索空间：

```
ParameterSpace<Integer> layerSizeParam = new
IntegerParameterSpace(5,11);
```

（4）使用 OptimizationConfiguration 来组合执行超参数调整过程所需的所有组件：

```
OptimizationConfiguration optimizationConfiguration = new
OptimizationConfiguration.Builder()
 .candidateGenerator(candidateGenerator)
```

```
.dataProvider(dataProvider)
.modelSaver(modelSaver)
.scoreFunction(scoreFunction)
.terminationConditions(conditions)
.build();
```

12.5.2　工作原理

在步骤（2）中，我们创建 ContinuousParameterSpace 来配置超参数优化的搜索空间：

```
ParameterSpace<Double>learningRateParam = new
ContinuousParameterSpace(0.0001,0.01);
```

在前面的案例中，超参数调优过程会选择学习率在（0.0001，0.01）范围内的连续值。请注意，仲裁器并没有真正自动完成超参数调优过程。我们仍然需要指定值的范围或选项列表，通过这些选项来进行超参数调整过程。换句话说，我们需要指定一个包含所有有效值的搜索空间，供调优过程挑选能够产生最佳结果的最佳组合。我们也提到过 IntegerParameter Space，其中搜索空间是一个最大/最小值之间的整数有序空间。

由于有多个不同配置的训练实例，所以需要一段时间来完成超参数优化调整过程。最后，将返回最佳配置。

在步骤（2）中，一旦我们使用 ParameterSpace 或 OptimizationConfiguration 定义了我们的搜索空间，我们就需要将其添加到 MultiLayerSpace 或 ComputationGraphSpace 中。这些都是 DL4J 的 MultiLayerConfiguration 和 ComputationGraphConfiguration 的对应仲裁器。

然后，我们使用 candidateGenerator（）builder 方法添加了 candidateGenerator。candidate Generator 为超参数调优选择候选者（超参数的各种组合）。它可以使用不同的方法，如随机搜索和网格搜索，来选择下一个超参数调优的配置。

scoreFunction（）指定了在超参数调整过程中用于评估的评估指标。

terminationConditions（）用于指定训练实例的所有终止条件。然后，超参数调整将继续进行序列中的下一个配置。

12.6　执行超参数调整

一旦使用 ParameterSpace 或 OptimizationConfiguration 定义了搜索空间，并确定了可能的取值范围，下一步就是使用 MultiLayerSpace 或 ComputationGraphSpace 完成网络配置。之后，我们开始训练过程。在超参数调整过程中，我们会进行多次训练。

在这个方法中，我们将执行并可视化超参数的调整过程。我们将使用 MultiLayerSpace 进行演示。

12.6.1 实现过程

（1）使用 IntegerParameterSpace 添加层大小的搜索空间：

```
ParameterSpace<Integer> layerSizeParam = new
IntegerParameterSpace(startLimit,endLimit);
```

（2）使用 ContinuousParameterSpace 添加学习率的搜索空间：

```
ParameterSpace<Double> learningRateParam = new
ContinuousParameterSpace(0.0001,0.01);
```

（3）使用 MultiLayerSpace 将所有的搜索空间添加到相关的网络配置中，从而建立一个配置空间：

```
MultiLayerSpace hyperParamaterSpace = newMultiLayerSpace.Builder()
 .updater(newAdamSpace(learningRateParam))
 .addLayer(newDenseLayerSpace.Builder()
    .activation(Activation.RELU)
    .nIn(11)
    .nOut(layerSizeParam)
    .build())
 .addLayer(newDenseLayerSpace.Builder()
    .activation(Activation.RELU)
    .nIn(layerSizeParam)
    .nOut(layerSizeParam)
    .build())
 .addLayer(newOutputLayerSpace.Builder()
    .activation(Activation.SIGMOID)
    .lossFunction(LossFunctions.LossFunction.XENT)
    .nOut(1)
    .build())
 .build();
```

（4）从 MultiLayerSpace 中创建 candroidGenerator：

```
Map<String,Object> dataParams = newHashMap<>();
 dataParams.put("batchSize",newInteger(10));
```

```
CandidateGenerator candidateGenerator = new
RandomSearchGenerator(hyperParamaterSpace,dataParams);
```

（5）通过实现 DataSource 接口创建一个数据源：

```
public static class ExampleDataSource implementsDataSource{
  publicExampleDataSource(){
     //implement methods fromDataSource
  }
 }
```

我们需要实现四个方法：configure（）、trainingData（）、testData（）和 getDataType（）。

- 下面是 configure（）的一个实现示例：

```
public void configure(Propertiesproperties){
    this.minibatchSize =
Integer.parseInt(properties.getProperty("minibatchSize","16"));
 }
```

- 下面是 getDataType（）的一个示例实现：

```
public Class<? > getDataType(){
 returnDataSetIterator.class;
 }
```

- 下面是 trainData（）的一个示例实现：

```
public Object trainData(){
 try{
 DataSetIterator iterator = new
RecordReaderDataSetIterator(dataPreprocess(),minibatchSize,
labelIndex,numClasses);
 returndataSplit(iterator).getTestIterator();
 }
 catch(Exceptione){
 throw newRuntimeException();
 }
 }
```

- 下面是 testData（）的一个示例实现：

```
public Object testData(){
 try{
 DataSetIterator iterator = newRecordReaderDataSetIterator(dataPreprocess(),minibatchSize,
labelIndex,numClasses);
 returndataSplit(iterator).getTestIterator();
 }
 catch(Exceptione){
 throw newRuntimeException();
 }
 }
```

（6）创建一个终止条件的数组：

```
TerminationCondition[]conditions = {
    new MaxTimeCondition(maxTimeOutInMinutes,TimeUnit.MINUTES),new
    MaxCandidatesCondition(maxCandidateCount)
};
```

（7）计算使用不同配置组合创建的所有模型的得分：

```
ScoreFunction scoreFunction = new
EvaluationScoreFunction(Evaluation.Metric.ACCURACY);
```

（8）创建 OptimizationConfiguration 并添加终止条件和得分函数：

```
OptimizationConfiguration optimizationConfiguration = new
OptimizationConfiguration.Builder()
 .candidateGenerator(candidateGenerator)
 .dataSource(ExampleDataSource.class,dataSourceProperties)
 .modelSaver(modelSaver)
 .scoreFunction(scoreFunction)
 .terminationConditions(conditions)
 .build();
```

（9）创建 LocalOptimizationRunner 来运行超参数调整过程：

```
IOptimizationRunner runner = new
LocalOptimizationRunner(optimizationConfiguration,new
MultiLayerNetworkTaskCreator());
```

（10）为 LocalOptimizationRunner 添加监听器，以确保事件被正确记录［跳到步骤（11）添加 ArbiterStatusListener］：

```
runner.addListeners(newLoggingStatusListener());
```

（11）通过调用 execute（）方法执行超参数调整：

```
runner.execute();
```

（12）存储模型配置，并用 ArbiterStatusListener 替换 LoggingStatusListener：

```
StatsStorage storage = newFileStatsStorage(new
File("HyperParamOptimizationStatsModel.dl4j"));
 runner.addListeners(newArbiterStatusListener(storage));
```

（13）将存储连接到 UIServer：

```
UIServer.getInstance().attach(storage);
```

（14）运行超参数调整会话，并转到以下 URL 地址以查看可视化效果：

```
http://localhost:9000/arbiter
```

（15）评估超参数调整环节的最佳成绩，并在控制台中显示结果。

```
double bestScore = runner.bestScore();
 int bestCandidateIndex = runner.bestScoreCandidateIndex();
 int numberOfConfigsEvaluated = runner.numCandidatesCompleted();
```

你应该会看到以下快照中显示的输出。图 12-3 显示了模型的最佳得分、最佳模型所在的索引以及过程中评估的配置数量。

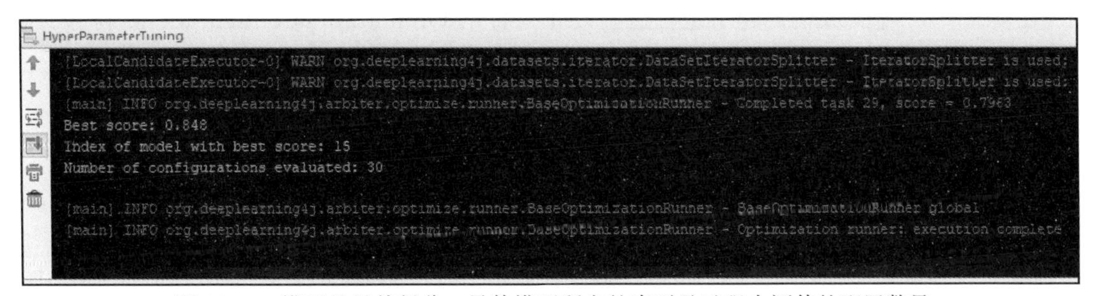

图 12-3　模型的最佳得分、最佳模型所在的索引及过程中评估的配置数量

12.6.2　工作原理

在步骤（4）中，我们设置了一个策略，通过该策略可以从搜索空间中提取网络配置。我

们使用 CandidateGenerator 来实现这一目的。我们创建了一个参数映射来存储所有用于数据源的数据映射，并将其传递给 CandidateGenerator。

在步骤（5）中，我们实现了 configure（）方法以及 DataSource 接口的其他三个方法。configure（）方法接受一个 Properties 属性，该属性中包含了数据源要使用的所有参数。如果我们想把 miniBatchSize 作为一个属性传递，那么我们可以创建一个 Properties 实例，如下所示：

```
Properties dataSourceProperties = newProperties();
dataSourceProperties.setProperty("minibatchSize","64");
```

需要注意的是，minibatch 大小的格式为字符串。例：应为" 64 " 而不是 64。

自定义 dataPreprocess（）方法对数据进行预处理。dataSplit（）创建 DataSetIterator Splitter 来生成训练/评估迭代器，用于训练/评估。

在步骤（4）中，RandomSearchGenerator 随机生成超参数调整的候选项。如果我们明确提到超参数的概率分布，那么随机搜索将根据其概率偏向这些超参数。

GridSearchCandidateGenerator 使用网格搜索生成候选项。对于离散超参数，网格大小等于超参数值的数量。对于整数超参数，网格大小与 min（ discretizationCount，max－min＋1）相同。

在步骤（6）中，我们定义了终止条件。终止条件控制了训练过程应该进展到什么程度。终止条件可以是 MaxTimeCondition、MaxCandidatesCondition，或者我们可以自己定义终止条件。

在步骤（7）中，我们创建了一个得分函数来说明在超参数优化过程中如何评估每一个模型。

在步骤（8）中，我们创建了包含这些终止条件的 OptimizationConfiguration。除了终止条件，我们还在 OptimizationConfiguration 中添加了以下配置：

- 存储模型信息的位置。
- 预先创建的候选生成器。
- 预先创建的数据源。
- 需要考虑的评估指标类型。

OptimizationConfiguration 将所有组件联系在一起，执行超参数优化。请注意，data Source（）方法需要两个属性：一个是数据源类的类型，另一个是要传递的数据源属性（我们例子中的 minibatchSize）。modelSaver（）构建方法需要说明你正在训练的模型的位置。我们可以将模型信息（模型得分和其他配置）存储在资源文件夹中，然后可以创建一个 Model Saver 实例，如下所示：

```
ResultSaver modelSaver = newFileModelSaver("resources/");
```

为了使用仲裁器结果可视化，请跳过步骤（10），执行步骤（12），然后执行可视化任务运行程序。

按照步骤（13）和（14）的说明进行操作后，你应该可以看到仲裁器的 UI 可视化效果，如图 12 - 4 所示。

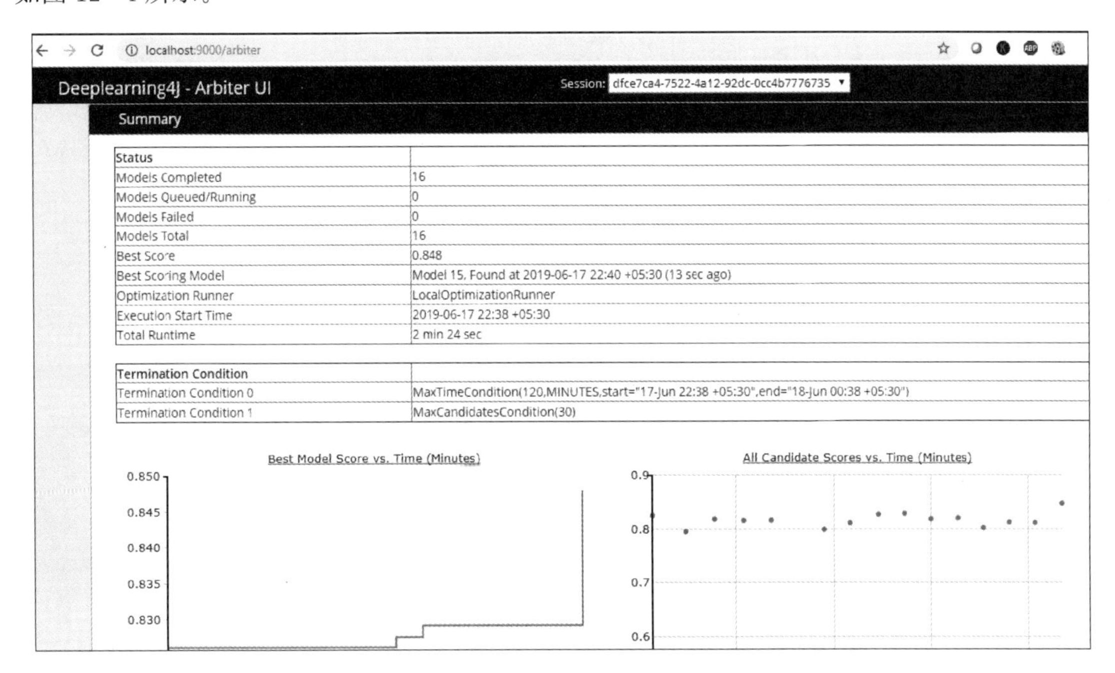

图 12 - 4　仲裁器的 UI 可视化效果

从仲裁器可视化中找出最佳的模型得分是非常直观和容易的。如果运行多个超参数优化会话，则可以从顶部的下拉列表中选择特定会话。在这种方式下，UI 上能显示更多重要信息是不言而喻的。

贡献者

关于作者

Rahul Raj 在软件开发、业务分析、客户沟通和多领域中、大型项目咨询方面拥有 7 年多的 IT 行业经验。目前，他在一家顶级软件开发公司担任首席软件工程师。他在开发活动中有丰富的经验，包括需求分析、设计、编码、实现、代码评审、测试、用户培训和功能增强。他已经用 Java 写了很多关于神经网络的文章，DL4J/官方 Java 社区频道是这些文章的特色。他还是一名经过认证的机器学习专家，由印度最大的政府认证机构 Vskills 认证。

我要感谢那些亲密的朋友和支持我的人，特别是我的妻子莎兰雅和我的父母。

关于审稿人

Cristian Stancalau 拥有博雅大学计算机科学与工程硕士和理学学士学位，自 2018 年起担任博雅大学助理讲师。目前，他担任首席软件架构师，专注于企业代码评审。此前，他作为技术总监共同创立并领导了一家视频技术初创公司。Cristian 在商业和学术领域都有丰富的指导和教学经验，为 Java 技术和产品架构提供咨询。

我要感谢 Packt 给我这次机会来执行 Java 深度学习方法的技术回顾。读这本书对我来说是一种真正的乐趣，我相信它也会带给读者。

Aristides Villarreal Bravo 是 Java 开发人员、NetBeans 梦想团队的成员和 Java 用户组的领导者。他住在巴拿马，组织并参加了与 Java、Java EE、NetBeans、NetBeans 平台、自由软件和移动设备有关的各种会议和研讨会。他是 jmoordb 框架的作者，也是关于 Java、NetBeans 和 web 开发的教程和博客的撰写人。他参加过几次关于 NetBeans、NetBeans DZone 和 JavaHispano 等主题的采访。他是 NetBeans 插件的开发人员。

我要感谢我的父母和兄弟无条件的支持（Nivia，Aristides，Secundino 和 Victor）。

Packt 正在寻找像你这样的作者

如果你有兴趣成为 Packt 的作者，请访问 authors. packtpub. com 并立即申请。我们与成千上万的开发者和技术专业人士合作，就像你一样，帮助他们与全球科技界分享他们的见解。你可以提出一个一般的申请，申请一个特定的热门话题，我们正在招聘作者，或提交你自己的想法。